KB052068

교토 속의 정원, 정원 속의 교토

일러두기

1. 일본어 인명(人名) · 원명(園名) · 지명(地名) · 당호(堂號) · 연호(年號) 등의 고유명사는 일본어로 읽어주는 것을 원칙으로 하고, 각 장마다 1번씩 독자의 이해를 돕기 위해 한자와 함께 우리말을 괄호 안에 병기했다.

   예 기쿠시마(菊島 · 국도)

2. 오해의 우려가 있는 한자어는 한자를 괄호 안에 병기했으며, 정원 양식은 우리말로 읽어주었다.

   예 상(上), 가레산스이 –〉 고산수

홍광표 지음

교토 속의 정원, 정원 속의 교토

교토의 명원들 속에 숨어있는 이야기 산책

한숲

추천의 글 1

전(前) 한국정원학회장
성균관대학교 명예교수
김용기

내가 일본정원을 처음 접하게 된 것은 일본 유학 시절, 방학 때를 이용하여 지인과 함께 교토(京都)나 도쿄(東京)의 정원을 방문하면서부터였다. 지금도 기억이 생생하지만 고색이 창연한 천년 고도 교토는 오래된 목조건물과 다다미에서 풍기는 다소 퀴퀴한 냄새들이 바람을 타고 코끝을 스치고, 한편으로는 정원의 물과 나무들이 머리를 상큼하게 해주곤 하였다.

일본정원은 어디에서나 선뜻 눈에 들어오지 않고 언제나 담장이나 건물로 가려져 있어 지나가는 사람들의 시선을 피하고 조용히 주인과 손님만을 기다리고 있는 은자와 같은 존재이다. 이것은 일본인들의 특징인 좀처럼 속내를 드러내 보이지 않는 다테마에(建前)와 혼네(本音)의 전형이라고 생각된다. 거기에는 요란한 계류나 분수보다는 언제나 변함없이 태양과 달빛을 받아 반짝이고, 돌다리와 나무 그늘이 비친 연못이 등장하게 된다.

일본정원은 사방이 바다로 둘러싸인 섬나라, 어디선가 험한 바다를 건너 이 땅에 정착한 조상들을 기리며 평화로운 생활을 꿈꾸는 염원을 담고 있는 듯하다.

불교가 한반도로부터 전해지면서 연못은 정토세계(淨土世界)의 이상향을 표현하는 상징으로 자리 잡게 되었고, 도심지의 좁은 경내에서는 넓은 연못 대신에 모래와 돌로 축경적(縮景的)인 고산수(枯山水)를 조성하여 선(禪)의 이상경(理想景)을 구현하기도 했다. 또한 깊은 산속에서 차(茶)를 마시는 투박하고 한적한 분위기(와비와 사비, わび·さび, 侘·寂)를 만들어 내기 위해 이끼 낀 바닥에 징검돌과 석등, 옹달샘 같은 준거(츠쿠바이·蹲踞), 짙은 상록수로 구성한 다정(茶庭)은 일본 정원 문화의 진수라 할 수 있겠다.

정원은 천황(天皇)이나 막부(幕府)의 장군들, 그리고 이들의 정신적 지주인 승려 국사(國師)들에 의해 『작정기(作庭記)』라는 정원 만들기 규범에 따라 조성된 것이다. 천 년 이상이나 지속되어온 봉건체제(封建體制)와 무사(武士) 문화는 일생을 목숨 걸고 일한 잇쇼켄메이(一生懸命:목숨 걸고 일하다) 생활이 반영되어 일사불란한 조직, 틀과 형식을 갖춘 독특한 정원문화로 자리매김하게 되었다. 또한, 칼이 지배하는 나라의 문화와 불교의 선 문화가 반영된 정원이기에 적정(寂靜)하고, 탈속하며, 불균제적이고, 고고하고, 유현하며, 단순한 형식의 정원이 탄생했는지도 모르겠다.

나는 기회가 있을 때마다 교토나 도쿄의 여러 정원을 답사하긴 했지만 정작 이들의 소개에는 미치지 못한 한이 있었는데, 대학원 박사 1호 제자인 홍광표 교수가 무려 60여 회나 일본을 드나들면서 기고한 자료와 사진을 모아 『교토 속의 정원, 정원 속의 교토』라는 제하의 책을 출판하게 된 것은 매우 기쁜 일이 아닐 수 없다.

이 책에는 교토를 방문하는 일반 관광객들이 쉽게 볼 수 있는 유명한 정원들을 비롯하여 일반인들에게는 출입이 제한되거나 공개되지 않는 정원들도 다수 소개되어 있어 많은 이들이 요긴하게 쓸 수 있는 텍스트가 될 것으로 보인다. 내용으로 보아도 60여 차례나 부지런히 발품을 팔고, 시간을 들여 꼼꼼하게 조사하고 정성 들여 모은 자료들이니 의당 이 분야에서는 독보적인 존재라 하지 않을 수 없다.

앞으로 이 책에서 소개하지 못한 도쿄나 기타 지역의 정원에 대해서도 출판할 예정이라 하니 그의 끊임없는 노력에 찬사를 보내고 싶다.

나아가서 '한국정원디자인학회'를 창립하고 이끌어가고 있는 홍광표 교수가 일본정원의 본질을 꿰뚫어 보고 한국정원의 '작정기'라고 부를 수 있는 일명 '한국정원 디자인 지침서'를 쓸 날도 머지않았음을 기대해 본다.

추천의 글 2

전(前) 일본정원학회장

동경농업대학교 국제일본정원연구센터장

조원과학과 정원문화연구실 교수

스즈키 마코토(鈴木 誠)

존경하는 홍광표 교수님의 대망의 책 『교토 속의 정원, 정원 속의 교토』가 드디어 출판되었습니다. 일본정원의 연구를 평생의 과제로 살아온 저로서는 참으로 감명 깊은 일이 아닐 수 없습니다. 일찍이 교수님으로부터 이 책의 기획을 전해 들었을 때는 이렇게까지 방대한 내용을 실으리라고는 생각하지 못했습니다. 그러나 이 책은 제가 생각했던 것과는 비교도 안 될 정도의 엄청난 분량과 내용을 담고 있어, 그동안 홍 교수님의 노고를 알고도 남음이 있습니다. 더불어 교수님이 마지막까지 교토를 방문하여 책의 내용을 최종 점검하셨다는 말씀을 들었을 때, 이것이야말로 진정한 연구자의 자세로구나 하고 큰 감명을 받았습니다.

정원 연구자는 그리 많지 않습니다. 더구나 자국 이외의 정원을 대상으로 하는 연구자는 더욱 적습니다. 그러나 자국의 정원을 더 잘 그리고 더 깊이 탐구하기 위해서는 다른 나라의 정원도 연구해야 한다는 것이 제가 평소에 가지고 있었던 지론입니다. 제가 2001년 일본 오카야마시(岡山市)에서 개최된 '세계 명원 심포지엄'에서 홍광표 교수님을 만나고 난 후부터 홍 교수님을 한국 정원의 연구자로서 존경해온 터라, 홍 교수님이 일본 정원에 대해서도 깊은 조예가 있을 것이라는 점은 익히 짐작하고 있었습니다. 2001년은 마침 제가 '미국의 일본 정원'이라는 1년에 걸친 조사연구 활동으로부터 귀국한 직후였기 때문에, 당시 만났던 홍 교수님과의 정보 교환은 매우 의미 깊은 것이었습니다.

그 후 홍 교수님과의 깊은 연구 교류가 시작된 것은 '일본정원의 이해'라는 주제의 세미나에 초대받으면서부터였습니다. 한국의 외암리 민속마을에 조성된 고택의 정원을 함께 살펴보면서 홍 교수님이 가졌던 "이것은 일본식 정원은 아닐까?"하는 의문이 나중에 한일 양국 정부 기관의 연구비를 받아 진행된 '한국의 일본 정원 연구'(양국 간 교류 사업 공동 연구:2014~2015년 한국 대표 홍광표, 일본 대표 스즈키 마코토)로 발전되었습니다. 당시 한국에서 일본의 '지방'에 소재한 정원조사에 참여한 양국 연구진 모두는 매우 의미 있는 현지 조사를 하였던 것으로 기억합니다. 그것은 정원을 둘러싼 환경, 풍경, 생활, 민속까지 함께 체험한 조사였기 때문입니다.

한편, '중앙' 즉 교토에서도 홍 교수님은 오랜 세월 동안 수많은 정원을 방문하여 한국 정원 연구자의 눈을 가지고 일본 정원을 바라보고 있었습니다. 그 성과가, 드디어 이 책으로 나타나게 되었습니다. 교토의 정원이 한국어로 자세히 소개된 것은 정원학 연구자로서, 나아가 일본 국민으로서도 기쁘기 그지없습니다. 공동연구에서는 젊은 연구자, 학생들의 참여를 통해 서로의 역사, 문화, 그리고 정원에 응축된 민족문화에 대해 실감할 기회도 얻을 수 있었습니다. 우리가 실감했던 것과 마찬가지로 많은 한국 분들이 이 『교토 속의 정원, 정원 속의 교토』라는 책을 손에 들고 교토를 즐기고, 체험하였으면 하는 것이 저의 바람입니다. 그리고 그 결과로써 일본 정원, 일본 문화를 이해하는 사람이 증가하게 되기를 기대해 마지않습니다.

본 책에는 전문 연구자로서의 정원에 대한 해설뿐만 아니라, 상세한 평면도 등의 도판도 많이 수록되어 있습니다. 중요한 볼거리를 찍은 사진의 앵글도 일품입니다. 사진에 찍힌 정원의 모습을 현지에서 주변 환경, 풍경과 함께 확인하는 '교토의 정원' 방문을 추천합니다.

마지막으로 본서에 이어 홍 교수님에게는 교토 이외의 매력적인 일본의 '지방정원'을 소개하는 집필도 꼭 부탁하고 싶습니다.

정원을 만든 이 세상의 모든 작정가들에게 감사드리며…

책을 펴내며

교토의 료안지(龍安寺 · 용안사) 방장 마루에서 고산수정원을 바라보며

홍광표

교토는 일본 문화를 가장 잘 보여주는 도시이다. 그것은 헤이안시대부터 에도시대 이전까지 교토가 일본의 수도였으니 당연한 일이 아닐 수 없다. 그런데 이 교토에서도 일본인의 심성과 그들의 정서를 가장 잘 읽을 수 있는 곳이 바로 정원이라는 공간이다.

일본인들은 정원을 매우 좋아하는 민족성을 가진 듯 보인다. 어느 정도 여유가 있으면 작은 면적이라도 정원을 만든다. 지금도 교토의 거리를 지나다 보면 건물 앞에 조성한 작은 정원들을 어렵지 않게 만날 수 있다. 이렇게 정원을 좋아하고 정원 만드는 것을 좋아하는 일본인들의 전통은 하루아침에 생긴 것이 아니다. 일본정원사를 들여다보면 이미 오래전 나라시대부터 좋은 정원들이 만들어지고 있으니, 그들의 일상에서 정원이라는 것은 생활의 일부처럼 여겨졌음이 분명하다.

일본인들이 정원을 좋아할 수 있게 된 데에는 일본에 자연풍경이 아름다운 곳이 많기 때문이기도 하다. 그들은 전국 각지의 명승을 보면서 이러

한 명승을 정원에 만들어낼 생각을 했던 것으로 보인다. 또한 일본에는 정원을 만드는 데 필요한 텍스트들이 많이 만들어져서 귀족부터 평민에 이르기까지 널리 읽혀왔다. 대표적인 것으로는 헤이안시대에 간행된 『작정기(作庭記 · 사쿠테이키)』가 있고, 에도시대에는 『축산정조전(築山庭造伝)』 전편과 후편이 출판되었으며, 『도림천명승도회(都林泉名勝図会)』가 6책으로 간행되었다. 그 밖에도 정원을 만들기 위한 다양한 작법(作法)을 적은 책들이 무려 35책 정도가 된다고 하니 부러운 일이 아닐 수 없다. 이렇게 여러 시대를 거치며 만들어진 정원 가운데에서 국가가 명승으로 지정한 정원이 무려 200여 개에 달한다고 하니 가히 일본의 정원문화가 어느 정도인지를 알고도 남음이 있다. 명승으로 지정된 정원 가운데에는 교토에 있는 정원이 가장 많은 것을 보면 일본 정원문화는 교토를 중심으로 형성되었다고 봐도 틀린 말이 아닌 것으로 보인다.

교토에서 볼 수 있는 정원은 한국정원의 영향을 받아서 만든 지천정원(池泉庭園 · 치센정원)부터 대륙으로부터 선(禪)이라고 하는 불교문화가 유입되면서 만들어지기 시작한 고산수정원(枯山水庭園 · 가레산스이정원)까지 총망라되어 있다. 지천정원도 회유식, 관상식, 주유식(舟遊式) 등 그 유형이 많고, 고산수정원 역시 축산고산수와 평정고산수로 분류되는데, 그 내용을 보면, 돌만을 사용한 고산수, 돌과 모래를 사용한 고산수, 모래만을 사용한 고산수, 돌과 식물이 결합된 고산수, 돌은 하나도 쓰지 않고 식물만을 사용한 고산수 등 다양하여 마치 정원박람회장을 연상케 하는 장대한 스펙트럼을 가진다.

일본에서 처음 쓰여진 작정서인 『작정기』를 보면 제1장 작정의 요지에서 "작정하려고 하는 땅의 모양에 따라서 여러 지방의 명승 가운데에서 어떤 자연풍경을 옮겨올 것인가를 생각해야 한다"라고 적고 있다. 이것을 보면 일본의 정원은 잘 알려지고 독특하면서도 아름다운 풍경을 옮겨 놓은 '작은 자연'이라는 것을 알 수 있다. 그렇게 명승을 작은 공간에 옮겨다 놓으려면 그것을 축소해서 옮겨야 할 것이니 일본 정원문화가 축소지향적 문화가 된 것이다.

일본인들에게 있어서 돌은 정원의 요소 중에서도 가장 중요하게 생각하는 소재이다. 『작정기』에는 "정원을 만드는 일은 곧 돌을 놓는 일"이라고 풀이하고 있다. 일본정원에 도입된 명석들을 보면 일본에는 정말 좋은 돌들이 많다는 생각을 하게 된다. 돌의 색이나 형태가 그처럼 다양한 경우를 세계 어느 곳의 정원에서도 본 적이 없으니, 일본정원에 있어서 돌이라는 요소가 그리도 중요하게 취급되었던 모양이다. 이렇게 일본인들이 돌을 좋아하는 심성이 곧 고산수양식을 만드는 기반이 되었던 것으로 보인다.

일본정원의 특징 가운데 하나로 정원을 구성하는 요소가 매우 다양하다는 것에 주목하지 않을 수 없다. 다양한 규모와 형태로 만들어진 못, 못에 조성한 학도(鶴島)나 구도(亀島) 같은 섬, 못에 물을 끌어오는 야리미즈(遣水·견수), 인공적으로 만들어 놓은 폭포(滝·다키), 계류를 건너기 위해 필요한 나무나 돌로 만든 여러 가지 유형의 다리, 다양한 형태와 재료로 만든 담장, 여러 가지 형식과 높이로 쌓아올린 석단, 부석(敷石·시키이시)으로 포장을 하거나 비석(飛石·토비이시)을 놓은 원로(苑路), 경관 요소로 쓰기 위해 돌을 조합해 놓은 석조(石組·이시쿠미), 정원마다 특징적으로 만들어놓은 석등과 탑 또는 석불, 손을 씻기 위해 만들어 놓은 수수발(手水鉢·쵸즈바치)과 준거(蹲踞·츠쿠바이), 그 밖에도 달을 보기 위해 만든 견월대(見月臺) 그리고 종 다양성이 매우 높은 식물과 동물들까지 그야말로 무궁무진하다.

한편, 일본정원의 특징 가운데 빼놓을 수 없는 것이 바로 정원을 만든 작정가(作庭家)들이 분명히 알려져 있다는 것이다. 이것은 우리나라의 경우 정원을 경영했던 주인은 알려져 있으나, 그 정원을 만든 정원사들이 알려지지 않은 것과는 대조적이다. 일본정원의 대표적인 작정가를 보면, 사이호지(西芳寺 · 서방사) 정원과 텐류지(天龍寺 · 천룡사) 정원을 만들었으며, 고산수양식의 초조(初祖)라고 할 수 있는 무소 소세키(몽창소석 · 夢窓疎石:1275~1351), 죠에이지(常栄寺 · 상영사) 정원과 만푸쿠지(萬福寺 · 만복사) · 이코지(医光寺 · 의광사) 정원을 작정한 셋슈(설주 · 雪舟:1420~1506), 히로시마의 슈케이엔(축경원 · 縮景園)을 만든 우에다 소고(상전종개 · 上田宗箇:1563~1650), 라이큐지(뢰구사 · 頼久寺) 정원과 곤치인(금지원 · 金地院) 정원을 만든 고보리 엔슈(소굴원주 · 小堀遠州:1579~1647), 슈가쿠인리큐(수학원이궁 · 修学院離宮)를 작정한 고미즈노오 상황(후수미 상황 · 後水尾上皇:1596~1680), 난고코엔(남호공원 · 南湖公園)을 설계한 마쓰다이라 사다노부(송평정신 · 松平定信:1758~1829), 무린안(무린암 · 無鄰庵) 정원을 작정한 오가와 지헤이(소천치병위 · 小川治兵衛:1860~1933), 도후쿠지(東福寺 · 동복사) 방장정원을 작정한 시게모리 미레이(중삼삼령 · 重森三玲:1896~1975)를 들 수 있다. 이들은 일본정원의 양식을 창조적으로 계승하면서 현대까지 이어지게 만든 장본인들이다.

이 책은 『환경과조경』의 자매지인 『에코스케이프』에 2013년 봄호부터 2016년 12월호까지 32회에 걸쳐서 연재했던 '일본의 명원' 가운데에서 교토에 만들어진 정원들만을 추려내어 엮은 것이다. 이렇게 교토의 정원들만을 뽑아서 책을 만든 것은 연재된 원고 분량이 많아서 전체를 책으로 엮기에는 한계가 있었기 때문이다. 향후 에도시대에 조성된 정원, 교토와 에도시대의 정원에서 다루지 못한 일본정원을 모아 다시 책으로 낼 생각이다.

항상 책을 펴낼 때는 '조금 더 좋은 글을 썼으면 좋았을 텐데'라는 아쉬움을 가지게 된다. 원고를 쓸 때는 여러 책을 참고하고 직접 현장에서 찍어온 사진들을 정리하면서 한 글자 한 글자 수를 놓듯이 정성 들여 썼다고 생각하지만, 막상 독자들에게 글을 내놓을 때는 부족하기가 이루 말할 수가 없어서 부끄럽기만 하다. 그래도 이러한 마음을 독자들이 이해해 주시고, 재미있게 읽어주신다면 글쓴이로서는 커다란 기쁨이 아닐 수 없을 것이다.

이 책을 쓰는 데는 많은 분들이 도움이 있었다. 『에코스케이프』에 연재를 할 수 있게 기회를 주시고, 책까지 낼 수 있도록 배려해주신 도서출판 한숲의 박명권 발행인에게 먼저 감사의 말씀을 드린다. 또한 책을 처음부터 끝까지 정성들여 편집해주신 남기준 편집장에게도 고맙다는 말씀을 전하고 싶다. 그 밖에도 (주)환경과조경 여러분들의 도움이 없었다면 이 책을 내기는 어려웠을 것이기에 이 자리를 빌려서 감사의 말씀을 드리는 바이다.

이 책을 쓰면서 일본을 60회 정도 다녀왔다고 하면 믿을 사람이 얼마나 있을까? 가능하면 그달에 집필할 정원에 앉아서 원고를 쓰려고 했으니 그리 되었던 모양이다. 그렇게 많은 답사를 다녀도 한마디 불평 없이 짐을 싸도록 해준 아내에게는 특별히 감사의 마음을 전해야겠다. 또한 항상 나에게 금쪽같이 귀중한 모든 제자들에게도 고맙다는 인사를 하고 싶다. 특히 답사를 같이 다녀준 연구실 제자들에게는 각별히 감사의 마음을 전하는 바이다. 마지막으로 정원을 사랑하는 모든 분들에게 이 책을 바치며, 이 책이 한국정원을 이해하기 위한 비교 자료로도 쓰일 수 있기를 바라는 마음 간절하다.

차례

鞍馬山
叡電鞍馬線
比叡山
高雄山
周山街道
嵐山高雄
쇼덴지
슈가쿠인리큐
만슈인
北山通
烏丸地下線鉄
다이센인
다이도쿠지
료겐인
즈이호인
로쿠온지
킨카쿠지
北大路通
叡電本線
西大路通
堀川通
烏丸通
賀茂川
高野川
日川通
료안지
나미카와가 주택정원
토지인
오사와노이케
京福北野線
今出川通
하쿠사손소
지쇼지 긴카쿠지
千本通
교토고쇼
川端通
東大路通
호넨인
타이조인
센토고쇼
호콘고인
JR嵯峨野線
니조죠
니노마루
河原町通
헤이안진구
텐류지
御池通
무린안
난젠인 · 난젠지
곤치인
嵐山
京福風野線
마루야마코엔
四条通
엔토쿠인
桂川
五条通
쇼세이엔
사이호지

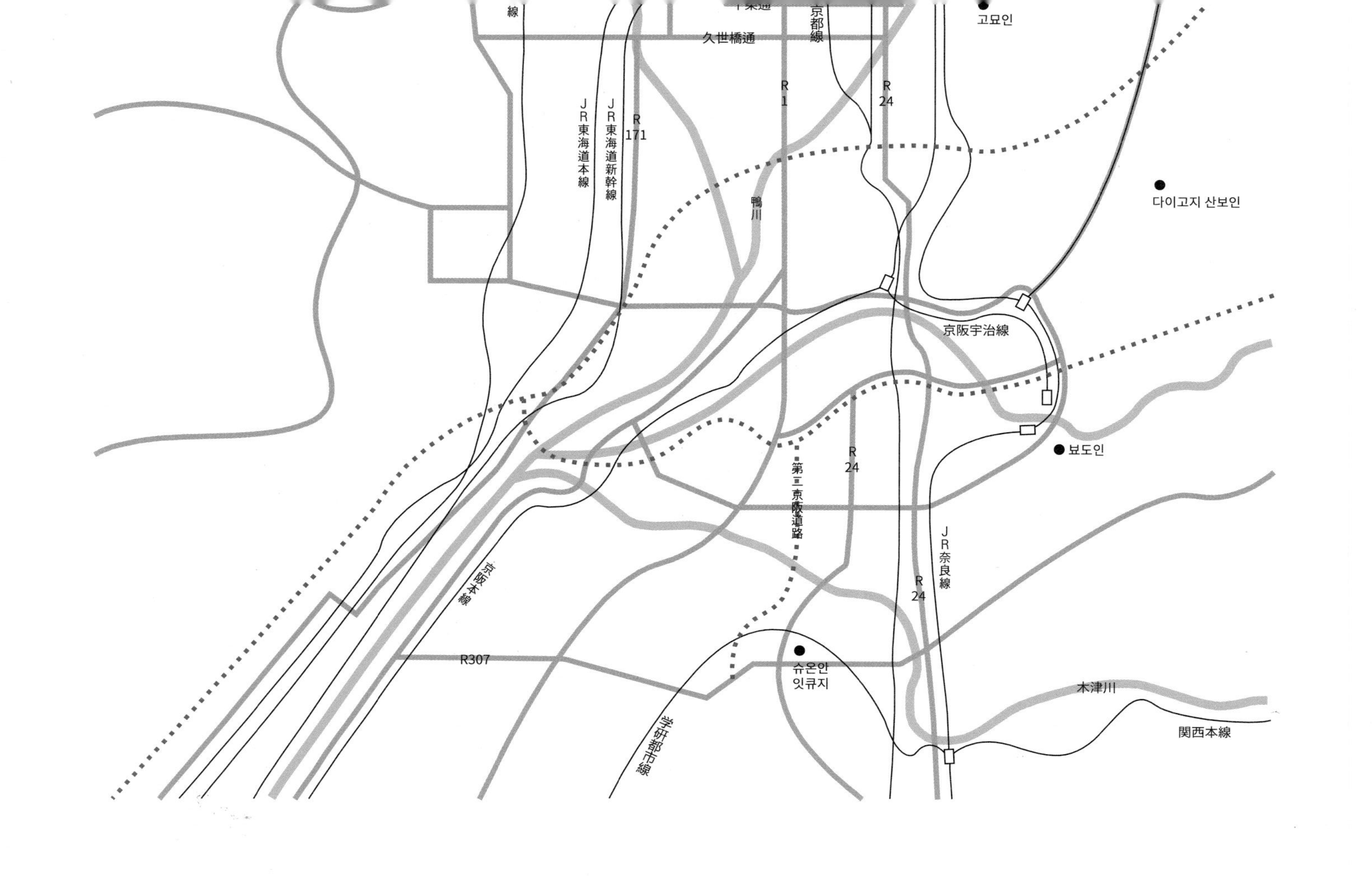

고묘인
다이고지 산보인
京都線
久世橋通
R 1
R 24
R 171
JR東海道本線
JR東海道新幹線
鴨川
京阪宇治線
뵤도인
第二京阪道路
R 24
JR奈良線
R 24
京阪本線
R307
슈온인 잇큐지
木津川
関西本線
学研都市線

오사와노이케나코소노다키

大沢池附名古曾滝

헤이안시대 초기 | 지천회유식 | 면적: 64,600m^2

교토시 우쿄구 사가 오사와쵸 4 | 국가지정 명승

기쿠시마와 테이코세키를 중심으로 형성되는 오사와노이케 전경

사가인은 사가 천황(嵯峨 天皇·차아 천황:786~842)이 황자시대에 산장으로 조영하였고, 즉위 후에는 이궁(離宮)으로 썼던 곳이다. 사가 천황이 이곳에 이궁을 설치했던 이유는 단린황후(檀林皇后·단림황후) 타치바나노 카치코(橘嘉智子·귤가지자:786~850)와의 성혼(成婚)에 따른 신실(新室)이 필요했기 때문이다.

『일본후기(日本後記)』「고닌(弘仁·홍인) 5년(814) 윤 7월 27일」조에는 "천황이 북야(北野)에서 수렵(狩獵)을 하고, 그날 사가인에 행차하다"라는 기사가 있다. 이것을 보면 9세기 초에는 이미 사가인이 완성되어 사가 천황이 북산에서 수렵을 한 후에 이곳에 들렀다는 것을 알 수 있다. 사가 천황은 고닌 14년(823) 준나(淳和·순화) 천황에게 양위(讓位)한 후에도 이곳을 자주 찾았고, 죠오(承和·승화) 9년(842) 7월에 죽을 때까지 단린황후와 함께 이곳에서 말년을 보냈다고 한다.

사가인은 조간(貞觀·정관) 18년(876) 사가 천황의 손자인 고쟈쿠신노(恒寂親王·항적친왕)를 개산조로 하여 다이가쿠지(大覺寺·대각사)라는 절로 정비된다. 한때 다이가쿠지는 천황 일족이 역대 주지를 역임하는 문적(門跡·몬제키:황족이 출가하여 법통을 지키는 절)사원으로, 천황 일족의 저택이란 뜻을 가진 사가고쇼(嵯峨御所·차아어소)라고 불리기도 했다.

다이가쿠지의 동쪽에는 사가 천황이 만든 오사와노이케(大沢池·대택지)라는 이름의 광활한 못이 있다. 이 오사와노이케는 한시(漢詩) 및 서예에 조예가 깊어, 초기 헤이안시대 3대 명필 중 한 사람으로 꼽히던 사가인의 주인 사가 천황이 조성한 인공지이다. 오사와노이케는 상(上) 사가야마(嵯峨山·차아산)에서부터 흘러내리는 계류에 제방을 쌓아서 물길을 잡고 이 물을 이용해서 만들었는데, 그 면적이 무려 33,000m^{2}에 이른다. 못의 북쪽에는 동편에 기쿠시마(菊島·국도), 서편에 텐진시마(天神島·천신도)라고 이름 지은 지중도(池中島) 2개가 조성되어 있고, 그 사이에는 입석(立石) 두 개로 만든 테이코세

오사와노이케 안에 조성된 못 안의 섬

키(庭湖石 · 정호석)라고 하는 '人'자형 바위섬(岩島 · 암도)이 원래 모양 그대로 남아 있다. 사이교 호시(西行法師 · 서행법사:1118~1190)의 『산가집(山家集 · 산카슈)』에는 거세금강(巨勢金剛)이 돌을 세웠다는 기사가 있는데, 이것을 보면 테이코세키는 금강역사와 같이 수문신장(守門神將:사찰의 문을 지키는 외호선신外護善神)의 소임을 가졌던 것으로 보인다. 테이코세키라는 이름은 오사와노이케가 중국의 동정호를 흉내 내서 만든 것이라는 의미에서 붙여진 것이라고 하는데, 당시 일본인들에게 있어서 중국의 자연과 문화는 동경의 대상이었음을 보여주는 하나의 증거라고 해도 무방하겠다.

테이코세키가 보이는 곳에서 약 100m 북쪽으로 가면 나코소노다키아토(名古曾滝跡 · 명고증롱적)를 볼 수 있다. 나코소노다키는 다수의 이름난 노래에도 등장하는, 달을 보는(견월 · 見月) 명소로 익히 알려져 있는 곳이다. 일본에서는 달을 보는 것을 하나의 풍류놀이로 생각하였다고 하니, 이곳 역시 달을 보며 즐기던 곳으로 볼 수 있겠다. 명소 나코소노다키에서는 아직도

삼존석조를 중심으로 폭포가 흘러내렸던 흔적을 볼 수 있으며, 폭포석조도 일부 남아있다. 근년의 발굴조사에서는 폭포에서 못에 이르는 땅을 파서(素掘 · 소굴) 만든 야리미즈(遣り水 · 견수)의 흔적이 발견되어 복원되었다. 나코소노다키에는 폭포와 야리미즈의 풍경을 즐기기 위해 다키도노(滝殿 · 롱전)가 있었다고 하나 지금은 그 흔적조차 찾을 수 없어 제대로 된 원형을 살피기에는 한계가 있다.

후지와라노 미치나가(藤原道長 · 등원도장:966~1027)는 사가인이 이미 황폐해진 조호(長保 · 장보) 원년(999) 9월 12일에 이곳을 방문하였는데, 이때 동행한 후지와라노 긴토(藤原公任 · 등원공임:966~1041)가 지은 노래가사에 '폭포소리가 끊어진지 오래'라는 구절이 보인다. 이것으로 미루어 짐작건대, 헤이안시대 중기에는 이미 폭포의 물이 더 이상 흐르지 않았다는 것을 알 수 있다. 그래도 이곳은 당나라의 문화를 그대로 흉내 내고 싶어 하는 많은 문인들이 모여 시를 짓고 노래하는 문화교류의 장이었으니 시인묵객들의 발길까지 끊어졌던 것은 아닌 모양이다.

테이코세키 실측도(출처: 南 孝雄, 2008, p.15)

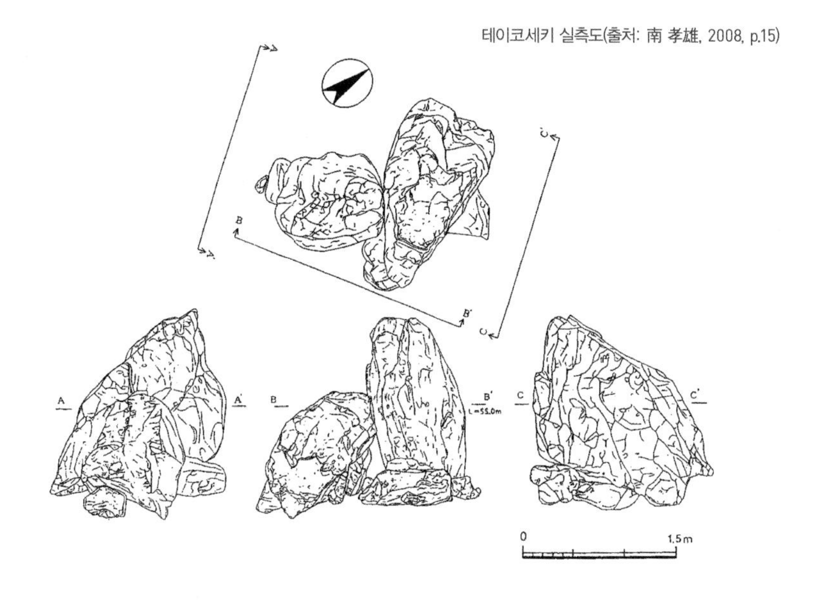

폭포석조에서 못으로 물을 흘리는 야리미즈

오사와노이케는 와카(和歌·화가:일본의 정형시가)의 소재가 된 가침(歌枕:단가의 소재가 된 일본의 명승고적)으로도 잘 알려져 있다. 이곳에 가게 되면 나코소노다키에서 노래하고 시를 읊던 풍류객들을 떠올리면서 그윽한 심정으로 정원을 완상해보기를 권한다. 오사와노이케는 봄철에 가야 아름다운 풍경을 제대로 볼 수 있다. 그것도 왕벚나무가 꽃을 피우는 3월 말경 이곳에 가서 벚꽃의 화사한 아름다움에 흠뻑 취해보는 것도 이곳을 찾는 즐거움 중의 하나일 것이다. 못가의 석불군도 가마쿠라시대의 명작으로 알려져 있으니 오며 가며 들여다볼 만하다.

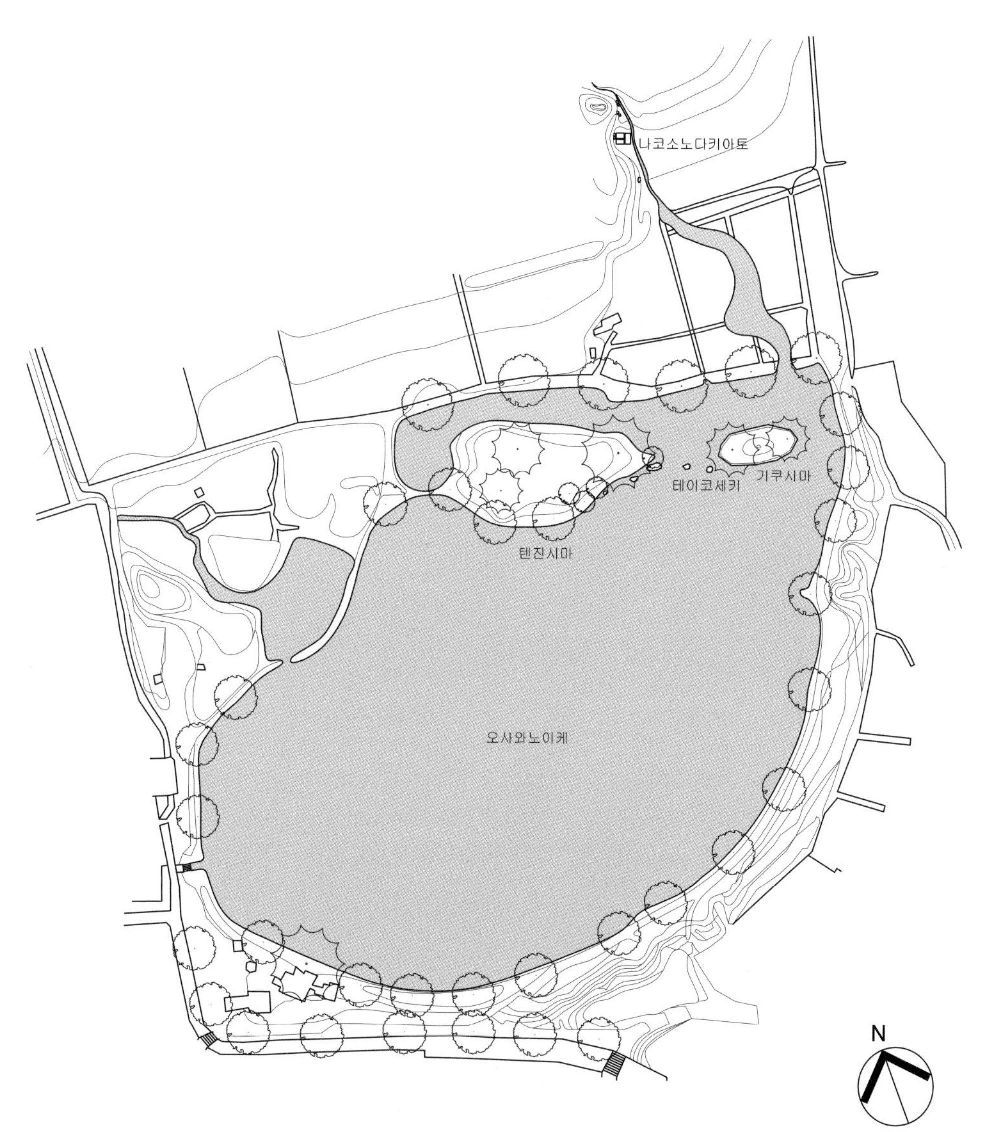

사가인 유적의 오사와노이케와 나코노소다키아토(名古曾滝跡) 배치도

뵤도인 정원

平等院 庭園

헤이안시대 중기 | 지천주유식 | 면적: 20,000m²(창건초기: 140,000m²)
교토부 우지시 우지 렌게쵸 116 | 국가지정 명승·사적

못물에 비친 뵤도인 아미타당(호오도)

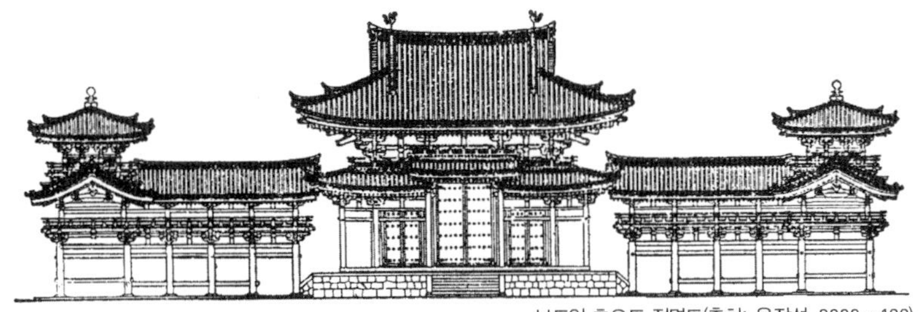

뵤도인 호오도 정면도(출처: 윤장섭, 2000, p.182)

맑은 물이 흐르는 우지가와(宇治川 · 우치천)에 접한 뵤도인의 본전에서 창건 법회가 열린 것은 말법(末法 · 정법正法과 상법像法의 시기가 끝나고 난 뒤 1만 년 동안을 말하는데, 서기 1050년을 말법의 시작으로 본다)의 초년에 해당하는 에이쇼(永承 · 영승) 7년(1052)의 일이었다. 헤이안시대의 섭관(攝關 · 섭정과 관백을 함께 이르는 말로, 섭정은 천황이 어리거나 병약할 때 정무를 대행하는 이였고, 천황이 창성하면 은퇴하여 관백이 되어 고문직을 수행하였음)으로 최고의 영화를 누린 후지와라노 미치나가(藤原道長 · 등원도장:966~1028)의 뒤를 이은 장자 요리미치(藤原賴通 · 등원회통:992~1074)는 아버지로부터 물려받은 별장 우지인(宇治院 · 우치원)을 개조해서 뵤도인을 개창하고, 그곳에 정원을 조성하였다. 뵤도인에 조성한 이 정원은 일본 정토정원의 하나의 텍스트라고 할 수 있는데, 그것은 헤이안시대에 조성된 정토정원들이 대부분 이 정원을 원형으로 하여 조성되었기 때문이다.

당초 뵤도인은 대일여래(大日如來)를 주불(主佛)로 하는 밀교사찰이었다. 그러나 덴기(天喜 · 천희) 원년(1053)에 아미타당을 건립하고 불사(佛師) 죠쵸(定朝 · 정조)가 조성한 장육아미타여래좌상(丈六阿彌陀如來坐像)을 봉안하게 되면서부터는 아미타여래를 주불로 모시게 되는 정토사찰로 바뀌게 된다.

뵤도인의 주 불전인 아미타당은 종교적 의식이나 법회 등을 진행하는 하나의 상징적 종교 공간이면서 동시에 불교박물관의 기능도 함께 하는 특별한 건물이다. 특히 아미타당의 판벽에 그려진 야마토에(大和繪 · 대화회:일본회화의 한 유파) 양식의 아미타구품래영도(阿彌陀九品來迎圖)와 아미타상을 공양하기 위해서 조성한 52체의 운중공양보살상(雲中供養菩薩像)은 이 건물이 단순히 오래되었다는 것 그 이상의 가치를 잘 보여준다. 아미타구품래영도는 사람이 죽으면 아미타여래가 마중 나오는 모습을 상품상생으로부터 하품하생까지 9단계로 나누어 그린 그림으로, 일본의 국보로 지정되어 있다. 또한, 52체의 보살들이 구름을 타고 여러 가지 악기를 연주하면서 춤을 추며 하강하는 52체의 운중공양보살상은 11세기 불상군으로는 유일하게 일본에 남아 있는 작품으로 그 중 51체가 국보로 지정되어 있다. 더불어 당내에 보존된 범종, 금동봉황 1쌍도 국보로 지정되어 있어서 아미타당이야말로 일본의 사찰건물 중 국보를 가장 많이 보유한 불당으로 철저하게 관리되고 있다.

아미타당은 대당(大堂), 어당(御堂)이라고 불리는 익루(翼樓)를 가진 건축형식으로 지어졌는데, 이것은 정토변상도에서 볼 수 있는 보루각(寶樓閣)을 묘사한 것이다. 에도(江戶 · 강호)시대 초기에 펴낸 『옹주부지(雍州府志)』를 보면, "당은 봉황을 형상화하였으며, 좌우의 건물(閣)은 봉황의 양 날개를, 후랑은 꼬리를 표현하였다"라는 기사가 있어 건축디자인의 모티프가 봉황이었다는 것을 분명히 하고 있다. 그러한 까닭에 아미타당을 호오도(鳳凰堂 · 봉황당)라고 부르게 되었는데, 일본의 10엔짜리 주화에 이 건물을 새겨 넣은 것을 보면, 일본 사람들이 이 건물에 대해서 가지는 자긍심이 대단하다는 것을 알 수 있다. 아미타당이 지어진 이후 뵤도인에는 법화당(法華堂), 탑, 오대당(伍大堂), 부동당(不動堂), 호마당(護摩堂) 등이 건립된다. 이러한 건물들과 정원은 다분히 밀교적 색채를 가지는 것으로 보이기도 하지만, 실제로는 지상의 극락정토를 구현하고 있어 일본에서는 정토사찰의 가장 대표적인 작품으로 뵤도인을 평가하는 데 주저함이 없다.

뵤도인의 정원은 못을 중심으로 구성되며, 못의 중심에는 호오도가 자리 잡고 있는 중도(中島)가 있다. 여기에서 호오도는 동쪽을 바라보며 배치되어 있는데, 이렇게 호오도를 동향으로 배치한 것은 호오도가 곧 서방극락정토라는 것을 상징적으로 보여주는 것이다. 즉, 서방극락정토를 관장하는 아미타여래가 서방에 앉아 동방의 불자들을 바라보는 구조를 가지게 되는 것이다. 이러한 여래와 중생들의 상관구조는 우리나라의 대표적인 정토사찰인 부석사 무량수전과 동일하다.

근년의 발굴조사에서 호오도의 정면은 현재의 상태보다 1m 더 낮았고, 정면 방향에 멀리 위치하고 있는 부츠도쿠산(佛德山 · 불덕산)이 한눈에 들어오도록 배치하였다는 것이 밝혀졌다. 더욱 흥미로운 사실은 호오도에서 볼 때, 하짓날 해가 부츠도쿠산 정상에서 떠오른다는 것이다. 또한, 동짓날에는 뵤도인의 진수사(鎭守社)와 현신사(県神社) 방향으로 해가 진다는 것도 흥미롭다. 더 신비스러운 것은 하짓날 해가 부츠도쿠산으로 떠오를 때 봉황당 어간문을 열면 태양빛이 호오도 전면의 못에 반사되어 당내로 들어오게 되고 이 빛은 아미타여래좌상 상부 천개(天蓋)의 둥근 거울(圓鏡 · 원경)에 다시 반사되어 어둠 속의 아미타여래좌상을 비추게 되는데, 이때 불상이 부상하는 착시현상이 발생하여 경이로운 체험을 할 수 있다. 호오도 천장에 있는 66장의 동경(銅鏡)은 본존상 배후의 벽면에 붙여놓은 52체의 운중공양보살상 하나하나를 비치도록 되어있으니 이것 역시 뵤도인에서 볼 수 있는 특별한 볼거리이다. 이러한 여러 현상들은 정토식 정원과 태양의 운행을 연결시켜주는 상관성을 보여주는 것으로, 미야모토 켄지(宮元健次 · 궁원건차)는 이러한 상관성을 태양숭배에 기인하는 것으로 보고 있다. 흥미로운 것은 이러한 문화적 현상이 우리나라 석굴암 본존불을 동지 일출선을 향해서 배치한 것과 같은 원리라는 점이다. 뵤도인의 조성이 석굴암 이후

뵤도인의 수경관과 영지효과

에 이루어졌다는 것을 생각해보면, 뵤도인의 조영원리가 석굴암을 원형으로 하지 않았을까 의심해보는 것도 무리가 아니라고 생각한다.

한편, 뵤도인의 발굴조사에서 조영 당시의 못은 우지가와까지 이어지는 넓은 범위를 포함하고 있었다는 사실도 확인되었다. 이것을 보면 초기의 뵤도인은 우지가와를 포함하는 주변의 경관을 묶어서 하나의 단위로 조영하였던 것으로 보인다. 그러나 준공 후 20~30년이 지나면서 동쪽 호안 부분을 축소하게 되는데, 이것은 아미타불을 예배하기 위한 아미타당을 지으려는 불가피한 사정 때문이었다고 한다.

뵤도인 정원에 조성된 못은 곡지이다. 발굴조사 결과 이 못의 수원은 못 남서부 바닥에서 용출하는 용수(湧水)인 것으로 확인되었으며, 이러한 수원의 영향으로 인하여 못물이 한 번도 마른 적이 없었다고 한다. 신기한 일이 아닐 수 없다. 못의 호안과 중도의 호안은 우지가와에서 가져온 둥근 조약돌을 이용한 스하마(洲浜 · 주빈)형식으로 조성되어 있다. 이렇게 스하마라는 요소를 정원에 도입한 것은 이미 나라시대의 정원인 헤이조쿄 좌경삼조이방 궁적정원(平城京 左京三条二坊 宮跡庭園)과 헤이조큐 토인정원(平城宮 東院庭園)에서도 볼 수 있었던 것으로 이후 지속적으로 일본정원에서 조성되어 지금은 일본정원의 정체성을 보여주는 핵심적 요소가 되었다. 지금 우리가 볼 수 있는 이 스하마는 발굴조사에 기초해서 헤이세이(平成 · 평성) 10년(1998)에 정비한 것으로 본래의 것은 아니다. 호오도 전면부 스하마가 조성된 부분에 드문드문 놓은 경석(景石)은 세운 돌은 없고 모두 눕힌 돌로, 이러한 의장

호안 주변의 스하마 처리와 축선상에 놓은 석등롱

이 옛 모습 그대로인지에 대해서는 의문의 여지가 있다.

호오도 전면부 축선상에 놓인 석등롱(石燈籠)은 화대(火袋)가 2매의 돌로 구성된 매우 특수한 형식을 가진 것이다. 이 석등은 정원 전체의 중심적 위치에 자리를 잡고 있으며, 시각적으로도 중심성을 강조하는 형식을 갖추고 있다. 아미타당과 낭하를 넓은 중도에 건축한 것은 정토재현의 구상에 기초하였다는 것이라는 점은 뵤도인의 전체적인 배치양식을 통해서 확인할 수 있다.

뵤도인과 지근거리에 있는 우지가와 변에는 『원씨물어(源氏物語 · 겐지 모노가타리)』의 등장인물인 우키후네(浮舟 · 부주)와 니오노미야(匂宮 · 내궁)의 동상이 있다. 겐지의 아들 카오루(源氏薫 · 원씨훈)와 그의 친구 니오노미야, 그리고 우키후네의 삼각관계(?)가 펼쳐진 곳이 우지가와 주변이라는 것을 보여주는 하나의 스토리텔링 대상이다. 정원에는 4월 하순부터 5월 상순에 등나무꽃이 진한 향기를 선물하면서 보라색 꽃을 피우고 7월에는 수련과 연꽃이 분홍색과 흰색의 꽃을 피운다. 연꽃이 아미타정토를 상징하는 것이므로 이 정원은 연꽃이 피는 철에 가야 제맛을 느낄 수 있다.

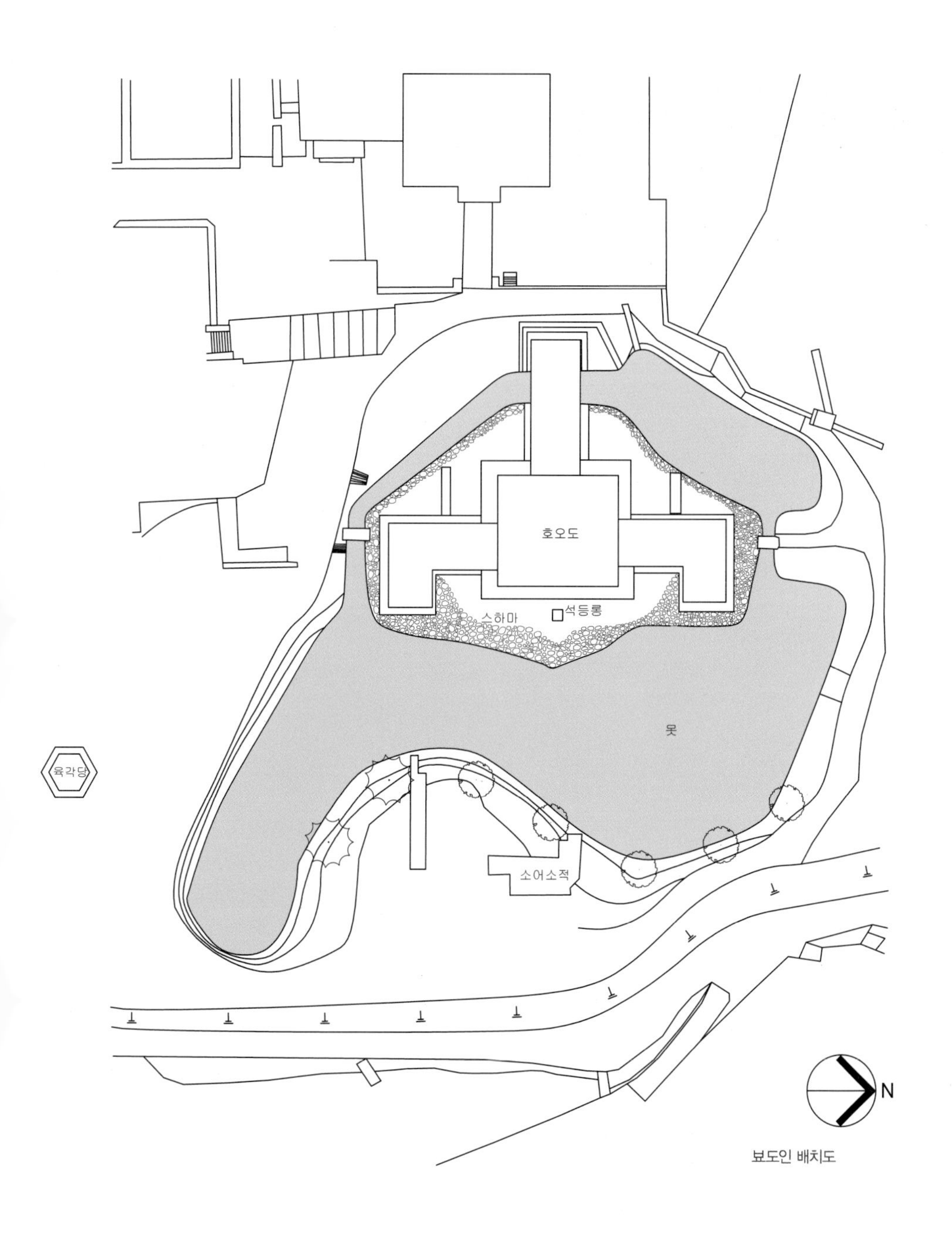

뵤도인 배치도

죠루리지 정원

淨瑠璃寺 庭園

헤이안시대 말기 | 지천주유식 | 면적: 14,600m²

교토부 기즈가와시 가모초 니시오 후타바 40 | 국가지정 특별명승·사적

못 동안의 3층탑과 못 안의 섬에 놓인 경석

간노(觀応 · 관웅) 원년(1350)에 쓴 『정유리사류기사(淨瑠璃寺流記事)』에 따르면 절은 에이쇼(永承 · 영승) 2년(1047) 다이마지(当麻寺 · 당마사)에 주석하고 있던 기메이(義明 · 의명)의 발원으로 창건이 시작됐다는 것을 알 수 있다. 당초에는 이 절을 니시오다와라지(西小田原寺 · 서도전원사)라고 불렀는데, 그것은 이 지역이 니시오다와라무라(西小田原村 · 서소전원촌)라고 불렸기 때문이다. 창건 당시의 본존불은 현재 3층탑에 안치되어있는 약사여래상이었으니, 이러한 연유로 니시오다와라지는 니시오다와라잔(西小田原山 · 서소전원산) 죠루리지(静琉璃寺 · 정유리사)로 이름이 바뀌게 된다. 불교에서 정유리세계는 동방 약사여래불이 상주하고 있는 동방정토이기 때문이다.

가쇼(嘉承 · 가승) 2년(1107)에 죠루리지에는 아미타당이 건립된다. 그리고 당내에 9채의 아미타여래상이 봉안된다. 이른바 아미타불의 극락정토가 만들어진 것이다. 이후 이 건물은 호겐(保元 · 보원) 2년(1157)에 해체되어 못의 서안으로 옮겨지는데, 이것은 극락정토가 서방에 있음을 상징적으로 보여주기 위해서 였다. 그 후 지쇼(治承 · 치승) 2년(1178)에 교토의 세존지(世尊寺 · 세존사)로 추정되는 절에서 3층탑이 옮겨지고, 그곳에 본존불로 모셨던 약사여래상이 이 절에 봉안된다. 이렇게 되면서 죠루리지는 서방 아미타정토, 동방 정유리정토가 공존하는 사찰로서의 격을 갖게 되었다. 그 이후 죠루리지에는 누문, 경장(經藏), 남대문, 호마당(護摩堂)과 같은 당탑이 세워졌으나, 고에이(康永 · 강영) 2년(1343)에 남대문에서 불이 나 아미타당과 3층탑을 남겨둔 경내의 모든 건물들이 소실되는 화마를 입게 된다. 화재 이후 죠루리지의 재건은 이루어지지 않았으며, 단지 못을 중심으로 한 지금의 모습만 유지되고 있다.

정원은 규안(久安 · 구안) 6년(1150) 이 절에 주석하고 있던 코후쿠지(興福寺 · 흥복사)의 에신(惠信 · 혜신) 승정(僧正)에 의해서 정비되었으며, 그 후 겐큐(元久 · 원

못 서안의 아미타당과, 그 전면에 못을 중심으로 전개되는 정원

구) 2년(1205)에 쇼나곤(少納言 · 소납언: 관직의 이름으로 급사중給事中에 해당) 호겐(法眼 · 법안)에 의해 개수되었다. 이것을 보면 정원은 당탑에 비해 늦게 만들어진 것으로 헤이안시대 말기부터 가마쿠라시대 초기에 이르는 동안에 작정된 것이라고 할 수 있겠다.

죠루리지는 동, 남, 서의 세 방향이 산으로 둘러싸여 있는 오목한 지형을 가진 곳에 자리를 잡고 있다. 전체의 배치를 살펴보면, 사찰 중앙에 있는 못을 중심으로 서쪽에는 동향하고 있는 본전 아미타당이 있고, 못 건너편에는 3층탑이 있으며 북쪽에 대문을 두고 대문을 따라 들어오는 서쪽에 종루를 배치하였다. 서쪽에 아미타당을 배치한 것은 서방극락정토를 상징하기 위한 의도이며, 태양이 떠오를 때 서쪽에 자리를 잡고 있는 아미타불이 태양빛을 받기 위한 장대한 구성이다. 이러한 배치는 뵤도인에서 시작된 것으로 서방 극락정토를 현실적으로 재현하기 위한 매우 의도적인 장엄이라고 할 수 있다.

못은 남쪽 계곡에서부터 솟아오르는 물을 수원으로 삼아 수량을 유지한다. 남쪽은 지형을 이용하여 못 위로 불쑥 튀어나온 출도(出島)를 만들고, 못 한가운데에는 남북으로 길게 중도를 만들었다. 중도의 호안은 스하마로 처리하였고, 중요한 지점에 돌을 조합하여 석조를 만들었다. 못의 크기는 동서·남북 모두 약 50m 정도이다.

이 절은 쇼와(昭和·소화) 50년(1975)까지 발굴조사와 정원 정비가 이루어졌다. 발굴조사에서는 이 절이 에도시대까지도 아미타당에서 예불이 이루어 졌던 것으로 확인되었다. 아미타당 앞에 세워져있는 조지(貞治·정치) 5년(1366)이라고 새겨진 석등도 이때 이동되었던 것으로 보인다. 한편, 조영 당

못 안에 조성한 중도

시의 호안선은 현재의 호안보다 아미타당 쪽으로 넓게 펼쳐져 있었던 것이 확인되었으며, 중도에서 작정 당시의 스하마와 옥석부가 발견되기도 했다. 『작정기(作庭記·사쿠테이키)』에서 언급하고 있는 파도가 들이치는 바닷가의 경관을 연출하기 위한 석조(石組)를 정비한 것도 이때의 일이다.

중도에 조성한 석조

3층탑 쪽에 조성한 출도

죠루리지 배치도

호콘고인
세이죠노다키쓰게타리고이잔

法金剛院 青女滝附五位山

헤이안시대(쇼와시대 개수) | 지천회유식(본래는 지천주유식) | 면적: 6,782m^2

교토시 우쿄구 하나조노 오기노쵸 49 | 국가지정 특별명승

연꽃과 꽃창포가 아름답게 피어나는 못의 풍경

호콘고인은 라쿠세이(洛西 · 낙서)의 소케 언덕(双ケ丘 · 쌍구)이 이루는 완만한 구릉의 남동쪽에 위치하고 있다. 이 땅은 헤이안시대 초기에 해당하는 덴초(天長 · 천장) 7년(830) 무렵 당시 우대신(右大臣)이었던 기요하라노 나츠노(清原夏野 · 청원하야)가 경영한 산장이 있었던 곳이다. 나츠노가 죽은 다음 이 땅에는 소키유지(双丘寺 · 쌍구사)라는 이름의 절이 세워졌는데, 이 절을 다시 텐안지(天安寺 · 천안사)로 개명하여 법등(法登 · 불법을 서로 전하는 전통)을 이을 수 있었다. 그러나 어느 때부터인가 사세가 기울어져 황폐해졌던 것을 오하루(大治 · 대치) 4년(1129) 다시 부흥하여 호콘고인이라고 하였다.

호콘고인의 부흥에 앞장섰던 이는 도바(鳥羽 · 조우) 상황의 중궁인 다이켄몬인 다마코(大賢門院璋子 · 대현문원장자:1101~1145)였다. 그녀는 오하루 5년 아미타당을 완성하고 난 후 장장 11년에 걸쳐서 여러 전각을 재건하였으며, 건축과 더불어 지천정원까지 만들어서 이른바 건축과 정원이 하나의 단위를 이루는 사찰을 만들어냈다. 당시 호콘고인의 모습을 본 이라면 광대한 못을 중심으로 하는 정원과 그 주변에 지어진 침전조양식의 어소 그리고 가람이 연출하는 화려한 풍경에 놀라움을 금치 못했을 것이다. 다마코는 호콘고인을 현세에서 볼 수 있는 장엄한 극락정토의 세계로 만들 목적을 가지고 이러한 대작불사(大作佛事)를 진행하였던 것으로 보인다.

호콘고인의 정원은 오랜 시간 황폐한 상태로 방치되어 오다가 쇼와(昭和 · 소화) 45년(1970)부터 발굴과 복원작업이 진행되어, 현재는 교토에서도 몇 개 되지 않는 헤이안시대 양식인 지천주유식 정원의 면모를 드러내 보이고 있다.

못에는 2개의 섬(中島 · 중도)이 배치되어 있고, 스하마(洲浜 · 주빈)형의 호안이 있다. 본래 이 못은 배를 띄울 수 있을 정도로 넓었다고 하나, 경역 남측을 통과하는 철로의 개통과 도로의 확장으로 인하여 못이 대폭 축소되어 지금과 같이 아담한 규모를 가진 모양새를 갖게 되었다.

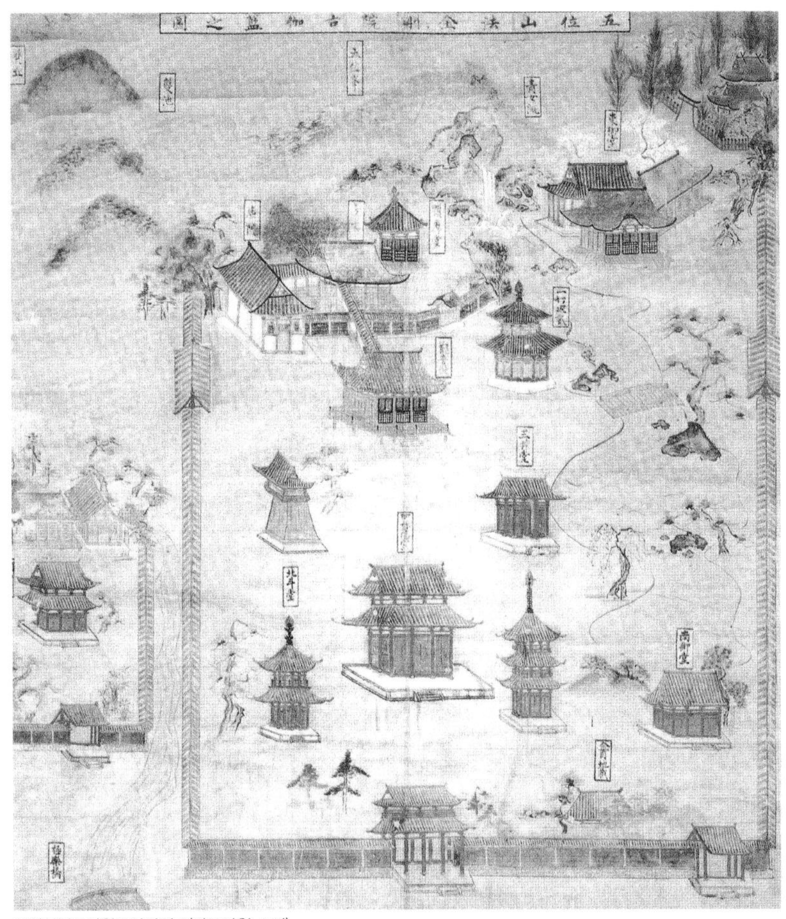

오위산법금강원고가람지도(법금강원 소장)

정원의 북측에는 상하 2단의 폭포가 조성되어 있는데, 이 폭포를 '세이죠노다키(青女の滝 · 청녀의 폭포)'라고 부른다. 이것은 호콘고인을 복원했던 중궁 다마코가 조성한 것으로 조성 당시의 모습을 그대로 간직하고 있다. 사료(史料)에 따르면 오하루 5년(1130)에 이세공 린켄(伊勢公 林賢 · 임현)이 처음으로 폭포를 만들었을 때의 높이가 7척(약 2.12m) 정도였다고 한다. 그런데, 폭포가 만들어진 지 3년 후 다마코가 못에서 뱃놀이를 할 때, 폭포가 보이지 않자, 폭포의 높이를 더 올렸으면 좋겠다고 해서 폭포 상부에 5~6척(약 1.5~1.8m) 정도 되는 큰 돌을 얹어서 지금과 같은 모습으로 바뀌었다고 한다. 이 일은 도쿠다이지(德大寺·덕대사)의 호겐 죠이(法眼静意·법안정의)가 맡아서 진행하였다고 하는데, 린켄과 죠이는 모두 닌나지(仁和寺·인화사)에 계승되던 작정기법을 전수받은 석립승(石立僧·이시다테소:일본의 절에서 정원을 만드는 소임을 맡고 있는 스님)이었다. 닌나지에는 『산수병야형도(山水並野形圖)』라는 작정서가 비장(秘藏)되어있다. 호콘고인의 정원에서 나타나는 의장, 특히 폭포로부터 못

스하마(洲浜·주빈)를 조성한 못의 호안

2단 폭포

에 이르기까지 설치된 야리미즈(遣水·견수)의 구불구불한 모습과 야리미즈에 세워진 돌의 모습은 이 작정서에 묘사된 삽도와 동일하다. 한편, 호콘고인에 소장되어 있는 '오위산법금강원고가람지도(伍位山法金剛院古伽藍地圖)'에도 오래전 호콘고인의 모습이 그려져 있는데, 이 그림은 폭포를 강조하면서 못의 구불구불한 모습을 잘 표현하고 있다. 이 가람지도는 위에서 언급한 『산수병야형도』와 거의 유사하게 그려져 있어 호콘고인 정원이 이것에 의지해서 조성되었던 것으로 보인다. 그러나 지금은 못의 규모가 축소되어 전혀 다른 모습을 보이고 있다.

호콘고인 정원은 아미타극락정토를 상징하는 형식을 갖추도록 못에는 연이 가득 심어져 있으며, 호안 주변의 얕은 곳에는 꽃창포가, 호안을 따라가며 사즈끼철쭉이 철따라 꽃을 피운다. 6월 중순부터 7월 중순에 못에는 사랑스러운 연꽃이 수면에 제 모습을 비치며 가득 피어나 많은 이들에게 감동을 준다.

폭포로부터 못에 이르는 야리미즈

호콘고인 정원 평면도

난젠인 정원

南禪院 庭園

가마쿠라시대 | 지천회유식 | 면적: 2,350m^2

교토시 사쿄구 난젠지 후쿠치초 | 국가지정 명승·사적

방장건물과 남지의 경관

남지의 가을 풍경

가메야마 상황(龜山上皇 · 구산상황:1249~1305)은 분에이(文永 · 문영) 원년(1264)에 이궁 젠린지도노(禪林寺殿 · 선림사전)를 조영한다. 그런데 젠린지도노에 있던 어당(御堂)이 고안(弘安 · 홍안) 9년(1286)에 소실되는 일이 발생하면서 상황은 그 다음 해에 새로 건물을 짓게 되는데, 이것이 바로 난젠인(南禪院 · 남선원)이다. 난젠인에 조성된 정원은 이때 새로 지은 난젠인 건물과 공간적으로 상호 맥락을 같이 하는데, 이것을 보면 난젠인 정원은 건물을 지으면서 동시에 조영한 것으로 보아야 하겠다. 난젠인 정원은 가마쿠라시대 말기의 대표적인 지천회유식(池泉回遊式) 정원으로 알려져 있어, 규모는 작지만 명원으로서 가치는 매우 높다.

현존하는 정원은 가메야마 상황이 난젠인을 지을 당시의 구성을 따르고 있다고 하는 것이 일반적인 견해이다. 정원은 방장(方丈)건물의 남쪽과 서쪽에 연해 있어 방장건물과의 상관성을 잘 보여준다. 한편, 경사가 있는 구릉이 정원의 후면부를 둘러싸고 있어 이 정원의 분위기를 그윽하면서도 한가하고 고요(幽玄閑寂 · 유현한적)하게 만들어준다.

『도림천명승도회』(출처: 西桂, 2005, p.69)

정원의 중심은 못(園池 · 원지)으로, 이 못은 소겐치(曹源池 · 조원지)라고 부른다. 이 못은 산기슭(山裾 · 산거)을 배경으로 하는 입지적 특성을 잘 이용해서 만들었으며, 수원은 못 바닥에서 솟아오르는 용출수(湧出水)이다. 그러나 요즘에는 못 후면부 산록에서 힘차게 흘러내리는 폭포의 물이 못으로 유입되고 있어, 폭포에서 흘러내려온 물이 이 못의 주된 수원인 양 오해할 수도 있다.

못의 형태를 보면, 방장영역 모서리로부터 불쑥 튀어나온 출도로 인해 하나의 못이 남지(南池)와 서지(西池)로 구분되어있는 것처럼 보인다. 호안선은 전반적으로 굴곡이 있는데, 방장건물이 겐로쿠(元綠 · 원록) 16년(1703)에 재건된 것이므로, 방장영역에 접한 못의 호안선은 이때 형성된 것이라고 보아야 하겠다. 남지는 근년에 남쪽에 퇴적된 토사를 제거하면서, 남동부

정원 후면부 산록의 폭포

난젠인 근방의 수로각

봉래도의 석조

의 마른폭포(枯滝·가레다키) 석조와 동서 2개의 섬(龜島, 蓬萊島·구도, 봉래도)을 둔 종래의 형식을 복원하였다. 서지에도 대소 3개의 섬을 배치하였는데 이것 역시 원형을 복원한 것으로 봐야할 것이다. 소겐치의 구도와 봉래도는 일본정원의 못에서 쉽게 볼 수 있는 것으로 불로장생을 희구하는 소망을 표현한 것이다.

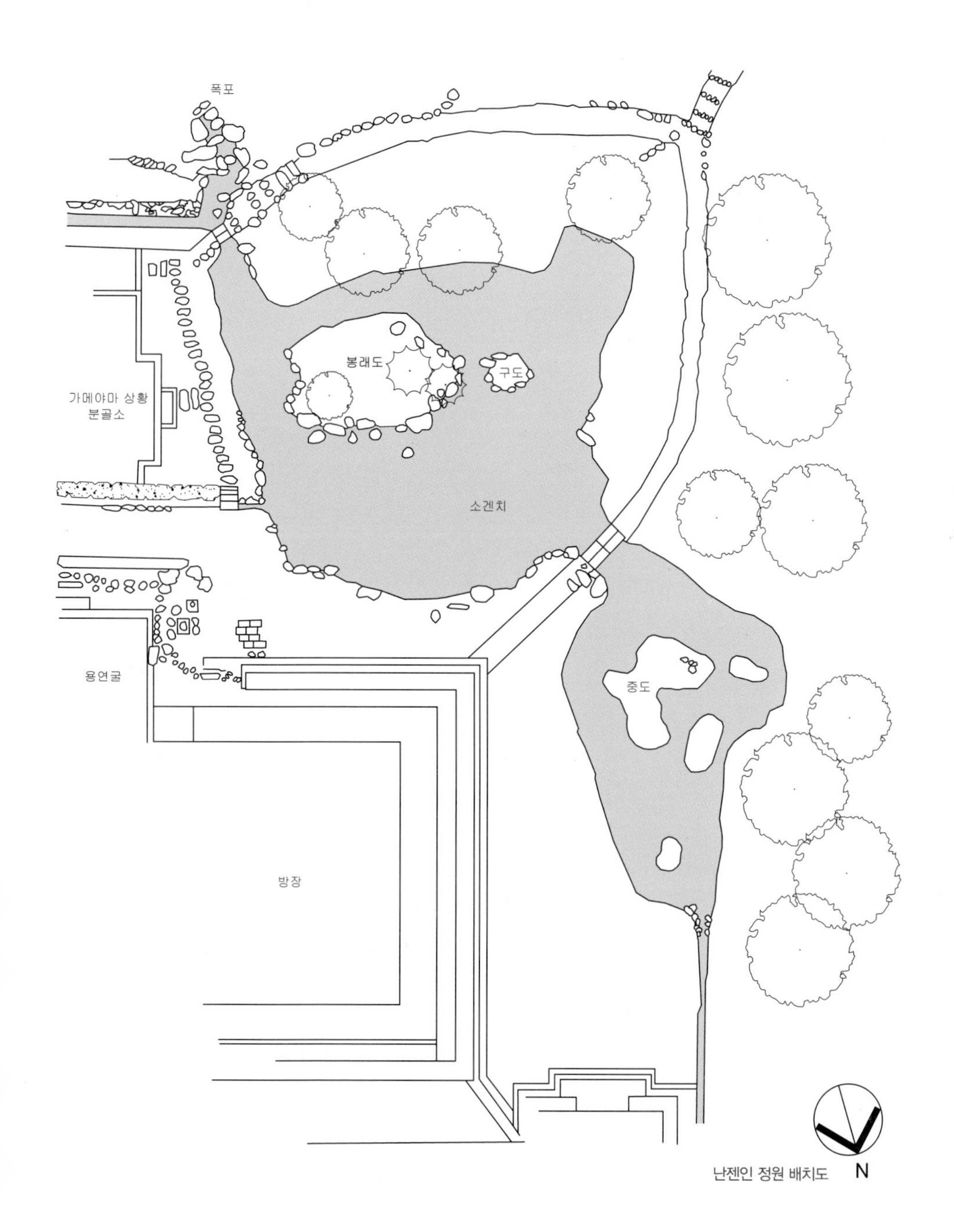

난젠인 정원 배치도

토지인 정원

等持院 庭園

가마쿠라시대 | 지천회유식 |
교토시 기타구 토지인 기타마치 56 |

방장(方丈)에서 바라본 서정 전경

서정에서 섬으로 연결되는 석교의 거친 이미지

마른폭포(枯滝·가레다키) 석조

토지인(等持院·등지원)은 랴쿠오(暦応·력응) 4년(1341) 쇼군 아시카가 다카우지(足利尊氏·족리존씨)가 당시 텐류지(天龍寺·천룡사)에 주석하고 있던 무소 소세키(夢窓疎石·몽창소석)에게 청하여 아시카가 가문의 보리사로 창건한 절이다. 이 절이 자리 잡은 곳은 키누가사야마(衣笠山·의립산)의 남록에 해당되는데, 주변에는 킨카쿠지(金閣寺·금각사), 료안지(龍安寺·용안사), 묘신지(妙心寺·묘심사) 등 유명한 사찰이 즐비하여 이곳이 이미 헤이안시대부터 복지(福地)로 잘 알려진 곳이었음을 알 수 있다. 토지인 정원은 무소 소세키에 의해서 작정된 것으로 알려져 있으나, 후세에 몇 번의 개수를 거쳐서 오늘에 이르고 있어 조성 당시의 원형이 온전히 남아있다고 보기는 어렵다.

서정(西庭)은 방장(方丈)과 서원(書院) 그리고 다실인 세이렌테이(清漣亭·청련정)에 의해서 둘러싸여진 중심부에 조성되어, 삼면에서 정원의 아름다움을 관상할 수 있다. 이 정원은 연꽃 모양을 닮은 후요치(芙蓉池·부용지)와 그 후면부 북측 산 언덕에 조성된 사면정원으로 구성되는데, 못은 못대로, 언덕은 언덕대로 뚜렷한 경관미를 연출하도록 작정되어 있다. 후요치에는 중도를 만들고, 남북으로 석교를 놓아 통행이 가능하도록 하여 이 정원이 지천회유식으로 조성되었음을 보여준다. 다리에 쓰인 돌은 난보쿠쵸시대에 귀족들이 좋아했던 소재로, 울퉁불퉁하여 거친 느낌을 주는 청석이다.

유락춘의 꽃

유락춘의 자태

서지가의 와송

산 언덕에는 온통 둥글게 다듬은 사즈끼철쭉을 심고, 여러 그룹의 석조를 배치하였는데, 그 중 하나인 마른폭포(枯滝·가레다키) 석조는 에도시대의 수법인지라 무소의 작품은 아닌 것으로 보인다. 산 언덕의 정상에는 다실 세이렌테이가 적정한 아취를 풍기며 한가로이 아래를 내려다보고 있다. 이런 유한한 정취야말로 다도에서 얘기하는 와비의 세계일진대, 한가롭다는 의미가 무엇인지를 가르쳐 주기라도 하듯이 묵묵히 자리를 지키고 있다.

세이렌테이 동쪽에 조성한 마른폭포 가까이에는 나이 먹은 커다란 동백나무 유락춘(有楽春) 하나가 한가로이 서있다. 겨울이 한창인 정월이 되면 이 나무에 분홍빛 작은 꽃이 점점이 피어나서 와비의 세계가 일순간 깨어나는 듯 부산해진다. 선 수행을 하는 수좌 스님들이 한 소식을 듣는 깨달음의 순간이 이렇지 않을까 생각된다. 동백나무 한 그루의 위력이 이렇게 클 수 있다는 것이 곧 토지인 서정의 매력이라고 보아도 틀린 말은 아닐 것이다.

또한 마른폭포의 남측 못가에는 와송이 하나 자리를 잡고 있는데, 이 또한 매력이 넘친다. 활엽수인 동백나무가 여성적 미를 지니고 있다면, 침엽수인 소나무는 남성적 미를 풍긴다. 두 나무가 창조하는 미는 이 정원에서

동정의 심자지 전경

음양의 조화를 만들어내는 주역들이다.

옛날에는 이 정원의 배후에 아름다운 주발형의 키누가사야마가 조망되었다고 하나 지금은 인접한 리쓰메이칸 대학(立命館大學·입명관대학) 건물 때문에 보이지 않게 되어 정원의 매력이 반감되고 말았다. 가마쿠라시대의 정원에서도 차경기법을 도입하였다는 사실을 확인할 수 있는 좋은 사례인데, 아쉽기 그지없다. 그렇더라도 푸른 하늘을 배경으로 솟아오른 산 언덕과 세이렌테이는 참으로 우아한 정취를 자아내고 있어 얼른 자리를 뜨기가 쉽지 않다.

동정(東庭)은 서정으로부터 원로를 따라서 연결된다. 동정과 서정이 나누어지는 중간 지점 정도에는 아시카가 다카우지의 묘인 보협인탑(宝篋印塔)이 있으며, 묘의 주위에는 애기동백인 산다화(山茶花)가 심어져 있어 이 역시 정취가 그윽하다. 또한, 묘의 북측으로는 소나무림과 상록활엽수림이 조성되어있어 동정과 서정이 공간적으로나 시각적으로 독립성을 가질 수 있도록 만들고 있다. 동정이 있는 구역은 아시카가 다카우지의 가신인 고 모로나오(高 師直·고어직)가 무소 소세키에게 청하여 개창한 신뇨지(真如寺·진여사)의 정

방장 남정의 가을

원이 있던 곳이다. 이 동정에는 가마쿠라시대부터 난보쿠쵸시대에 이르기까지 유행했던 못의 형태가 남아있어 주목된다. 못은 예의 심자지(心字池·신지이케)라고 불리는 것으로 이 못에는 3개의 섬이 조성되어 있다. 3개의 섬 중에서 가장 큰 섬은 봉래도로 이 섬에는 묘온가쿠(妙音閣·묘음각)라고 불리는 누각이 하나 있었다고 한다. 그러나 1950년에 있었던 태풍 제인의 피해로 파괴되어 지금은 초석만 남아있는데, 묘온가쿠가 제 자리에 있었다면 실로 동정의 풍경은 지금과 전혀 다른 모습이었을 것이다. 봉래도 바로 서측에는 마치 배를 정박해놓은 듯 보이는 암도가 하나 있다. 이 암도를 보면 봉래도에 들어가기 전날 밤 이곳에 배를 대 놓은 것 같다는 느낌을 가진다고 하는데, 이러한 수법은 무소의 작정임을 웅변하는 증거가 되기도 한다. 삼백초(三白草·*Saururus chinensis*)가 피는 하지 무렵(半夏生·반하생)의 이른 아침에 인기척이 없는 못가에 서서 수면을 바라보면 못 전체에서 자아내는 그윽하고 조용한 선의 경지(境地)를 눈앞에서 느낄 수 있다. 동정은 오랜 기간 황폐해 있었으나 근년에 정비가 되어 예전의 모습을 볼 수 있게 되었다.

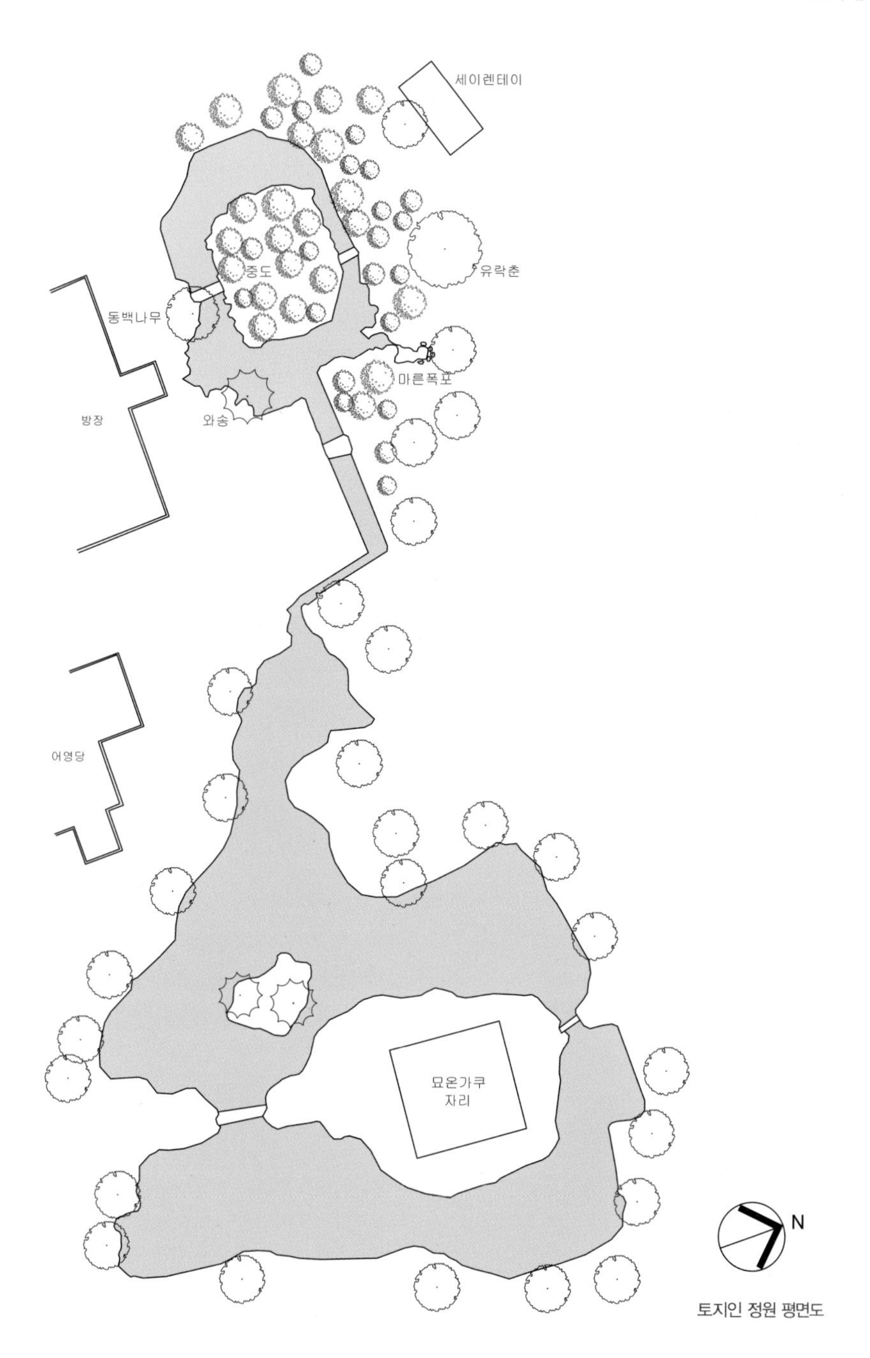

토지인 정원 평면도

사이호지 정원

西芳寺 庭園

무로마치시대 | 지천회유식 + 고산수식 | 면적: 16,880m^2
교토시 니시쿄구 마츠오 진가타니쵸 56 | 국가지정 특별명승·사적

무소 소세키가 조성한 일본 최초의 고산수정원으로 돌의 조합에서 역동적 이미지를 살필 수 있다

사이호지(西芳寺 · 서방사)는 고케데라(苔寺 · 태사)라는 이름으로 익히 잘 알려져 있는 사찰이다. 고케데라라는 이름은 이 절이 황폐할 때 이끼에 덮인 모습을 보고 불렀던 이름이다. 마치 경주 동궁원지를 조선시대 묵객들이 안압지(雁鴨池)라고 부른 것과 동일한 경우이다. 이 절은 사이호지가와(西芳寺川 · 서방사천)의 북쪽 언덕에 위치한 일본 임제종파의 절로, 절 이름 앞에 고인잔(洪隱山 · 홍은산)이라는 산 이름(山號 · 산호)을 붙여 고인잔 사이호지라고 부른다. 오에이(応永 · 응영) 7년(1400)에 쓰인 『서방사연기(西芳寺緣起)』에 따르면, 이 절은 본시 쇼토쿠(聖德 · 성덕) 태자의 별서로 지어졌던 것을 교기(行基 · 행기) 스님이 사찰로 개조했으며, 이것을 다시 재건하여 지금의 사이호지가 되었다고 한다. 『몽창국사연보(夢窓國師年譜)』에 "사이호지는 덴표(天平 · 천평) 연간(729~749)에 교기스님이 쇼무(聖武 · 성무) 천황의 칙명에 의해 건립한 사구원(四九院) 가운데 하나인 사이호지로부터 그 역사가 시작된다."라는 기록이 있어, 사이호지의 본래 이름이 한자로 '西方寺'로 쓰였다는 것을 알 수 있다.

헤이안시대에는 사이호지에 홍법대사(弘法大師) 구카이(空海 · 공해)와 헤이제이(平城 · 평성) 천황의 황자인 신뇨 친왕(眞如親王 · 진여친왕)도 일시 머물렀다고 한다. 이렇게 융성했던 사이호지는 언제부터인가 사세가 약해져서 많은 이들의 기억에서 사라졌다가, 겐큐(建久 · 건구) 연간(1190~1199)에 나카하라 모로카즈(中原師員 · 중원사원)가 재건하면서 다시 세간의 주목을 받게 된다. 모로카즈는 사이호지를 흔구정토(欣求淨土) · 염리예토(厭離穢土)를 주제로 한 2개의 절 서방사(西方寺)와 에도지(穢土寺 · 예토사)로 분리하고 호넨(法然 · 법연) 상인(上人)을 개산조로 하는 정토종 사찰로 중창했다. 그러나 이 절이 본격적인 재흥을 이루게 된 것은 아시카가(足利 · 족리)막부의 중신이었던 셋쓰 치카히데(攝津親秀 · 섭진친수) 때이다. 셋쓰는 랴쿠오(曆応 · 력응) 2년(1339)에 국사 무소 소세키(夢窓疎石 · 몽창소석)를 초청하였는데, 이때 절 이름을 사이호지로 개명하고, 종파를 임제종(臨濟宗:일본 선종의 일파)으로 바꾸게 된다. 절 이름을 '西方寺'에서 '西芳寺'로 바꾼 것은 이 절이 정토사찰에서 선종사찰로 바뀐 것을 보여주는 결정적인 증거가 된다. 즉, 西方寺의 '西方'은 서방극락정토를 의미하는 것으로 이 절이 아미타여래가 상주하는 절이라는 것을 보여주는 것이고, 西芳寺의 '西芳'은 '祖師西來(조사서래)'의 '西'자와 '伍葉聯芳(오엽연방)'의 '芳'자를 합한 말이니, 西芳寺는 선종의 초조 달마대사와 의미적으로 연관된 사찰이라는 것을 보여주는 것이다.

국사는 이곳에 주석하면서 건축과 정원을 일신하게 되는데, 기록에는 오곤치(黃金池 · 황금지)를 중심으로 해서 서안(西岸)의 반도에는 중층의 루리덴(琉璃殿 · 유리전), 북안(北岸)에는 니시라이도(西來堂 · 서래당)와 탄보쿠테이(潭北亭 · 담북정), 중도(中島)에는 쇼난테이(湘南亭 · 상남정), 못의 동쪽에는 요게쓰쿄(激月橋 · 격월교)를 새로 지었다고 전한다. 무소 국사가 사이호지 정원에 도입한 이러

콘고치의 요게쓰쿄가 있던 자리에 남아있는 야박석

오곤치 내에서 가장 큰 섬인 장도(長島)의 현재 모습

한 건물의 명칭과 배치는 선의 공안해설서에 해당하는 『벽암록(碧巖錄:임제종의 원오극근圜悪克勤이 지었으며, 설두중현雪竇重顯이 저술한 설두송고雪竇頌古에 대한 주석서이다)』 제18칙 「혜충무봉탑(慧忠無縫塔)」조의 숙종황제가 혜총국사에게 무봉탑의 형태를 묻는 다음 게(偈)에 기초한다. "…상주(湘州)의 남쪽 담주(潭州)의 북쪽(주·상주의 남쪽과 담주의 북쪽은 호남의 광대한 수촌水村지대로, 여기에서는 '위치할 수 없는 장소'라는 뜻을 가진다)… 그 가운데 황금이 있어 온 나라를 가득 채운다… 그늘 없는 나무아래 합동선…유리궁전에 사는 이들 중에는 알만한 이가 별로 없노라 湘之南 潭之北 中有黃金 充一國 無影樹下合同船 琉璃殿上無知識" 이것을 보면 국사는 사이호지를 재건하는 과정에서 철저하게 선사상을 디자인의 주제로 삼았다는 것을 알 수 있는데, 그것은 『벽암록』이 선종의 공안 해설서이기 때문이다.

무소 소세키가 처음 이곳에 왔을 때만 해도 사이호지에는 정토양식의 정원이 조성되어있었다. 무소 국사는 이 정토정원을 부분적으로 개조하면서 사찰의 북편 산록에 새로운 양식의 정원을 만들었다. 평지부의 지천(池

泉)양식 정원은 지난날 모로카즈 시대의 서방사가 자리를 잡았던 곳이며, 산록의 고산수(枯山水)정원을 만든 곳은 에도지가 있던 장소이다. 이와 같이 이전의 정토양식의 정원에 선사상을 기초로 하는 선정원을 덧붙인 것은 무소 소세키가 사이호지에 남겨놓은 결정적인 족적이라고 할 수 있겠는데, 이때부터 일본정원은 통일신라에서 수입한 지천양식과 일본 특유의 고산수양식이 공존하는 새로운 정원사를 쓰게 된다. 당시 무소 국사가 만든 고산수양식의 정원은 일본 선정원(禪庭園)의 규범을 적용하여 고산수양식의 작법을 상상 이상의 수준으로 확장하는 계기를 마련하였으니, 이 고산수양식의 정원이야말로 일본 고유의 정원양식이라고 봐야하겠다.

가키쓰(嘉吉·가길) 3년(1443)에 조선통신사로 일본에 갔던 신숙주는 귀국하여 『일본서방사우진기(日本栖芳寺遇眞記)』를 저술하였다. 이 책에는 사이호지의 옛 모습을 이해하는 데 도움이 되는 기사가 있는데, "못에는 반교(反橋)인 격월교(激月橋·요게쓰쿄)가 가설돼 있어, 이 다리를 넘어가노라면 마치 고래 등에 타고 있는 것과 같았다"라는 구절이다. 요게쓰쿄와 같이 위로 둥글게 곡선을 준 반교는 당시 조선 땅에는 없었던 다리 양식인 것을 보면 신숙주가 이 다리에 깊은 인상을 받았던 것이 이해가 된다. 더불어 "가운데 섬에는 하얀 모래가 덮여 있고, 소나무가 심어져 있다"라는 기사도 있는데, 이러한 모습 역시 당시 조선의 정원에서는 찾아볼 수 없었던 것이니 그에게는 매우 특별하게 읽혀졌을 것이다.

사이호지의 현재 모습은 신숙주가 이곳을 찾았을 때와는 너무나 많은 차이를 보이고 있다. 요게쓰쿄를 비롯해서 당시 『벽암록(碧巖錄)』의 경구를 모티프로 건립하였던 건물들은 모두 소실되었고, 흰 모래가 덮여 있던 중도에는 100여 종에 달하는 이끼가 가득 덮여있으며, 나무가 많아 울창한 언덕처럼 변해버렸다. 중도가 예전의 모습을 잃고 이처럼 바뀌게 된 것은 수

차에 걸쳐서 준설된 못의 진흙을 쌓아올린 탓이라고 한다. 더욱이 섬 전체에 이끼가 덮여 예전에 흰 모래가 덮인 모습을 볼 수 없는 것도 정원의 진정성을 훼손하는 원인으로 작용하고 있다. 또한, 예전에는 수면이 높아 물이 찰랑찰랑하였을 터이나 지금은 수면의 높이가 낮아져서 이러한 수경관을 볼 수조차 없게 되었다. 그나마 다행인 것은 아직도 예전의 삼존석조(三尊石組)가 남아있다는 것인데, 이것으로라도 옛 모습의 일단을 살필 수 있어 다행스러운 일이 아닐 수 없다.

사이호지 정원은 무소 국사가 말년에 조성한 것으로 텐류지(天龍寺 · 천룡사) 정원과 더불어 그의 가장 대표적인 작품으로 손꼽힌다. 또한 일본의 명원 가운데서도 둘째가라면 서러울 정도로 그 이름이 잘 알려져 있다. 그렇게 알려지게 된 까닭은 이 절이 조정에서 벼슬을 하던 공가(公家)와 쇼군에게 소속된 무가(武家)의 산케이(參詣 · 참예:신불神佛에 참배함)를 모은 곳이었을 뿐만 아니라 무로마치시대의 정원 및 건축에 커다란 영향을 준 하나의 텍스트였기 때문이다. 또한, 봄에는 절 마당의 수양벚나무가 흐드러지게 꽃을 피우고, 가을이 되면 최고의 단풍을 볼 수 있으며, 수목의 왕인 소나무가 많아 천황을 비롯한 황족, 귀족들이 자주 찾아왔다고 하는데, 이러한 소문 역시 이곳을 명소로 만든 요인이 되었을 터이다. 도인 킨가타(洞院公賢 · 동원공현)가 쓴 일기 『원태력(園太曆)』에는 무소의 재건 이후 조와(貞和 · 정화) 3년(1347) 2월 30일에 고곤(光嚴 · 광엄) 상황이 이곳을 참례했을 때 꽃놀이와 뱃놀이가 개최되었다고 하는 기록이 있으며, 무소가 절의 건축과 정원을 개조한 지 100여 년이 지난 후에 아시카가 요시마사(足利義政 · 족리의정)가 이곳을 자주 방문해 단풍을 즐겼다는 『음량헌일록(蔭涼軒日錄)』의 기록도 있다. 또한, 에도시대 중기인 교호(享保 · 형보) 20년(1735)에 발간된 『축산정조전(築山庭造伝)』 전편에서는 사이호지의 정원에 대해 삽화를 곁들이면서 "신선이 살 만한 뛰어난 풍경"으로 소개하기도 하였다. 이런 정도이니 에도시대까지도 이 정원이 명원으로 알려졌던 것은 당연한 일이며, 오늘날까지 일본정원사에서 매우 중요한 위치를 차지하고 있다는 사실도 이상하지 않다.

사이호지는 오닌(応仁 · 응인) 원년(1467)에 일어난 '오닌의 난'에 병화로 소실되면서 정원 또한 폐허가 된다. 이것을 복원한 이가 바로 센노 리큐(千利休 · 천리휴)의 아들 센쇼안(千少庵 · 천소암)으로 그는 다시 쇼난테이를 못의 남안에 복원하였으니, 때는 게이초(慶長 · 경장) 연간(1596~1615)의 일이다.

무소 국사가 재건한 사이호지와 사이호지 정원은 아직도 옛 모습을 완전히 회복하지 못한 상태이다. 오곤치를 중심으로 조성되었던 정원에는 니시라이도와 루리덴 그리고 요게쓰쿄 터가 그대로 남아있으며, 무소 소세키가 세우고 센쇼안이 재건한 쇼난테이가 그나마 그 자리를 지키고 있다. 또

『축산정조전』 전편에서 삽화로 볼 수 있는 에도시대 교호 20년의 사이호지(출처: 飛田範夫, 1999, p.30)

쇼난테이 건물의 누마루부분

정원 가장 상부에 자리 잡은 시토안

한, 옛 모습은 아니지만 관음당, 쇼안도(少庵堂 · 소암당), 탄보쿠테이, 진수당 등의 건물도 볼 수 있다. 한편, 고인잔 산록에 조성된 고산수정원 쪽으로는 국사의 상을 안치한 개산당 격의 시토안(指東庵 · 지동암)이 있다. 고인잔은 중국의 고승 양좌주(亮座主)가 홍주(洪州)의 서산(西山) 취엄사(翠嚴寺)에 은거한 것에 연유해 홍주에 은거한 서산이라는 의미로 명명된 것이라고 한다.

사이호지의 정원은 평지부의 지천정원과 산록부의 고산수정원으로 구분되는 2단 구성을 한다. 이렇게 상하 2단으로 정원을 구성하는 것이야말로 무소 소세키의 특유한 작정기법 가운데 하나인데, 이러한 작정기법이 이곳 사이호지 정원에 완성되면서 이후에 만들어지는 일본의 선정원에서는 예의 2단 구성의 작법이 자주 등장하게 된다. 특히 무소 국사가 작정한 몇몇 정원에서는 이러한 작정기법을 쉽게 찾아볼 수 있다. 에이호지(永保寺 · 영보사:1314년) 정원의 경우 가리유치(臥龍池 · 와룡지)를 중심으로 하는 하단의 정원과 후면부 본인안(梵音岩 · 범음암) 위의 레이요덴(靈擁殿 · 영옹전)이 있는 상단의 정원이 2단 구성을 이루고 있으며, 즈이센지(瑞泉寺 · 서천사:1327년) 정원 역시 하단의 지천양식과 상단의 헨카이이치란테이(偏界一覽亭 · 편계일람정)가 중심이 되는 고산수양식의 정원으로 구성된다. 무소 국사가 사이호지 정원을 재건한 이후 만든 텐류지 정원도 소겐치(曹源池·조원지)를 중심으로 하는 하단의 정원과 용문폭을 중심으로 하는 상단의 정원으로 구성된다. 또한, 로쿠온 킨카쿠지(鹿苑 金閣寺·녹원 금각사) 정원과 지쇼 긴카쿠지(慈照 銀閣寺·자조 은각사) 정원 역시 2단 구성을 하고 있으며, 토지인(等指院·등지원:1341년) 정원에서도 2단 구성을 확인할 수 있다. 이밖에도 무소 국사가 운용한 작정기법에서 발견할 수 있는 특징은 여러 가지가 있는데, 구도(龜島)로서의 중도를 하나만 설계하는 것, 배후의 산을 차경하는 것, 상하 2단 구성의 정원을 잇는 원로에 2개소의 석조(石組)를 두도록 고안한 것 등이 있으며, 좌선을 위한 동굴, 수직적인 암벽으로부터 떨어지는 폭포, 리어석(鯉魚石)과 수분석(水分石)을 도입하는 것 등을 꼽을 수 있다.

지천회유식 정원은 금강지와 황금지라는 두 개의 못을 중심으로 구성되며, 고산수식 정원은 마른폭포(枯瀧·고롱)를 중심으로 구성된다. 지천양식의 정원에서 고산수양식의 정원으로 가는 길에는 코죠칸(向上關·향상관)이라고 이름 붙여진 작은 문이 있는데, 이 문이 하부의 지천정원과 상부의 고산수 정원을 연결하는 관문이 된다.

지천정원은 곡지인 콘고치(金剛池·금강지)와 오곤치를 중심으로 구성된다. 이 곡지에는 여러 개의 크고 작은 섬을 도입하고, 그 섬에 다리를 놓아 곡지 주변을 따라 조성한 원로와 연결된다. 그야말로 한가롭게 곡지를 거닐면서 정원을 완상할 수 있도록 한 지천회유양식의 정원인 것이다. 원로를 따라 거닐면서 못을 바라다보면 섬이 만들어내는 부드러운 선이 2중, 3중으로 중첩되면서 끝없이 우아한 경관이 전개된다. 이러한 경관을 『작정기(作庭記·사쿠테이키)』에서는 '하형(霞形)의 중도(中島)' 즉, 안개모양의 섬이라고 했다. 안개모양의 섬이란 멀리서 못을 바라다보았을 때, 비췻빛 하늘에 안개가

끼어있는 것처럼 두 겹 혹은 세 겹으로 중첩되면서 여기저기 단절된 것 같아 보이는 현상을 말하는 것이다. 『작정기』에서는 "이 섬에는 돌과 나무는 필요 없고 흰 모래톱만 필요하다"고 규정한다. 따라서 무소 국사가 정원을 만들었을 당시에는 지금과는 달리 중도에 어떠한 나무와 풀도 없었을 것이다. 이것은 신숙주의 글에서도 확인한 바 있다. 그러나 지금은 지천회유식 정원의 곳곳에 백여 종에 달하는 이끼가 덮여 있으며, 섬에도 이끼가 가득 심어져 있다. 새옹지마라고 했던가? 지금은 이 이끼 덕분에 사이호지가 유명해졌다. 그리하여 절 이름도 고케데라(苔寺 · 태사)라고 불리고 있는 것이다.

사이호지의 지천정원에서 또 하나 주목되는 것은 무소 국사가 재건할 당시부터 있었던 삼존석(三尊石 · 산존세키) 석조이다. 삼존석조라는 것은 일본 정원의 석조 가운데 가장 기본적인 패턴의 석조인데, 마치 법당에서 중앙

하형의 중도와 반교

중도인 장도(長島)정면에 조성한 삼존석

마른폭포석조

거북석조

에 주존불을 배치하고 좌우에 협시불을 놓는 것과 같이 중앙에 큰 돌을 놓고 좌우에는 그것보다는 약간 작은 두 개의 돌을 놓은 석조이다. 이 삼존석조는 폭포(滝·롱)나 호안, 중도 등과 더불어 돌을 조합하는 모든 장소에서 사용된다. 『작정기』에도 "돌을 놓을 때, 삼존불석은 세우고, 품(品)자 돌은 눕히는 것이 일반적이다"라고 적혀 있다. 이것을 보면 일본정원에서는 일찍부터 이러한 석조기법이 확립되었고 널리 적용되었던 것으로 보인다. 대·중·소 3개의 돌을 짜 맞추어 배치하는 것은 말하자면 정원의 황금비율(黃金比率) 같은 것으로 앉음새가 좋아진다는 것이 특징이다. 삼존석은 석가삼존이나 아미타삼존을 나타내는 것이지만, 많은 경우에는 정원의 경관을 만들기 위한 일반적인 수법으로도 이용된다. 일본정원에서 볼 수 있는 삼존석조는 각 시대에 걸쳐 많은 사례들이 있으나, 시대별로 돌을 조합하는 데에 미묘한 차이가 있어 간혹 정원이 조성된 시대를 판별하기 위한 자료가 되기도 한다. 사이호지에 등장하는 삼존석은 지중섬인 장도의 중앙 정면부에 있는데, 가운데가 중존석(中尊石)이며 좌우로 협첨석(脇添石)을 배치하고 있다.

고산수정원은 사역 북쪽 편 고인잔 산록의 시토안 주변에 조성되어 있으며, 마른폭포(枯滝·고롱)석조와 거북(亀·구)석조 그리고 좌선석(坐禪石)과 용연수(龍淵水)가 지금도 그대로 남아있다. 마른폭포석조는 3단으로 구성되어 있는데, 상부 2단은 지극히 힘찬 역동성을 표현하였고, 하부 1단은 무한히 우아한 아름다움을 표현하였다는 것이 전문가들이 내린 평이다. 또한 지동암 하부 평평한 곳에는 거북석조가 조성되어 있는데, 거북이의 머릿돌(亀頭石·구두석)과 꼬리돌(亀尾石·구미석) 그리고 앞발과 뒷발이 잘 표현된 매우 우수한 석조이다.

용연수는 시토안에서 길을 따라 조금 더 진행을 하면 길 오른편에 있다.

용연수와 좌선석

못으로 물을 끌어들이는 야리미즈(遣水·견수)

아직도 샘에 물이 고여있는 것을 보면 옛날에는 수량도 지금보다 많고 물맛도 좋아서 부처님께 올리는 공덕수로 쓰거나 찻물로 쓰였을 것이다.

사이호지에서 볼 수 있는 또 하나의 특징은 생울타리(生垣·생원)가 참도 좌우를 시각적으로 차단하고 있다는 점이다. 이러한 기법은 내부의 정원을 보고 싶다는 기대를 한층 더 불러일으킨다. 이렇게 생울타리가 좌우로 심어진 참도를 걸어 들어가면 갑자기 정원이 눈앞에 나타나는데 이러한 기법 역시 일본적이다. 이러한 생울타리의 연출기법은 오늘날 킨카쿠지와 긴카쿠지에서도 볼 수 있다. 특히 긴카쿠지의 생울타리는 '긴카쿠지카키(銀閣寺垣·은각사원)'라고 부른다.

사이호지 하단정원의 중심이라고 할 수 있는 황금지의 못물은 사찰 옆으로 흐르는 서방사천으로부터 물을 끌어들여 서쪽 편에서 연결되는 야리미즈(遣水·견수)를 통해서 유입된다. 사이호지의 야리미즈 또한 정원에서 중요한 요소가 되는데, 지금도 물이 흘러 못으로 들어가는 것을 볼 수 있다.

사이호지는 봄에 가는 것이 좋다. 그것도 법당 마당에 수양벚나무가 흐드러지게 꽃을 피우는 3월말이면 더 좋겠다. 일본 사람들은 벚꽃을 무척 좋아한다. 그것도 축축 늘어진 수양벚나무에 꽃이 필 때면 종일 벚나무를 바라다보며 즐거워한다. 그래서인지 3월말 경에는 사이호지 참례를 위한 예약이 쉽지가 않다. 사이호지 정원을 보기 위해서는 반드시 사전에 예약을 해야 한다. 예약은 인터넷이나 전화가 아니라 왕복엽서를 통해서 하는데, 관람을 원하는 60일 전부터 예약을 받는다. 예약을 신청할 때 보고 싶은 날짜를 1지망, 2지망으로 적어서 보내면, 가능한 날짜와 시간을 적은 참배증을 보내준다. 우리나라에서는 왕복엽서를 취급하지 않기 때문에 우체국에서 파는 국제반신권을 사서 동봉하면 된다.

법당 마당에 있는 수양벚나무는 일본인들의 정서를 잘 보여준다

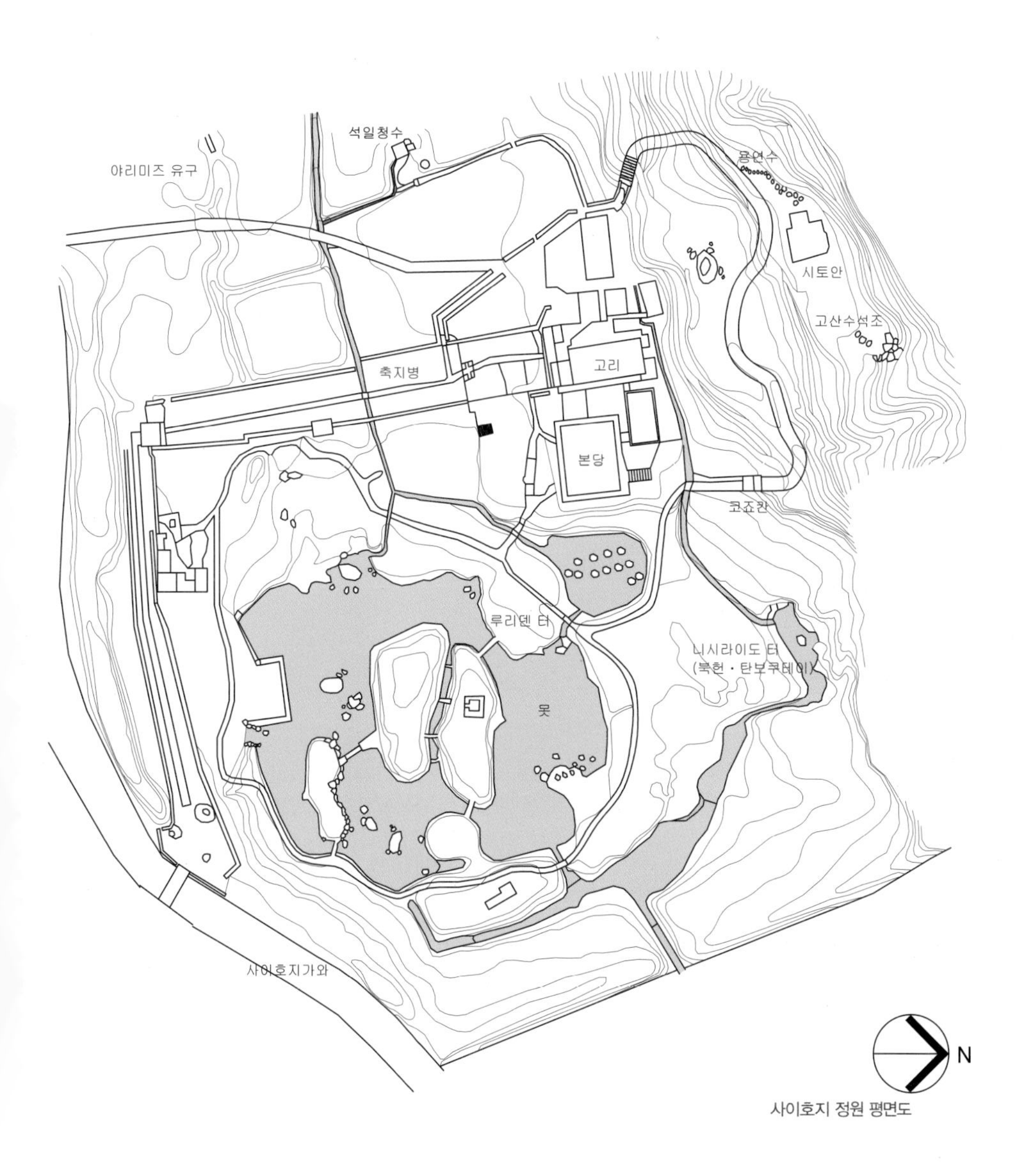
야리미즈 유구
석일청수
용연수
시토안
고산수석조
축지병
고리
본당
코쇼칸
루리덴 터
니시라이도 터
(북헌 · 탄보쿠테이)
못
사이호지가와
N

사이호지 정원 평면도

텐류지 정원

天龍寺 庭園

무로마치시대 | 지천회유식 + 주유식 | 면적: 12,060m^2

교토시 우쿄구 사가텐류지 스스키노 바바쵸 68 | 국가지정 특별명승·사적

텐류지 정원 전경

텐류지(天龍寺 · 천룡사)는 사가(嵯峨 · 차아)벌의 남서쪽으로 흐르는 오이가와(大堰川 · 대언천) 혹은 가쓰라가와(桂川 · 계천)의 북쪽에 위치한다. 이 절은 고다이고(後醍醐 · 후제호) 천황(1288~1339)의 영혼을 달래기 위해 아시카가 다카우지(足利尊氏 · 족리존씨)가 지시하여 창건한 칙원사(勅願寺:칙명에 의해서 건립된 사찰)로 알려져 있다. 텐류지가 지어진 땅은 헤이안시대인 조와(承和 · 승화) 연간(834~848)에 사가천황의 황후 타치바나노 카치코(橘嘉智子 · 귤가지자)가 단린지(檀林寺 · 단림사)라는 절을 경영했던 곳이며, 한 때는 고사가(後嵯峨 · 후차아) 천황이 구산이궁(龜山離宮:선동구산전仙洞龜山殿이라고도 한다)을 경영하기도 했던 그야말로 풍광명미(風光明媚)한 별천지였다.

이러한 유서 깊은 곳에 사원건립을 제안한 이는 천황으로부터 두터운 신임을 얻고 있었고 최고 세력가인 막부 아시카가 다카우지와 그의 동생 다다요시(直義 · 직의)가 깊이 존경했던 무소 소세키(夢窓疎石 · 몽창소석)였다. 그 당시 무소 국사는 이미 겐코(元弘 · 원홍) 이후의 큰 전쟁에서 죽은 전사자들의 영혼을 달래고 천하태평을 기원하기 위해 전국 방방곡곡에 안국사(安國寺)와 이생탑(利生塔)을 건립하고 있었는데, 이곳에 새로운 사찰을 짓자고 한 것도 이러한 사업의 일환이었다.

랴쿠오(曆応 · 력응) 2년(1339) 코고인(光嚴院 · 광엄원)의 원선(院宣:상황 또는 법황이 내린 선지宣旨)이 있었고, 다음해 들어서면서 텐류지의 조영이 시작되어, 공사가 시작된 지 5년 만인 고에이(康永 · 강영) 3년(1344)에 절이 완공되기에 이른다. 당초 이 절은 '레이키잔랴쿠오시세이젠지(靈龜山曆応資聖禪寺 · 영구산역응자성선사)'라는 이름으로 불렸지만, 그 후 아시카가 다다요시가 꿈에서 금룡(金龍) · 은룡(銀龍)을 본 것이 인연이 되어 '레이키잔텐류시세이젠지(靈龜山天龍資聖禪寺 · 영구산천룡자성선사)'로 개명되었다. 이 대사원의 건설을 위한 비용을 마련하기 위해 아시카가 막부는 원나라와 무역을 하기도 했는데, 그때 원나라를 왕래했던 무역선의 이름을 '텐류지센(天龍寺船·천룡사선)'이라고 하였다. 텐류지센은 그 당시 쇼군 등 유력한 가문에서 원찰 조성의 재원을 마련하기 위해 띄운 무역선으로, 쇼코쿠지센(相國寺船·상국사선), 산주산겐도센(三十三間堂船·삼십삼간당선), 다이조인센(大僧院船·대승원선)과 같은 배들도 이러한 목적을 위해 운영된 선박들이었다.

무소 소세키는 텐류지의 건립을 마무리한 다음 조와(貞和·정화) 2년(1346)에 사역 내의 자연경관과 인문경관을 중심으로 텐류지십경(天龍寺十景)을 선정한다. 무소 국사는 텐류지십경 선정을 통해서 텐류지가 교외별전(教外別傳: 선종禪宗에서 말이나 문자를 쓰지 않고, 따로 마음에서 마음으로 진리를 전하는 일)의 도량이라는 것을 분명히 각인시킨 것으로 보인다. 이때 무소 국사가 선정한 텐류지십경은 1. 후묘가쿠(普明閣·보명각), 2. 젯쇼케이(絶唱溪·절창계), 3. 레이히뵤(靈庇廟·영비묘), 4. 소겐치(曹源池·조원지), 5. 렌게레이(拈華嶺·염화령), 6. 도게쓰쿄(渡月橋·도월교), 7. 산규칸(三級巖·삼급암), 8. 반쇼도(万松洞·만송동), 9. 료몬테이(龍門亭·용문정), 10. 키쵸토(龜頂塔·귀정탑)이다. 여기에서 조원지(소겐치)는 텐류지 정원의 중심이 되는 못이고, 산규칸은 아라시야마(嵐山·람산) 음무뢰(音無瀨)의 급류이다. 본래 산규칸은 중국의 황하에 있는 물살이 세고 거친 급류에 붙여진 이름이다. 이 급류를 잉어(鯉·리)가 뛰어 올라가서 용이 된다는 등용문 고사가 정원에 도입된 것이 바로 용문폭이다. 따라서 텐류지십경의 산규칸은 텐류지 정원에 조성된 용문폭을 이르는 말이기도 하다.

창건 당시 텐류지는 난젠지(南禪寺·남선사)에 이어 고야마(伍山·오산) 제2의 절이었다. 무소 국사가 텐류지를 창건하기 시작한 후 90년이 지난 오에이(応永·응영) 33년(1426)에 린센지(臨川寺·임천사)의 주지 게쓰케이 츄산(月溪中珊·월계중산)이 쇼군 요시미츠(義滿·의만)의 명으로 그린 그림 '응영균명회도(応永鈞命繪圖)'에는 텐류지를 비롯해서 주변의 경관이 잘 나타나있다. 이 그림을 보면 텐류지의 사역이 도게쓰쿄에 이르는 광대한 지역을 포함하고 있다는 것을 알 수 있다. 더구나 텐류지 주변에 탑두사원(塔頭寺院:한 종파나 계파의 시조始祖 혹은 추앙받는 스님일 경우 일반적인 탑원과 구별해서 탑두라고 칭하는데, 일본의 경우 임제종에서 주로 쓰는 용어)이 150여 개소에 이르는 것을 보면 당시 무소 국사를 존경하는 스님들이 얼마나 많았는지 알 수 있고, 무소 국사의 영향력이 얼마나 컸는지를 미루어 짐작할 수 있다.

텐류지 정원은 소겐치(曹源池: 소겐치라는 이름은 무소 국사가 못을 팠을 때, 참된 선을 의미하는 '조원일적曹源一適'이라는 문구가 기록된 돌이 발견된 것에서 연유한다. 조曹자는 중국 선종의 6조인 혜능慧能이 머물렀던 조계曹溪라는 계곡의 명칭에서 연유한 글자이다)라고 이름 붙여진 못을 중심으로 조영된 지천양식의 정원이다. 소겐치는 오래전 가메야마도노(龜山殿·구산전)의 원지가 있었던 곳으로, 기록에 따르면 이곳에서 천황

못을 향해 불쑥 튀어나오도록 조성한 출도

출도와 지중입석 그리고 후면에 보이는 용문폭

과 귀족들이 배를 띄워놓고 뱃놀이를 즐겼다고 한다. 그렇다면 이 못은 과거에 지천주유식(池泉舟遊式) 정원의 원지였으나, 이것이 텐류지 조성과 더불어 지천회유식(池泉回遊式) 못으로 바뀌었다는 것을 알 수 있다. 『원태력(園太曆)』에는 "고에이(康永 · 강영) 3년(1344) 9월 16일에 정원이 완공되었다"라는 기록이 보이는데, 이것을 보면 정원공사는 사찰의 조영과 더불어 마무리되었다는 것을 알 수 있다.

텐류지 정원은 방장건물의 후면부(서측부)에 넓게 자리를 잡고 있다. 정원의 중심인 소겐치는 동서 35m, 남북 50m 규모이며, 들쭉날쭉한 모래톱과 같은 형태(洲浜形 · 스하마형)의 곡지를 기본양식으로 삼아 조성되었다. 이러한 못에 보다 다양한 시각적 변화를 주기 위한 장치로 못의 중심을 향해 불쑥 튀어나온 여러 개의 출도(出島)를 만들었는데, 출도의 연장선상에 놓인 암도(池中立石 · 지중입석)는 텐류지 정원에 원근감을 부여하는 매우 중요한 요소가

용문폭 석조와 삼교석교 그리고 주변의 암도

된다. 즉, 방장건물에 앉아서 내려다보면 바로 앞에 출도와 출도 끄트머리에 조성된 암도가 못 건너편에 조성된 지중입석 및 용문폭과 대조를 이루며, 묘한 거리감을 만들게 된다. 이러한 작정기법으로 인해 텐류지 정원은 마치 수묵산수화를 보는 것과 같은 풍경을 연출하게 되는 것이다. 한편, 못의 북쪽에는 하나의 섬을 두어 북쪽 호안선과 섬이 만드는 선이 중첩되도록 하였다. 이러한 조성기법 또한 무소 국사의 독특한 작법으로 보인다.

텐류지 정원에서 가장 핵심적인 요소는 메이지(明治 · 명치) 32년(1899)에 건립된 방장(方丈)건물과 마주 보이는 산의 끝자락에 만든 용문폭(龍門瀑)형식의 폭포(滝 · 롱)석조이다. 용문폭은 송나라로부터 도래한 난케이 도류(蘭溪道隆 · 난계도륭)가 창안하여 일본에서는 처음으로 가마쿠라의 겐쵸지(建長寺 · 건장사)에 조성하였던 석조형식이다. 이것은 중국 황하 상류에 있는 급한 여울목인 용문을 뛰어넘은 잉어는 하늘에 올라 용이 된다고 하는 등용문(登龍

門) 고사를 모티브로 한다. 선가(禪家)에서는 수좌가 수행해서 깨달음을 얻고 부처가 되는 것이 곧 잉어가 하늘로 올라가 용이 되는 것과 같은 이치로 생각하였기 때문에 선찰의 정원에서 용문폭의 조성은 매우 중요한 의미를 가진다. 무소 소세키는 겐쵸지에서 용문폭의 조성기법을 배워 이것을 자신이 만든 정원에 적극적으로 도입하였다. 무소 국사는 오로지 성불을 위해 수행하는 선가의 수좌들이 주석하는 선종사찰의 정원에 이러한 상징적 의미를 표현하는 것을 매우 중요하게 생각하였던 것으로 보인다. 무소 국사가 도입한 용문폭은 텐류지 이전에 조성한 사이호지에서도 볼 수 있다. 물론 두 사찰의 용문폭은 형식적으로 다르긴 하지만 성불(成佛)의 의미부여를 위해 필요한 수락석(水落石)과 리어석(鯉魚石)을 사용한 것은 동일한 작법이다. 후일 교토의 로쿠온 킨카쿠지(金閣寺 · 금각사)와 지쇼 긴카쿠지(銀閣寺 · 은각사)의 정원을 비롯한, 여러 곳의 선종정원에 조성된 용문폭은 무소 국사의 작품을 원형으로 해서 만든 것이라고 봐야한다.

현재 텐류지 정원의 용문폭은 마른폭포(枯滝 · 고롱) 형식을 보인다. 그러나 에도시대 후기인 칸세이(寛政 · 관정) 11년(1799) 작품인 『도림천명승도회(都林泉名勝圖會)』에는 용문폭에 물이 흐르는 모습을 그리고 있다. 지금도 용문폭 후방의 산허리에 용수가 흘렀던 흔적이 있는 것을 보면, 과거 한때에는 그곳으로부터 목통이나 죽통을 이용해서 용문폭으로 물을 끌어들였던 것으로 보인다. 실제로 물이 흐르는 용문폭이 언제부터 마른폭포(가레다키) 형식으로 바뀌었는지는 알 수가 없으나, 텐류지 조성에 이어 무로마치 중기에 조성된 로쿠온지와 지쇼지의 용문폭이 물이 흐르는 형식을 유지하고 있는 것을 보면, 텐류지의 용문폭도 무소 국사가 용문폭을 조성하였을 당시에는 물이 흘렀을 가능성이 높다.

텐류지의 폭포(다키)석조를 조합한 구성을 보면, 2단의 폭포석조에 1단

용문폭과 삼교석조의 상세도(출처: 読売新聞社編, 1994②, p.53)

석교와 용문폭의 상세도(출처: 読売新聞社編, 1994②, p.53)

의 리어석을 도입한 3단폭의 형식을 가진다. 여기에서 2단의 폭포석조라는 것은 1단과 3단에 세운 수락석을 의미하는 것이고, 그 중간 1단에 리어석을 세우는 방식을 말한다. 이러한 작법은 용문폭이 힘찬 구성을 보이도록 의도한 것이다. 폭포석조의 앞에는 3매의 얇은 판석을 가지런히 조합하여 만든 다리가 있는데, 이러한 다리를 '삼교식(三橋式)'이라고 한다. 삼교(三橋)는 유교, 불교, 도교의 삼교(三教)를 상징하는 것으로, 삼교합일의 사상을 표현하며, 이것을 초월해야만 해탈이 있다는 선(禪)적 의미를 담고 있다. 이것이 바로 호계의 석교로, 호계의 석교를 그림으로 표현한 것이 바로 '호계삼소도(虎溪三笑圖)'이다. 이러한 형식의 다리는 그 후 일본정원에서 지속적으로 전승되어왔으며, 현대까지도 예외 없이 도입되고 있다. 석교의 앞에는 커다란 돌이 못의 중심으로부터 불쑥 튀어나와있는 지중입석(池中立石)이 있는데, 이 돌은 학도이거나 선인이 사는 봉래도를 상징하는 것이다.

정원에 도입된 용문폭, 지중입석, 삼교식 석교는 텐류지 정원의 핵심이 되는 것으로 지난 시대에 침전조정원이나 정토정원에서 정원을 행사나 의식의 무대로 생각해왔던 것과는 판이한 것이며 정원을 예술작품으로 승화시킨 것으로 평가된다. 이러한 작법은 무소 소세키가 일본정원에 영향을 미친 중대한 업적 가운데 하나이다. 더 나아가 이러한 정원의 의장은 결국 일본정원의 독특한 양식인 고산수양식을 성립시키는 기반으로도 작용하였던 것으로 볼 수 있다.

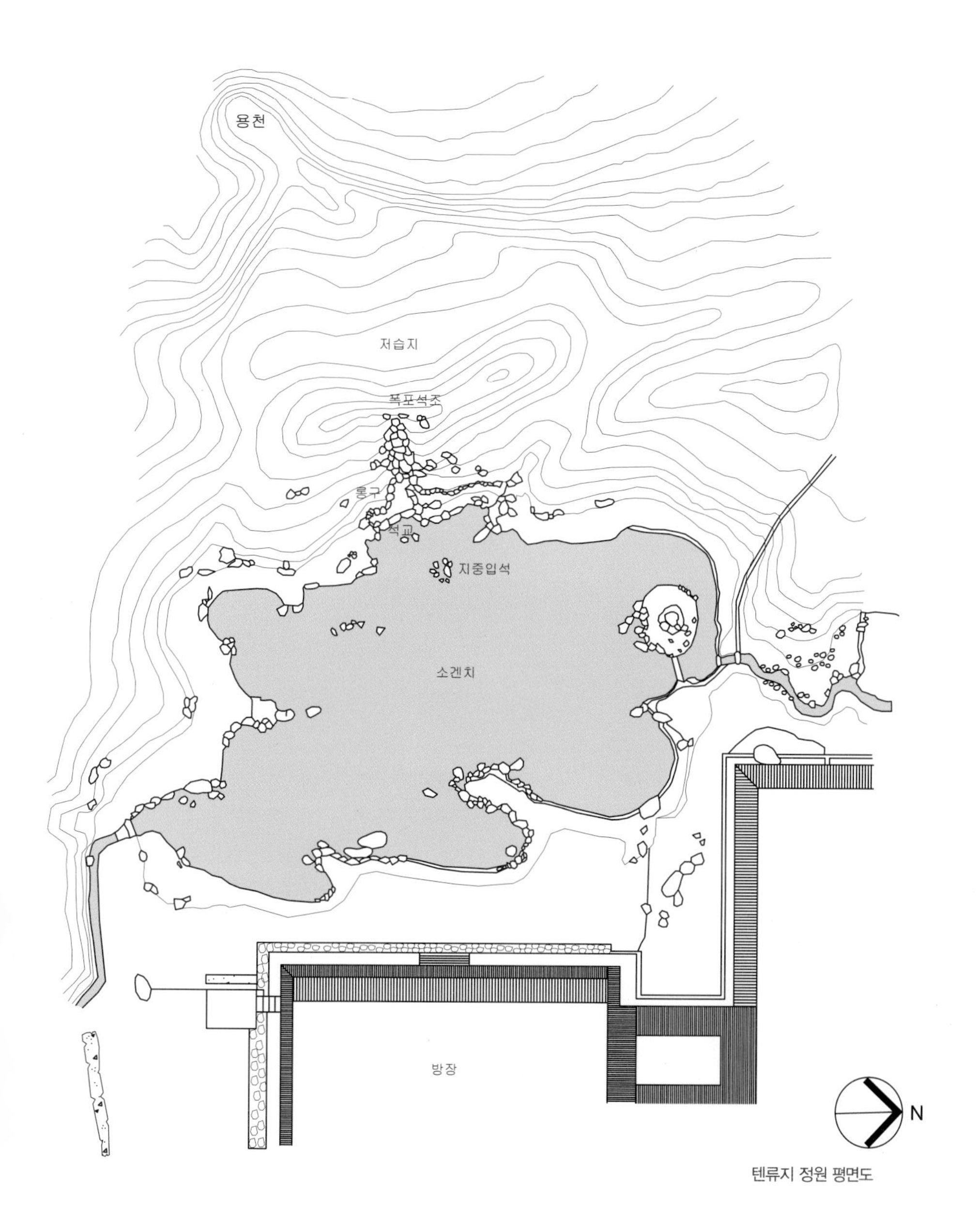

텐류지 정원 평면도

로쿠온지 (킨카쿠지) 정원

鹿苑寺 (金閣寺) 庭園

무로마치시대 | 지천주유식 + 회유식 + 관상식 | 면적: 93,076m^2

교토시 기타구 킨카쿠지쵸 1 | 국가지정 특별명승·특별사적

삼층보주형식의 금각과 교코치의 풍경

로쿠온지(鹿苑寺 · 녹원사)는 가마쿠라시대인 겐닌(元仁 · 원인) 원년(1224) 무렵에 사이온지 긴쓰네(西園寺公経 · 서원사공경:1171~1244)가 지은 호화로운 별장, 기타야마다이(北山第 · 북산제)가 있던 곳에 창건된 임제종 상국사파의 선종사원이다. 긴쓰네는 친 아시카가 막부파에 속한 인물로 조큐(承久 · 승구)의 난 이후 권력을 잡고 태정대신에 올랐으며, 가문의 보리사인 사이온지를 창건하였다.

가인(歌人)인 후지와라노 테이카(藤原定家 · 등원정가:1162~1241)는 긴쓰네가 만든 기타야마다이를 보고 느낀 생각을 그의 일기인 『명월기(明月記)』「카로쿠(嘉祿 · 가록) 원년(1225) 정월 14일」조에 다음과 같이 기록하고 있다. "45척 높이의 폭포에 놀라고, 청청한 못물 등 모든 것이 신기해 보였다. 정원의 청징(清澄)함은 그 어디에도 비유할 바가 없다." 아미타여래를 봉안한 본당을 중심으로 하는 기타야마다이는 정토식 지천(池泉)양식의 정원으로 조성되었는데도 불구하고, 폭포가 강조되고 못에 다리가 없는 형식 때문인지 테이카에게는 생소하면서도 신기하게 비쳐졌던 모양이다. 그도 그럴 것이 그 당시까지도 유행했던 정토정원의 경우에는 못에 다리를 놓아 중심전각으로 이행하는 동선체계를 보이고 있고, 등용문을 상징하는 용문폭이 없었기 때문이다. 기타야마다이는 창건주 긴쓰네로부터 무려 사이온지 가문 10대에 걸쳐 경영되었으나, 결국은 사네나가(実永 · 실영:1387~1431)대에 이르러 가세가 쇠락해지면서 요시미쓰(義滿 · 의만)에게 양도된다.

오에이(応永 · 응영) 원년(1394) 쇼군의 위(位)를 아들 요시모치(足利義持 · 족리의지:1386~1428)에게 이양하고 출가한 아시카가 요시미쓰는 그로부터 3년 후 사이온지 가문으로부터 기타야마다이를 양도받고, 저택의 개조에 착수한다. 평소 사이호지(西芳寺 · 서방사)를 좋아했던 요시미쓰는 기타야마다이를 개조하면서 사이호지의 정원을 모방해서 정원을 만들려고 했다는 말이 전해진다. 실제로 요시미쓰는 이곳에 조성되어 있던 정토식 정원을 선종식 정원으로 개조하였는데, 이때 사이호지의 정원양식은 요시미쓰의 기타야마다이 개조에 있어서 중요한 지침이 되었을 것으로 보인다. 한편, 요시미쓰는 센보도(懺法堂·참법당)와 죠오쥬신인(成就心院·성취심원) 등 사이온지 당시의 구 건물들을 존속시키기도 하였으나, 사리전인 킨카쿠지(金閣·금각)와 기타야마고쇼(北山御所·북산어소)를 비롯한 다수의 건물을 새로 조영하여 예전의 기타야마다이와는 크게 다른 모습으로 재건하였다. 요시미쓰가 이 산장으로 이사를 한 것은 오에이 6년경으로 이후 막부의 모든 행사가 이곳에서 행해졌다고 하니 이곳은 당시 고위층에 있던 귀족들이 선진적 정원문화를 볼 수 있는 하나의 텍스트가 되었을 것이다.

요시미쓰가 만든 로쿠온지(鹿苑寺·녹원사:로쿠온지는 킨카쿠金閣가 중심이 되는 절로 흔히 킨카쿠지라고 부른다) 정원은 키누가사야마(衣笠山·의립산) 산록의 넓은 평지에 조성되어있다. 정원은 지천회유식과 지천주유식으로 면적은 93,076m^{2}이다. 이 정원의 중심은 교코치(鏡湖池·경호지)에 건립된 사리전인데, 이것은 사

『도림천명소도회(都林泉名所図会)』에서 볼 수 있는 로쿠온지 (킨카쿠지) 정원 전경(출처: 齋藤忠一 監修, 1999, p.30)

봉래도 북동쪽 호안의 삼존석조

용문폭

이호지에 있던 루리덴(琉璃殿 · 유리전)을 모방하여 만든 보형조(寶形造) 양식의 삼층 누각이다. 건물의 일층은 홋스이인(法水院 · 법수원)이라는 이름의 침전조 양식이고, 2층은 쵸온도(潮音洞 · 조음동)라는 명칭이 붙어있는 서원조 양식이며, 3층은 굿쿄쵸(究竟頂 · 구경정)라고 불리는 당풍의 선종 불당양식으로 지어졌다. 건물 2층과 3층에는 옻칠을 한 뒤 순금 금박을 입혔으며, 지붕은 노송나무의 얇은 판을 몇 겹씩 겹쳐 만든 널조각으로 이었고, 지붕 꼭대기에는 아름답게 조각한 봉황을 설치하였다.

못의 명칭을 '교코'라고 이름 붙인 것은 못에 누각의 그림자가 비쳐졌기 때문이다. 교코치에는 봉래도(蓬萊島), 구도(龜島), 학도(鶴島)가 있고, 출구(出龜)와 입구(入龜)로 명명된 거북석조도 있다. 아시하라지마(葦原島 · 위원도)라고 이름 붙여진 봉래도의 중앙 호안에는 삼존석조가 놓여있는데, 이 석조는 우아하면서도 힘찬 구도를 보인다. 이것은 사이호지 지천정원의 중도인 장도(長島)에서 볼 수 있는 삼존석조와 내용과 형식이 동일하여 요시미쓰가 사이호지의 정원을 흉내 냈다는 중요한 증거가 된다. 학도와 구도는 우아한 조형미를 지니고 있으며, 하타케야마이시(畠山石 · 전산석)나 아카마쓰이시(赤松石 · 적송석)이라고 명명한 암도 역시 우아하면서도 화려한 조형미를 보이고 있어 기타야마(北山 · 북산)문화의 일단을 살필 수 있다. 일설에는 일본국왕이라는 칭호를 천황에게 하사받은 요시미쓰가 로쿠온지의 지천정원을 일본국의 모습으로 만들고 사리전에 앉아 못을 바라보면서 깊은 성취감을 얻었다는 이야기도 전해진다. 위원도의 동측에는 호소카와이시(細川石·세천석)라고 불리는 경사진 돌이 하나 세워져있는데, 이것은 요시미쓰에게 충성을 다 바쳤던 호소카와(細川·세천) 가문의 세력을 상징적으로 보여주는 것이다.

금각의 북쪽, 산기슭에 조성한 용문폭 형식의 폭포(滝·다키)석조는 일본 정원에서 볼 수 있는 용문폭 가운데에서도 작법이 매우 돋보이는 작품이다. 이 용문폭은 삼단으로 된 폭포구조를 하나의 폭포로 상징화한 산규칸(三級岩·삼급암) 형식으로, 물은 산규칸을 통해서 전면의 리어석(鯉魚石)으로 떨어지도록 설계되어 있다. 중요한 것은 리어석을 경사지게 놓아 역동적인 자세를 표현한 것인데, 기울어진 리어석으로 물이 세차게 떨어지면 고기가 물을 헤치고 힘차게 하늘로 올라가는 모습을 연출하여 용문폭이 상징하는 등용문의 의미를 고스란히 전달하고 있다.

이 정원이 긴쓰네가 조성한 기타야마다이 때의 원지를 그대로 활용하여 만들었다는 사실이 근년(1988~1994)에 이루어진 발굴조사 결과를 통해서 확인되었다. 발굴조사 결과 금각은 생땅을 깎아서 출도 상에 건축하였으며, 교코치는 지금의 규모(남북 약 100m, 동서 약 120m)보다 남쪽이 더 넓었고, 수면의 표고도 30~40cm 더 낮았다는 것이 확인되었다. 또한, 교코치의 상단, 산 중턱에 있는 또 하나의 못인 안민타쿠(安民澤·안민택:백성을 편안하게 해주는 못)는 가마쿠라시대에 만든 것으로 산에서 흘러내리는 물을 저류한 후 교코치의 수원으로 썼던 것임을 파악하였다. 『명월기』에 기록된 45척 높이의 폭포는 교코치와 안민타쿠의 고저차를 고려해볼 때 안민타쿠으로부터 교코치로 떨어질 경우를 상정하여 적었던 것으로 보인다.

로쿠온지는 오닌의 난 때 황폐해져서 오랜 시간 사람들로부터 잊혀져있었다. 그러던 중 에도시대 초기에 『격명기(隔蓂記)』를 쓴 호린죠 쇼(鳳林承章·

긴가센(銀河泉·은하천)

교코치 상단에 자리한 안민타쿠

서쪽 호안에서 못을 향해 불쑥 튀어나온 출도

봉래도를 상징하는 가장 큰 섬 아시하라지마

학도(鶴島)

구도(龜島)

봉림승장)가 이 절의 주지로 오면서 건물과 정원에 대한 대대적인 수리를 하여 금각이 수리되고 정원도 옛 모습을 되찾게 되었다. 절을 복원한 다음 고미즈노오(後水尾 · 후수미) 상황이 이 절에 행차하였다고 하니 당시 로쿠온지의 격이 어느 정도였는지를 미루어 짐작할 수 있다. 이 시대에 다인(茶人) 가나모리 무네카즈(金森宗和 · 금삼종화)의 지도로 뒷산 정상부에 다실인 셋카테이(夕佳亭 · 석가정)가 건립된 것도 역사에 남을 만한 일이다.

요시미쓰가 로쿠온지를 지을 당시에는 정원에 왕벚나무, 단풍나무, 가시나무 등 다양한 수목들이 식재되었고 교코치에는 꽃창포를 비롯한 수생식물들이 식재되어 식물다양성이 확보되었으나, 지금은 교코치의 섬과 호안에 주로 소나무들이 심어져있어 요시미쓰 때의 식생경관과는 많은 차이가 있다. 이러한 사실은 1735년에 간행된 『축산정조전(築山庭造伝)』의 삽화를 통해서도 확인된다.

용문폭으로부터 못으로 흘러내리는 야리미즈

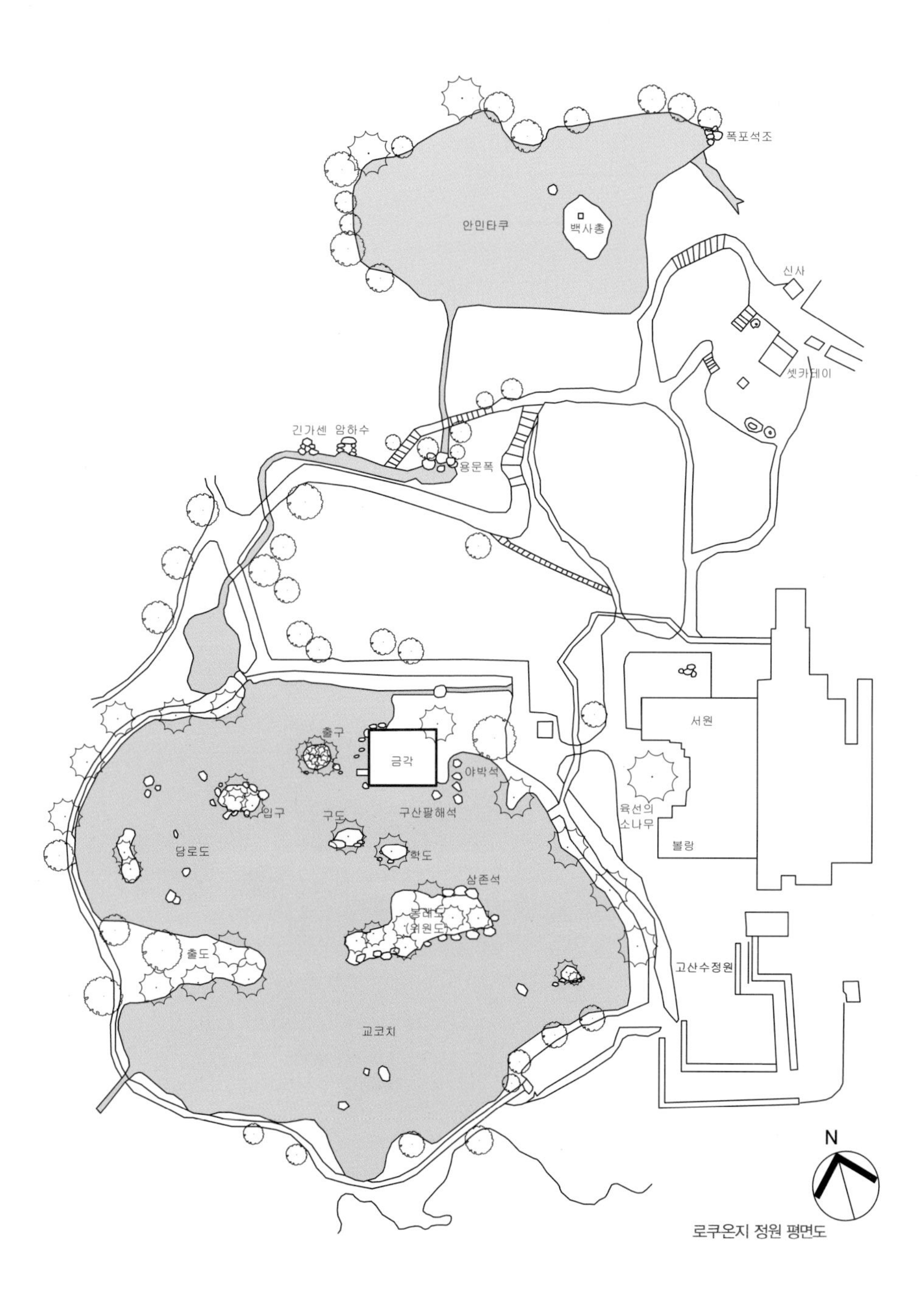

폭포석조
안민타쿠
백사총
신사
셋카테이
긴가센
암하수
용문폭
서원
출구
금각
야박석
입구
구산팔해석
육선의
소나무
구도
담로도
학도
불랑
삼존석
봉래도
(위원도)
출도
고산수정원
교코치
N

로쿠온지 정원 평면도

지쇼지 (긴카쿠지) 정원

慈照寺 (銀閣寺) 庭園

무로마치시대 | 지천회유식 | 면적: 22,338m²

교토시 사쿄구 긴카쿠지쵸 2 | 국가지정 특별명승·특별사적

은각과 전면의 지천정원

쇼군직을 아들인 요시히사(義尙 · 의상:1465~1489)에게 물려준 에도 8대 쇼군 아시카가 요시마사(足利義政 · 족리의정)는 말년에 지낼 산장(山莊)을 짓고자 여러 곳을 다니며 좋은 땅을 물색하였다고 한다. 그가 이 일을 시작한 것은 요시히사가 태어난 간쇼(寬正 · 관정) 6년(1465)부터라고 하니 요시마사는 일찌감치 궁 밖으로 벗어나 자연인이 될 생각을 했던 모양이다. 그러나 오닌(應仁 · 응인)의 난이 일어나면서 땅을 찾는 일은 중단되었고, 난이 끝난 분메이(文明 · 문명) 12년(1480)부터 다시 땅을 두루 물색한 결과 엔랴쿠지(延曆寺 · 연력사)의 말사인 죠도지(淨土寺 · 정토사)의 옛 땅을 발견하게 된다. 이 땅은 헤이안 시대 중엽 승정(僧正) 메이큐(明求 · 명구)가 개창한 곳으로, 오닌의 난에 불타 소실된 후 방치되고 있던 상태였다. 여러 차례 이곳을 찾아, 궁리한 끝에 요시마사는 츠키마치야마(月待山 · 월대산)와 다이몬지야마(大文字山 · 대문자산)를 배경으로 산장을 짓게 되는데, 산장의 이름은 요시미쓰의 기타야마(北山 · 북산)에 대응하여 히가시야마도노(東山殿 · 동산전)라고 명명하였다.

히가시야마도노의 공사는 분메이 14년(1482)부터 시작되었으며, 이듬해 츠네고쇼(常御所 · 상어소)가 완공되자마자 요시마사는 이곳으로 거처를 옮긴다. 그리고 17년에는 세이시안(西指菴 · 서지암), 쵸렌테이(超然亭 · 초연정), 욕실이 지어졌고, 이듬해에는 지불당(指佛堂 · 지부쓰도:자신이 신앙하는 불상과 조상의 위패를 모시는 건물로 도구도(東求堂 · 동구당)를 말한다)이, 조쿄(長享 · 장향) 원년(1487)에는 회소(會所)와 이즈미도노(泉殿 · 천전)가 완공되었으며, 동 3년에는 관음당(銀閣)의 상량이 이루어졌다. 그러나 요시마사는 관음당의 완공을 보지 못하고 엔토쿠(延德 · 연덕) 2년(1490)에 죽고 만다. 그 후 히가시야마도노는 요시마사가 죽으면서 남긴 유언에 따라 선종사찰로 개조되었는데, 절 이름은 요시마사의 법호인 지쇼인(慈照院 · 자조원)을 따라 지쇼지(慈照寺 · 자조사)라고 이름붙였다.

요시마사는 히가시야마도노를 짓는 과정에서 계절에 상관없이 여러 차

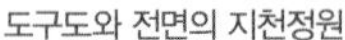
도구도와 전면의 지천정원

지천정원 상부의 고식 고산수정원

센게츠센

차의 우물, 소쿤센

레 사이호지(西芳寺 · 서방사)를 방문하여 정원 전체의 구성, 못의 형태, 돌의 조합방식과 배치 등에 대해 많은 공부를 하였다고 한다. 문헌에는 요시마사의 사이호지 방문이 무려 20회 이상이었다고 하니 그가 정원만들기에 어느 정도 정성을 들였는지 알 수가 있다. 이렇게 사이호지 친행(親行)을 자주 한 것은 조부인 요시미쓰가 북산전을 지을 때 그랬던 것처럼 평소에 무소 소세키(夢窓疎石 · 몽창소석)의 작품인 사이호지의 정원에 애정을 가지고 있었기 때문이었을 것이다. 정원에 특히 관심이 많았던 그는 정원을 만들면서 귀족들의 집이나 절과 신사에서 좋은 나무와 돌을 공출하여 지쇼지의 정원으로 옮겨왔다고 전해진다. 이러한 사실은 『대승원사사잡사기(大乘院寺社雜事記)』와 『음량헌일록(蔭涼軒日錄)』 그리고 『실융공기(實隆公記)』에 기록되어있는데, 지금도 그 당시 가져다 놓은 명석(名石)들을 정원에서 볼 수 있다.

요시마사는 사이호지를 모방하여 히가시야마도노의 정원 전체를 상하 2단으로 구성하고, 하단에는 지천(池泉)양식의 정원을, 상단에는 고식(古式) 고산수(枯山水)양식의 정원을 조성하였으니, 정원의 전체 면적은 22,338m^2에 달했다. 지천정원은 킨쿄치(錦鏡池 · 금경지)라고 이름 붙인 못에 중도(中島)인 하크즈루시마(白鶴島 · 백학도)를 두었으며, 언덕 아래 센게츠센(洗月泉 · 세월천)이라고 이름 붙인 폭포(瀑布)석조를 만들었는데, 이 폭포는 안쪽에 또 하나의 폭포석조를 만들어 이중구조를 보이고 있다. 정원의 전체적인 경관은 대체적으로 사이호지의 경관과 유사하다. 특히 하크즈루시마에 조성한 삼존석조는 로쿠온지 봉래도의 삼존석조와 마찬가지로 사이호지 중도의 삼존석조를 모방해서 만들었다.

센게츠센으로부터 북동쪽 산 위에 조성된 고산수정원은 쇼와(昭和 · 소화) 6년(1931)에 발굴되어 그 전모를 알 수 있게 되었으며, 현재는 완전히 복원된 상태이다. 이 상부정원은 사이호지에 무소 국사가 정성을 들여 만든 고인잔(洪隱山 · 홍은산)의 고산수정원을 모방한 것이라고 하나 두 정원의 석조작법은 형식적으로 차이가 있다. 즉, 사이호지의 석조는 큰 돌을 사용하여 웅건한 기상을 느낄 수 있으나, 히가시야마도노의 석조는 힘이 느껴지기 보다는 우아한 아름다움이 나타난다. 고산수석조 하부에는 속칭 '차의 우물(井)'이라고 부르는 '소쿤센(相君泉 · 상군천)'을 두었는데, 아직까지도 물이 샘솟고 있다.

건축의 경우에도 사이호지와 크게 다르지 않다는 것을 도처에서 발견할 수 있다. 도구도(東求堂 · 동구당)는 사이호지의 니시라이도(西來堂 · 서래당)를 본뜬 것이며, 관음전인 은각은 사이호지의 루리덴(琉璃殿 · 유리전)을 흉내 낸 건물이다. 은각은 지저깨비(노송나무 따위를 얇게 켠 널)로 이은 지붕을 가진 보주형 2층 누각으로 상층은 쵸안가쿠(潮音閣 · 조음각)라는 이름을 가진 선종사원의 불전이고, 하층은 신쿠덴(心空殿 · 심공전)이라고 이름 붙여진 서원조(書院造)양

은각 전면의 지천정원

식의 건물로, 이러한 양식 또한 로쿠온 킨카쿠지의 금각과 유사하다. 쵸안가쿠는 벽에 꽃잎 문양의 화두(花頭·가토마도)창이 있고 중국식 미닫이문이 달린 중국풍 건축양식을 보인다. 누각 보주위에 올려놓은 금동봉황은 동쪽을 바라보며 언제나 관세음보살의 상주처인 관음전을 수호하고 있다.

요시마사가 죽은 후 지쇼지는 다수의 건물이 소실되고, 점차 황폐해진다. 이러한 지쇼지의 수축은 게이초(慶長·경장) 20년(1615)이 되어서야 이루어지게 된다. 지금의 지쇼지는 이때 개수한 모습을 원형으로 하고 있으며, 축조 당시의 모습을 유지하고 있는 곳은 폭포인 센게츠센 일대와 산록에 있는 소쿤센 일대로 극히 일부분에 불과하다. 건물에서도 무로마치시대의 위치를 제대로 지키고 있는 것은 관음전 정도라고 한다.

에도시대에도 지쇼지의 정원은 부분적으로 개수가 되풀이된다. 교호(享保·형보) 20년(1735)에 간행된 『축산정조전(築山庭造傳)』 전편에 묘사된 '긴카쿠지정원'을 보면 교코치의 형태나, 섬과 다리의 배치, 은각의 위치 등은 현재와 같지만, 모래가 깔린 마당인 '긴샤단(銀沙灘·은사탄)'이나 모래로 만든 원추형 조형물인 '고게쓰다이(向月台·향월대)'는 보이지 않는다. 그러나 칸세이(寛政·관정) 11년(1799)에 간행된 『도림천명승도회』에 실린 '은각사임천(銀閣寺林泉)'이라는 그림에는 '긴샤단'과 '고게쓰다이'가 그려져 있다. 이것으로 볼 때, 약 60년 사이에 지쇼지의 정원에는 여러 가지 변화가 있었다는 것을 알 수 있다.

한편, 에도시대에 펴낸 『낙양명소집(洛陽名所集)』에는 요시미쓰의 금각에 대응해서 관음전에 은박을 입혔다는 기록이 나온다. 이것을 보면 이때부터 관음전을 은각이라고 부르게 되었다는 것을 미루어 짐작할 수 있는데, 지금도 이 건물에는 은박을 붙인 흔적이 남아있다. 건축적으로 금각이나 은각 모두 사리전의 양식을 가진 것이지만 킨카쿠지의 금각이 침전조를 주된 양

『도림천명소도회(都林泉名所図会)』에서 볼 수 있는 긴카쿠지 정원의 전경(출처: 岡田憲久, 2008, p.217)

식으로 한다면, 긴카쿠지의 은각은 비교적 간소한 서원조 양식의 건물이다. 이러한 양식적 차이를 통해서 두 건물이 지어진 시대의 분위기를 알 수도 있고, 산장을 경영한 주인의 취향을 느낄 수도 있다. 도구도도 무로마치시대의 이름난 건축물로 내부에는 다다미 4첩 반 규모의 도진사이(同仁齋·동인재)가 있다. 이 방은 히가시야마(東山·동산) 문화를 탄생시킨 무대이자 초암다실의 원류가 되는 다다미 4첩 반 규모의 효시가 된 유서 깊은 곳이다.

요시마사는 히가시야마도노의 정원을 히가시야마의 산마루에서 떠오르는 달빛을 모티프로 디자인하였다고 한다. 고게쓰다이는 이러한 디자인 모티프를 적나라하게 보여주는 작품이다. 요시마사의 히가시야마도노 정원은 사이호지의 정원을 모방하였음은 물론 텐류지(天龍寺·천룡사)와 킨카쿠지의 작정수법까지 동원하였기 때문에 무소 소세키의 작정기법이 여러 곳에서 나타난다. 이 정원에서는 전반적으로 북송산수화풍의 풍경들을 살필 수 있어 과거에는 회화와 정원이 같은 맥락에서 그려지고, 또 지어졌다는 것을 알 수 있다.

긴샤단과 고게쓰다이

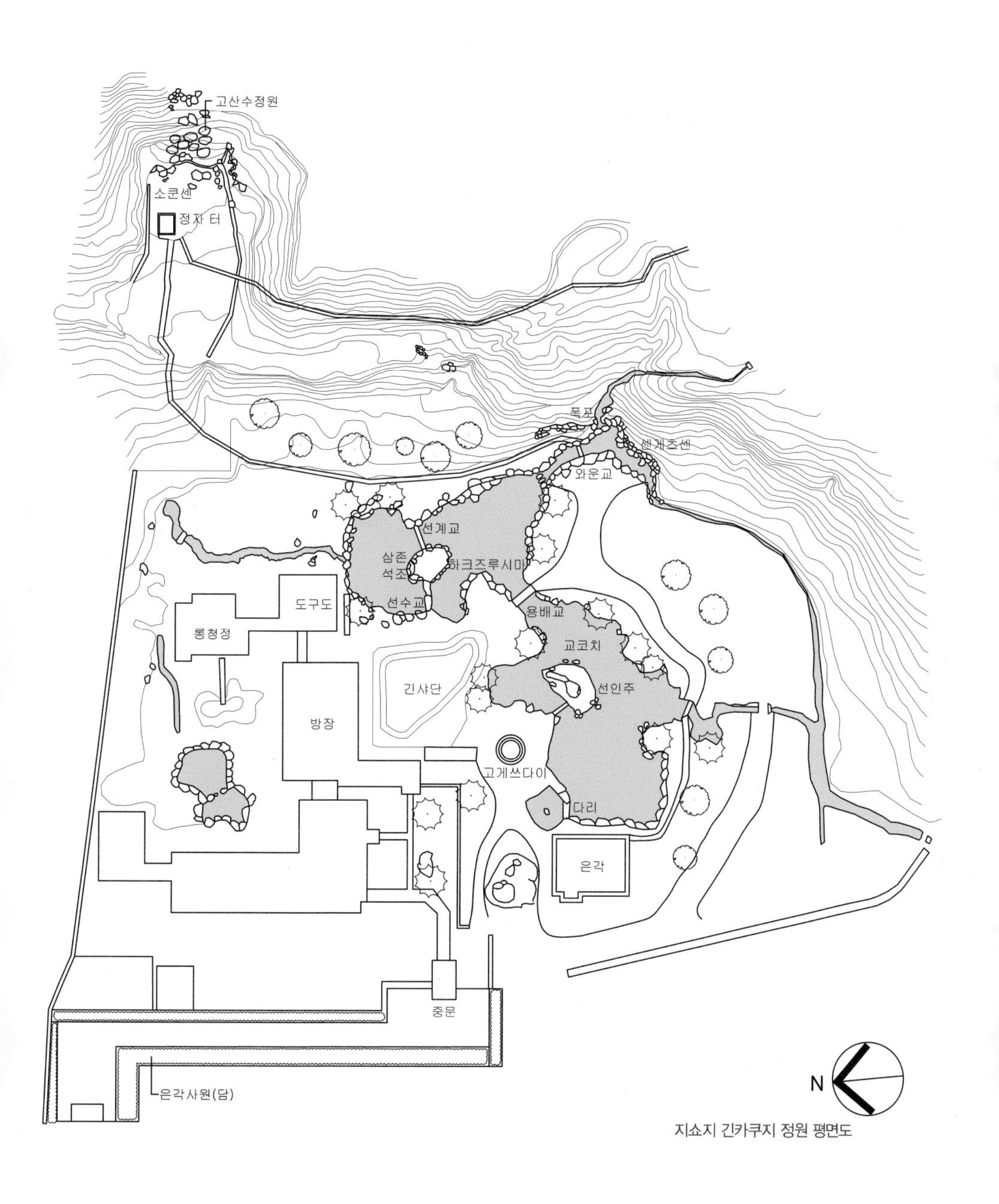

지쇼지 긴카쿠지 정원 평면도

료겐인 정원

龍源院 庭園

무로마치시대 | 고산수식 | 면적: 195m²

교토시 기타구 무라사키노 다이도쿠지초 82 |

료겐인 방장 북정 류긴테이(龍吟庭) 전경

다이도쿠지(大德寺 · 대덕사)의 탑두사원인 료겐인(龍源院 · 용원원)은 에이쇼(永正 · 영정) 연간(1504~1521)에 노토노쿠니(能登國 · 능등국) 수호의 원을 세운 하타케야마 요시모토(畠山義元 · 전산의원)와 분고쿠니(豊後國 · 풍후국) 수호의 원을 세운 오토모 요시치카(大友義親 · 대우의친) 등이 공동 시주하여 도케이 소보쿠(東溪宗牧 · 동계종목:1455~1517)를 개산조로 모시고 건립한 절이다. 처음에 이 절은 료산 잇시노켄(靈山 一枝軒 · 영산 일지헌)이라는 이름을 가졌으나 에이쇼 7년(1510)에 료겐인이라고 고쳐지었다. 료겐인(龍源院)의 '료(龍)'자는 다이도쿠지의 주산인 용보산(龍寶山)의 '용(龍)'자에서 따왔고, '겐(源)'자는 근본법원송원(根本法源松源) 일맥의 '원(源)'자에서 따왔다고 한다. '송원'은 다이도쿠지 선(禪)의 근원을 이르는 말이다.

료겐인은 다이센인(大仙院 · 대선원)을 임제종 다이도쿠지파의 북파(北派)라고 부르는 것에 대응하여 남파(南派)라고 부른다. 이것을 보면, 다이센인과 료겐인은 다이도쿠지의 핵심적인 두 사찰이라는 것을 알 수 있다. 특히 이 두 절은 고산수정원으로 유명하여 일본정원사에 있어 그 중요성이 매우 높은 사찰로 평가되고 있다. 다이센인의 개창자인 고가쿠 소코(古岳宗亘 · 고악종선:1465~1548)의 스승이, 료겐인의 개창자인 도케이 소보쿠의 법제자인 것을 생각한다면, 이 두 절의 작정기법은 상호 연관성을 가지고 있다고 보는 것이 맞다. 사중(寺中)에서는 이 절의 정원이 소아미(相阿弥 · 상아미)에 의해서 작정되었다고 전해지고 있으나, 확실한 근거가 없다. 그러나 이 정원이 방장건물을 지으면서 동시에 조성된 것이라는 점은 분명하다.

료겐인 정원은 다이도쿠지 본·말사의 정원 가운데에서 가장 오래된 것이라고 한다. 이 정원은 무로마치양식으로 지어진 방장건물에 대응해서 북정(北庭)으로 조성되었으며 평정고산수(平庭枯山水)양식을 보인다. 전해지는 말로는 정원 배후에 있는 다이도쿠지 삼문 킨모가쿠(金毛閣 · 금모각)와의 대

북정의 중심에 배치한 수미산석조

비를 위해서 이 정원의 이름을 류긴테이(龍吟庭 · 용음정)라고 명명했다고 한다. 사자의 털에 대응한 용의 노래라는 뜻일 터이다.

정원은 방장의 북쪽에 장방형으로 길게 자리를 잡고 있다. 정원의 구성을 보면 흰색의 토담 앞쪽으로 돌을 길게 늘어놓았고, 바닥에는 청태(青苔)를 깔았으며, 돌부리 부분에는 사즈끼철쭉을 심어놓았다. 정원의 중심은 오른쪽으로 경사지게 세운 돌과 그것의 오른쪽으로 한 개, 왼쪽으로 두 개 그리고 앞쪽으로 납작한 원형의 돌까지 포함해서 모두 5개의 돌로 이루어진 석조이다. 경사지게 세운 돌은 수미산을 의미하는 것이므로 5개의 돌로 만든 류긴테이의 석조는 수미산을 중심에 둔 수미산석조가 된다. 또한, 담

남정의 중심에 배치한 수미산석조

장 앞에 배치한 작은 돌들은 구산팔해(九山八海)를 상징하는 것이다.

이 수미산석조를 마른폭포(枯滝·고롱)로 보기도 하고, 경사진 돌을 용두(龍頭)로, 주변의 돌들을 검은 구름에 살짝 드러난 용으로, 경사진 돌 앞에 있는 납작한 둥근 돌을 여의주로 보기도 한다. 어떤 경우이든 료겐인 북정은 료안지(龍安寺·용안사) 방장정원과 더불어 평정고산수정원의 초기 형식으로 본격적인 고산수정원을 이해하는 데 있어 매우 중요한 정원이라는 점은 틀림이 없다.

한편, 방장 남쪽의 평정(남정)은 쇼와(昭和·소화) 33년(1958)에 나베시마 가쿠생(鍋島岳生·과도악생)에 의해 작정된 것으로 도테기코(東滴壷·동적호)라는 명칭을 갖고 있다. 료겐인을 찾는 이들 가운데 간혹 방장 북정보다 남정에 의미를 두는 경우도 있으나, 그것은 료겐인의 북정과 남정의 역사를 이해하지 못한 데서 비롯되는 착오이다. 그렇다고 해서 남정의 작정술이 뒤떨어진다는 말은 아니다. 다만 역사적으로 북정에 비해 오래된 정원이 아니라는 뜻일 뿐이다.

방장 남쪽에 조성된 남정의 전경

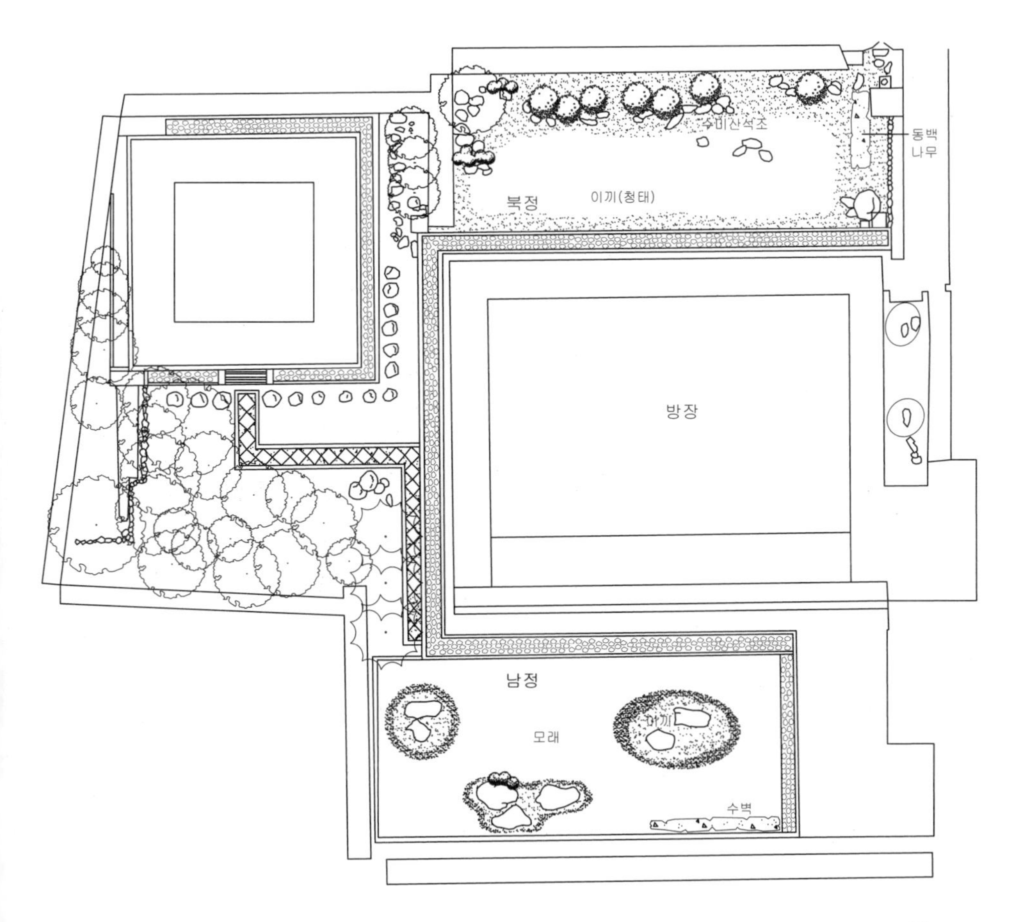

료겐인 정원 평면도

료안지 방장정원

龍安寺 方丈庭園

무로마치시대 | 고산수식 | 면적: 333m^2

교토시 우쿄구 료안지 고료노시타초 13 | 국가지정 특별명승·사적

료안지 방장정원 전경

료안지(龍安寺 · 용안사)는 임제종 묘신지(妙心寺 · 묘심사)파에 속한 사찰로 슈잔(朱山 · 주산)의 남록에 자리를 잡고 있다. 이 절은 도쿠다이지(德大寺 · 덕대사) 가문이 경영하였던 엔유지(圓融寺 · 원융사)의 옛 터에 창건되었다. 엔유지는 에이칸(永観 · 영관) 원년(983)에 엔유(圓融 · 원융) 천황의 발원에 의해서 건립된 절이다. 엔유 천황은 이 절을 건립한 다음 해에 카잔(花山 · 화산) 천황에게 자리를 물려주고 쇼랴쿠(正暦 · 정력) 2년(991)에 생을 마감할 때까지 이곳에서 말년을 보냈다. 엔유지는 엔유 상황이 죽은 후에 사세가 기울기 시작하는데, 그 즈음에 후지와라노 사레요시(藤原實態 · 등원실태)가 이곳을 물려받아 별장으로 경영하게 된다.

호토쿠(宝德 · 보덕) 2년(1450)에 엔유지의 옛 땅을 양도받은 호소카와 가쓰모토(細川勝元 · 세천승원:1430~1473)는 묘신지의 기텐 겐쇼(義天玄詔 · 의천현소)를 개산조로 모시고 이곳에 료안지를 창건한다. 그러나 창건 후 몇 년이 지나지 않아 오닌(応仁 · 응인) 원년(1467)에 오닌의 난이 일어나면서 료안지는 병화로 소실되고 만다. 게다가 창건주 호소카와까지 분메이(文明 · 문명) 5년(1473)에 죽으면서 료안지의 부흥은 아들인 호소카와 마사모토(細川政元 · 세천정원:1466~1507)를 기다려야 했다. 호소카와 마사모토는 쵸쿄(長享 · 장향) 2년(1488)에 료안지를 재건하고, 다음 해에 이 절에서 아버지 호소카와의 17주기 재를 지낸다. 마사모토는 료안지의 중심이라고 할 수 있는 방장건물을 메이오(明応 · 명응) 8년(1499)에 건립하였는데, 방장이 지어지면서 료안지는 선찰(禪刹)로서의 격을 확실히 갖추게 된다.

료안지의 사세가 융성해진 것은 도요토미 히데요시(豊臣秀吉 · 풍신수길)와 도쿠가와 이에야스(德川家康 · 덕천가강)가 토지를 시주하고 절에 관심을 가지면서부터이다. 그러나 칸세이(寛政 · 관정) 9년(1797) 방장이 소실되는 화마를 입게 되자, 일찍이 게이초(慶長 · 경장) 11년(1606)에 건립한 세이겐인(西源院 · 서원원)

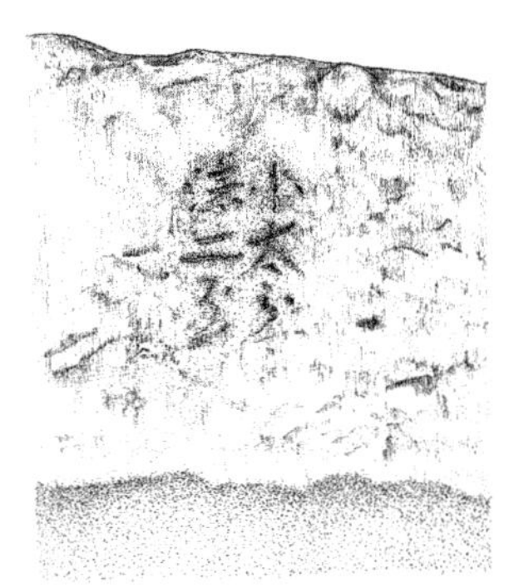

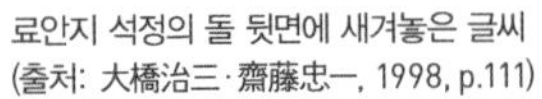

료안지 석정의 돌 뒷면에 새겨놓은 글씨 (출처: 大橋治三·齋藤忠一, 1998, p.111)

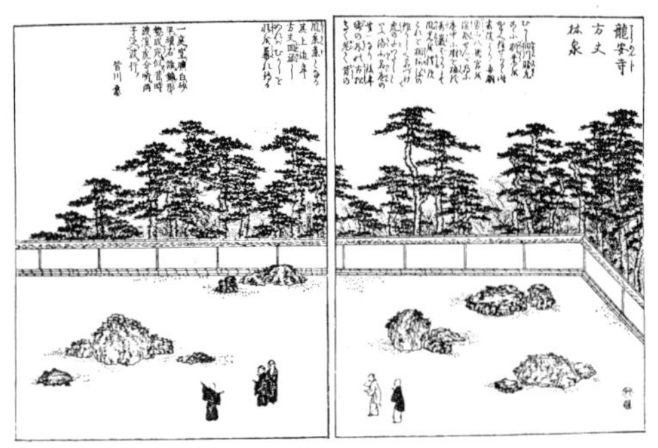

『도림천명승도회』에 실린 료안지 석정(출처: 読売新聞社編, 1994②, p.27)

의 본당을 이축하여 방장으로 사용하면서 다시 사세를 복원하게 된다. 현재의 방장건물은 그때 이축한 건물이다.

료안지 방장(方丈)의 남정(南庭)인 석정(石庭)은 호소카와 마사모토가 방장을 건립한 메이오 8년에 함께 조성한 것이다. 이러한 사실은 오닌의 난 이전의 료안지 풍경을 그린 료안지 소장 '용안사부지산지도(龍安寺敷地山之圖)'가 증거가 된다. 그러나 이 정원이 누구에 의해서 만들어진 것인지에 대해서는 확실히 밝혀진 바가 없다. 단지 석정을 구성하는 입석의 뒷면에 새겨놓은 '고타로(小太郎·소태랑)'나 '히코지로(彦二郎·언이랑:각자刻字가 희미하여 彦자인지 淸자인지 분명치 않아 학자에 따라 淸二郎·청이랑·세이지로라고도 한다)'가 작정에 실제로 관여했을 가능성이 높다는 것이 학계의 일반적인 견해이다.

석정은 남쪽과 서쪽이 높은 토담으로 둘러싸여 있으며, 동서 23m, 남북 9m, 약 300m^{2}의 면적을 가진 장방형의 공간에 조성된 고산수양식의 정원이다. 따라서 석정에는 온통 흰 모래가 깔려있으며, 이곳에서는 한 그루의 나무도 한 포기의 풀도 찾아 볼 수 없다. 흰 모래 위에는 15개의 돌을 동쪽에서부터 서쪽으로 5개, 2개, 3개, 2개, 3개로 나누어 5개의 그룹으로 배치하였는데, 이것은 7·5·3의 숫자를 만든 것으로 이 숫자는 일본에서 경사

석정 동쪽으로부터 첫 번째 석조

석정 동쪽으로부터 두 번째 석조

석정 동쪽으로부터 세 번째 석조

석정 동쪽으로부터 네 번째 석조

석정 동쪽으로부터 다섯 번째 석조

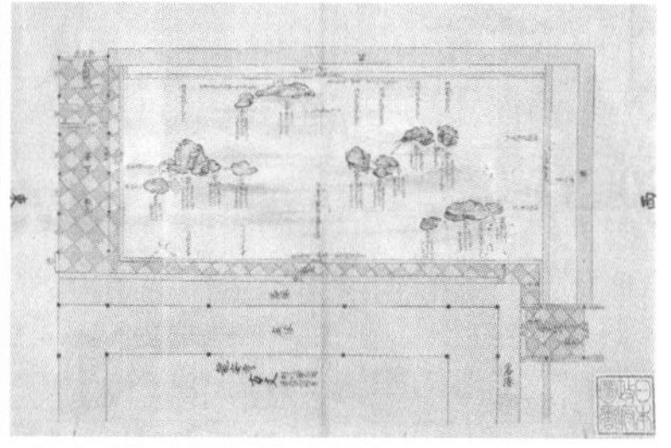

료안지 방장 전정 지도(출처: 読売新聞社編, 1994②, p.28, 國立公文書館 所藏)

료안지 방장마루에 앉아서 석정을 보며 생각에 잠긴 관광객들

오유지족(吾唯知足) 수조

에 쓰는 길(吉)한 수라고 한다. 일본인들은 이러한 돌의 배치를 넓은 바다에 떠 있는 신선도(神仙島)로 보기도 하고 운해가 드리운 산령(山嶺)으로 생각하기도 한다. 에도시대에 출판된 『도림천명승도회(都林泉名勝図会)』를 보면, 이 정원을 "라쿠호쿠(洛北 · 낙북)의 이름난 정원 가운데서도 으뜸"이라고 적고 있다. 이것으로 볼 때, 료안지 석정은 에도시대에도 그 격이 높이 평가되고 있었다는 것을 알 수 있다. 지금도 일본인들은 이 정원이 일본정원사에 있어, 찬연히 빛나는 정원이라고 믿어 의심치 않는다. 단순하면서도 명쾌하고 유현하면서도 심오한 이미지를 연출하는 이 정원은 선사상이 정원이라는 물리적 형태로 표현된 좋은 사례라고 할 수 있겠다. 그렇기 때문에 료안지 방장정원을 일본 고산수정원의 최고봉이라고 말하는 데에 이의를 제기할 사람이 없는 것이다.

방장정원의 남쪽에는 다이슈인(大珠院 · 대주원)이 있으며, 쿄요치(鏡容池 · 경용지)라고 불리는 큰 못이 넓은 범위에 걸쳐서 조성되어 있다. 이 못은 도쿠다이지 좌대신인 후지와라노 사레요시가 이곳을 별업으로 경영하였을 당시에 만든 원지가 계승된 것으로 보아야한다. 쿄요치에는 벤텐시마(弁天島 · 변천도)와 후쿠코시마(伏虎島 · 복호도) 그리고 또 하나의 섬이 있고, 남쪽의 호안 근처에는 수분석(水分石)이 놓여있다.

료안지에 가면 방장 마루에 많은 사람들이 석정을 내려다보면서 명상에 잠겨있는 것을 볼 수 있다. 한번쯤은 그들과 함께 마루에 앉아 자기를 들여다보는 선정(禪定)에 들기를 권해본다. 방장의 북측에도 세장한 공간에 정원을 만들어 놓았는데, 이 정원에는 '오유지족(吳唯知足)'이라고 쓴 둥근 몸체에 네모난 구멍을 뚫어놓은 수조가 하나있다. 이 수조에서 물을 받아 입을 헹구고, 손을 씻어보는 것도 료안지를 느끼는 방법이 된다. 오유지족이란 '욕심 부리지 않고, 지금의 나 자신에 만족한다'라는 뜻이다.

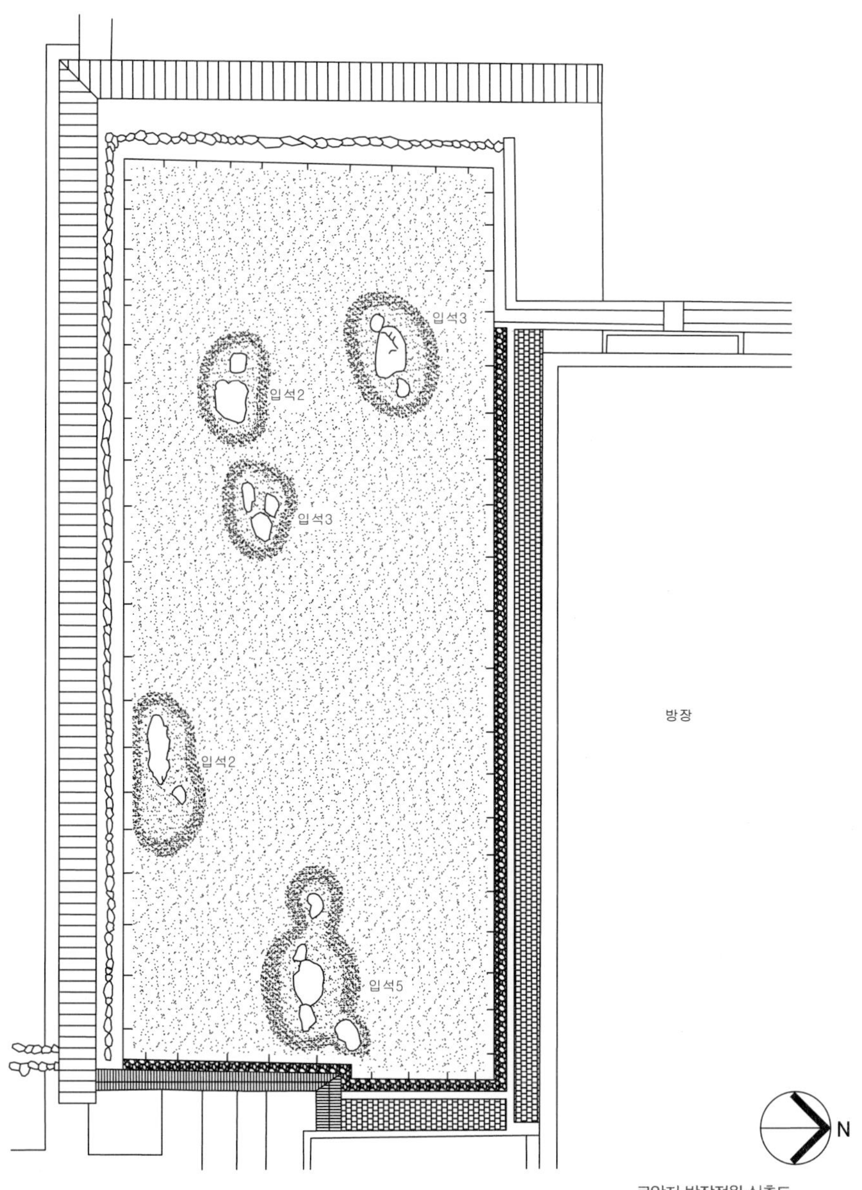

료안지 방장정원 실측도

다이센인 서원정원

大仙院 書院庭園

무로마치시대 | 고산수식 | 면적: 833m^2

교토시 기타구 무라사키노 다이도쿠지쵸 54-1 | 국가지정 특별명승·사적

왼쪽부터 부동석과 관음석 그리고 마른폭포석조와 전면부 돌다리

다이도쿠지(大德寺 · 대덕사)의 탑두사원(塔頭寺院:조사의 묘탑이 있는 사찰)인 다이센인(大仙院 · 대선원)은 에이쇼(永正 · 영정) 6년(1509) 다이도쿠지 제76대 주지인 고가쿠 소코(古岳宗亘 · 고악종긍:1465~1548)를 개조로 창건된다. 이 절 방장건물의 상량문에 '永正十年(영정십년)'이라는 절대연도가 적혀있는 것을 보면, 다이센인 방장건물은 개산 당시의 건물이라는 것을 알 수 있다. 이 건물은 서원(書院)건축으로서는 지쇼 긴카쿠지(은각사)의 도구도(東求堂 · 동구당) 다음으로 오래된 역사를 지니고 있고, 다이도쿠지 산내에서도 가장 오래된 방장건물로 알려져 있다.

다이센인의 서원(書院)정원은 개산조인 고가쿠 소코에 의해서 작정되었다고 보는 것이 정론이다. 그렇게 보는 이유는 고가쿠 소코가 죽은 후 얼마 지나지 않아 제자인 로세츠(驢雪 · 려설)가 찬한 『고대덕정법대성국사고악화상도행기(故大德政法大聖國師古岳和尙道行記)』에 실린 기사 때문이다. 도행기에는 "(고가쿠 국사는) 예전에 료잔 화상(靈山和尙 · 영산화상)이 그랬듯이 정원에 진귀한 나무를 심고, 괴석을 옮겨놓아 산수의 아취가 나도록 만들었다"라고 적혀있다. 이것을 보면 다이센인 서원정원의 작정자가 고가쿠 소코라는 데는 의심의 여지가 없어 보인다. 또한, 도행기의 기사로 미루어 짐작건대 다이센인 서원정원은 료잔 화상이 도쿠야마지(德山寺 · 덕산사)에 작정한 정원을 모델로 해서 작정했을 가능성이 다분하다.

다이도쿠지에는 많은 탑두사원이 있으며, 이러한 탑두사원에는 오래된 정원들이 아직도 잘 보존되어 있다. 그 가운데에서도 제1의 명원은 역시 다이센인 서원정원이라고 할 수 있겠다. 이 정원은 방장의 북쪽에서 동쪽으로 연결되는 30평 가까운 협소한 공간에 조성된 마른계류식(枯流式 · 고류식) 고산수양식으로 조성되어있다. 일반적으로 이 정원은 북송산수화의 화풍을 재현한 것으로 알려져 있으며, 료안지(龍安寺 · 용안사) 방장정원과 더불어 일본의 대표적인 고산수정원으로 평가되고 있다.

다이센인 서원정원의 중심은 방장의 북동쪽에 세운 2개의 돌, 관음석(觀音石)과 부동석(不動石) 그리고 그 안쪽에 만든 2단의 마른폭포(枯滝)석조이다. 전면에 세운 2개의 입석과 조금 안쪽에 조성한 마른폭포석조는 묘한 원근감을 얻을 수 있도록 구성되어 있는데, 이것이 바로 가장 기본적인 수묵산수화 기법이라고 할 수 있겠다. 이렇게 원근법을 이용해서 만든 축경식의 고산수정원은 선종사원뿐만 아니라 서원정원에도 많이 만들어져있다. 작은 공간에 대자연의 경관을 표현하는 수법은 상징적인 것부터 사실적인 것까지 시대에 따라 달리 나타나지만 그 시원은 바로 다이센인 서원정원이라는 데에는 논란의 여지가 없다.

마른폭포석조로부터 떨어진 상상의 물은 흰 모래로 상징되는 계류가 되

주석(舟石)과 예산석(叡山石)

방장건물 전면에 조성된 석정(남정)

어 돌다리 아래를 통과해서 중류로 흘러 내려가고 스이와타도노(透渡殿 · 투도전) 아래 둑을 넘어서면 이윽고 넓은 강(大河)으로 흘러 들어간다. 넓은 강에는 주석(舟石:배 모양의 돌)이 있고, 강 언덕에는 예산석(叡山石 · 에이잔세키:에이잔은 교토의 상징인 히에이잔比叡山을 말한다)이 놓여있다. 누가 보더라도 그럴듯한 한 폭의 수묵산수화인데, 이러한 산수의 풍경은 좋은 돌을 잘 골라서 훌륭하게 조합하지 않으면 만들 수 없는 것이다.

다이센인 서원정원에는 관음석 · 부동석 · 독성석(獨醒石) · 좌선석(坐禪石) · 달마석(達磨石) · 명경석(明鏡石) 등과 같은 선불교적 의미를 가진 돌과 부노석(扶老石) · 영구석(靈龜石) · 장선석(長船石) · 선모석(仙帽石) 같은 신선봉래사상을 바탕으로 하는 돌, 불반석(佛盤石) · 침향석(沈香石) · 불자석(払子石) · 법라석(法螺

石) 같은 불구장엄적(佛具莊嚴的) 개념의 돌, 호두석(虎頭石)·용두석(龍頭石)·와우석(臥牛石)·불수석(佛手石) 같이 형상을 보여주는 돌, 백운석(白雲石)·천천석(川千石) 같이 자연을 상징하는 돌 등 다양한 돌들이 놓여있다.

『축산정조전(築山庭造傳)』 전편에는 다이센인을 그린 그림이 있으니, 화기에 적힌 대로 소아미(相阿弥)가 그린 그림이다. 이 그림에는 두 개의 입석을 각각 관음석(觀音石)과 부동석(不動石)으로, 주석(舟石)은 장선석(長船石)이라고 적어놓았다.

한편, 방장의 정면인 남정에는 흰 모래를 깔고 모래를 사용해서 두 개의 쌍둥이 산을 만든 고산수정원이 조성되어 있다. 이 정원은 모래를 통해 큰 바다를 상징적으로 표현하고 있는데, 두 개의 산은 망망대해에 떠 있는, 신선이 사는 곳일 것이다. 다이센인에 조성한 이 고산수정원은 순전히 모래만을 소재로 사용하여 조성하였다는 점에서 료안지에 조성한 고산수정원과는 또 다른 작법을 보이고 있다.

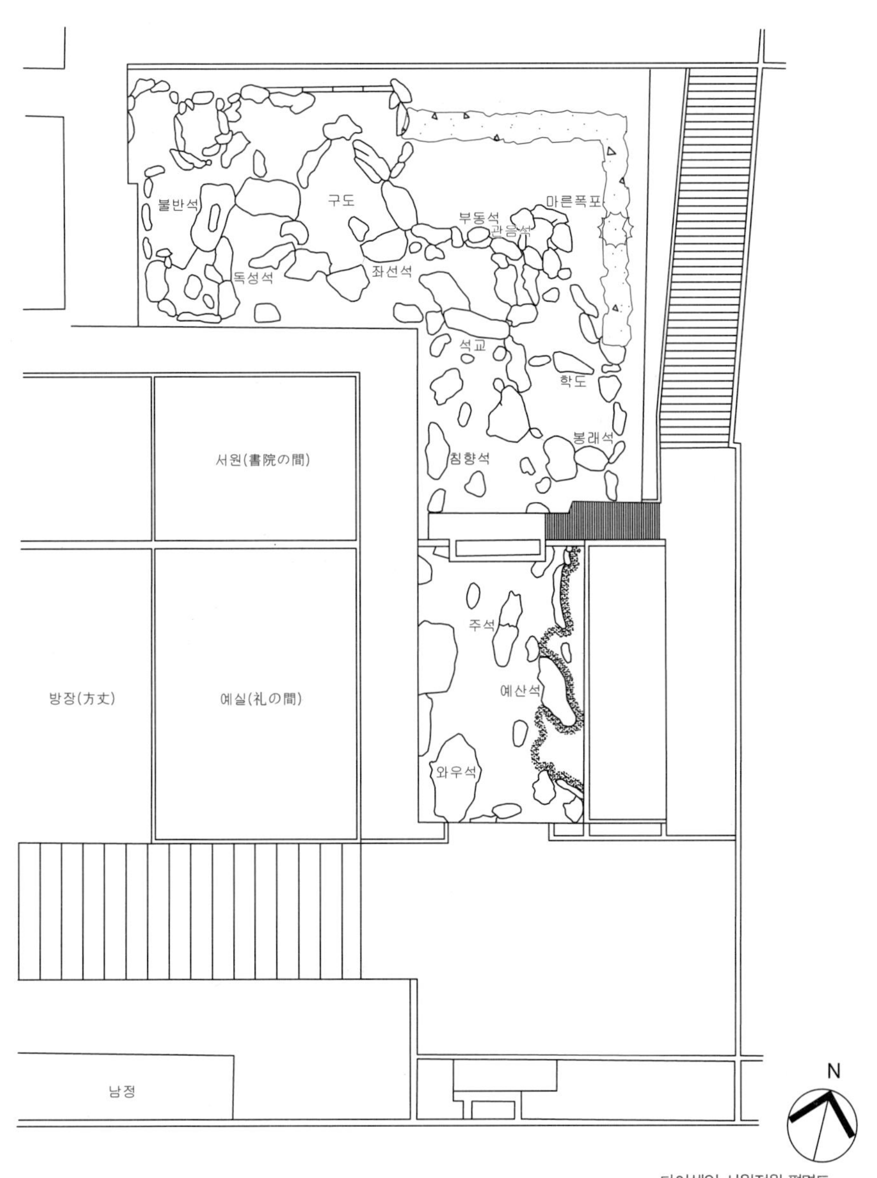

다이센인 서원정원 평면도

타이조인 정원

退藏院 庭園

무로마치시대 | 고산수식 + 지천관상식 | 면적: 369m^2

교토시 우쿄구 하나조노 묘신지초 35 | 국가지정 명승·사적

가노 모토노부가 작정한 고산수양식의 정원

학도

구도

타이조인(退藏院 · 퇴장원)은 원래 센본마쓰바라(千本松原 · 천본송원)의 하타노시(波多野氏 · 파다야씨) 7대 요시사토(義里 · 의리)의 저택 내에 건립되었던 것이다. 그 후 오에이(応永 · 응영) 연간(1394~1427)에 묘신지(妙心寺 · 묘심사) 경내(境內)로 이건하였으며, 경내에서도 옮기기를 여러 차례 한 다음, 텐분(天文 · 천문) 연간(1532~1554)에 키넨 센유(亀年禅愉 · 구년선유) 선사에 의해서 현재의 자리에 재흥되었다. 사중에 전해지기를 정원은 그 때 가노 모토노부(狩野元信 · 수야원신:가노파의 시조 1476~1559)에 의해서 작정되었다고 한다.

타이조인 정원은 하얀 왕모래를 깔아 만든, 마른 못을 중심으로 방장의 서측에 작정된 고산수양식의 정원이다. 정원의 사상적 배경은 봉래신선사상으로 이것은 일본정원에서 일관되게 추구해온 작정의 주제이다. 정원 전체를 바라보면 부드러우면서도 아름답지만 한편으로는 역동적인 힘이 느껴지기도 한다. 이것은 가노파(狩野派 · 수야파:성이 가노인 사람들이 무로마치시대부터 에도시대까지 혈연으로 화사畵師의 가계를 이어온 화파이다)의 화풍과 일맥상통하는 것으로, 이러한 작풍이 곧 모토노부가 작정했을 가능성을 제시하는 것이다. 더구나 당시 타이조인에 인접한 레이운인(靈雲院 · 령운원)에 모토노부가 주석하고 있었다는 사실을 보면, 이 정원을 모토노부가 작정했다는 것에 의심의 여지가 없다.

이 정원에서 역동성을 느끼게 만드는 가장 대표적인 작품이 바로 방장 서측에서 마주 보이는 곳에 조성된 마른폭포(枯滝·고롱)석조이다. 2단으로 만든 마른폭포석조는 큰 돌을 듬성듬성 놓아 계류의 경계부를 정리하고, 계류부에는 물이 흐르면서 튀어 흩어지는 느낌을 진한 검은색 돌로 표현하고 있다. 이것은 모모야마시대의 마른폭포석조에서도 볼 수 있는 작법이기도 한데, 이것을 보면 타이조인 정원이 무로마치시대와 모모야마시대의 과도기적 작풍을 보인다는 것을 알 수 있다. 마른폭포석조의 맨 위편에는 예의 원산석을 두었는데, 이것은 마른폭포석조에서 항상 동원되는 작법이다. 비가 오는 날 이곳에서 마른폭포석조를 보면 경계 처리한 돌에 숨어있는 붉은 색상과, 물의 흐름을 표현한 검은색 돌의 진한 색상이 특별한 조화를 이루어 마른폭포석조의 진정성을 느낄 수 있다.

마른폭포석조의 왼쪽에는 마른 못 안쪽으로 상징적인 산 모양을 가진 큰 돌이 하나 있으며, 다시 그것의 왼쪽에는 봉래석조가 조성되어 있다. 이처럼 마른 못의 안쪽으로 조성된 축산에는 북쪽으로부터 마른폭포석조, 봉래석 그리고 봉래석조가 차례로 조성되어 있다. 또한 남서쪽에는 그 봉래연산이 있는 축산이 끊어진 자리에 절묘하게 생긴 청석이 하나 있다.

한편 마른폭포석조와 봉래석의 중간에는 마른 못 안에 섬을 하나 두었다. 이것은 구도(亀島·거북섬)인데, 좌측에 거북의 머릿돌이 있다. 그리고 거북의 다리도 볼 수 있다. 또한 이 거북섬에는 작정 당초에 가설된 것으로 보이는 두 개의 다리가 걸려있다. 마른 못의 서쪽 호안으로 놓인 다리는 녹색의 편암(錄泥片岩·녹니편암)을 사용했고, 마른 못의 전면부에 놓인 석교는 교토산 자연석으로 만들었다. 교토산 자연석은 당시 교토의 귀족들이 좋아했던 돌로 지쇼 긴가쿠지(銀閣寺·은각사)나 다이도쿠지(大德寺·대덕사) 다이센인(大仙院·대선원)에서도 볼 수 있다. 이 다리의 특징은 자연적인 절리인데, 이러

구도와 마른 못의 호안을 연결하는 두 개의 다리

봉래석과 봉래석조 사이에 놓은 청석으로 만든 다리

한 할석을 써서 만든 석교는 타이조인 정원에서 많이 사용한 교토산의 돌들과도 잘 어울린다.

봉래석이 있고 구도가 있다면 학도(鶴島 · 학섬)가 없을 리가 없다. 사중의 한 스님의 말에 따르면 수수발(手水鉢 · 쵸즈바치) 근처가 학섬이 있었던 곳이라고 한다. 불행히도 지금은 없어져서 학구정원(鶴龜庭園)의 면모를 잃게 된 것이 못내 아쉽다는 것이 그 스님의 말씀이다.

이 정원에는 무로마치시대에 만든 모토노부의 정원 외에 쇼와(昭和 · 소화) 41년 나카네 킨사쿠(中根金作 · 중근금작)에 의해서 작정된 요코엔(余香苑 · 여향원)이라는 정원이 있다. 하나는 입구에 있는 고산수양식의 정원이고 다른 하나는 계류와 못을 중심으로 하는 지천관상식 정원이다. 지천관상식 정원은 폭포에서 떨어진 물이 계류를 따라 흐르도록 되어있으며, 계류 옆 언덕에는 사즈끼철쭉이 군식되어 있고 초정이 있는 곳에는 길을 따라 수양벚나무가 식재되어 있다. 이 정원을 만든 킨사쿠는 시마네(島根 · 도근)현에 있는 아다치(足立 · 족립)미술관 정원을 조성한 작가로 잘 알려져 있다.

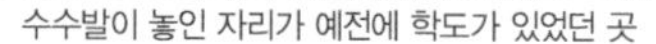

수수발이 놓인 자리가 예전에 학도가 있었던 곳

킨사쿠가 만든 지천관상식 정원인 요코엔

이곳을 처음 찾는 이들은 대체로 계류와 못이 있는 지천정원에 매료된다. 철따라 꽃이 피고, 물소리가 들리며 요괘(腰掛·고시카케:다실의 노지에 설치한 대기소)가 있어서 잠깐 앉아 쉴 수도 있기 때문이다. 물론 킨사쿠가 조성한 정원도 일본전통양식의 정원으로서 높은 가치를 가진 정원이라는 점에는 이론의 여지가 없다. 그러나 타이조인 정원의 진정성은 역시 가노 모토노부가 만든 고산수정원에서 찾을 수 있다.

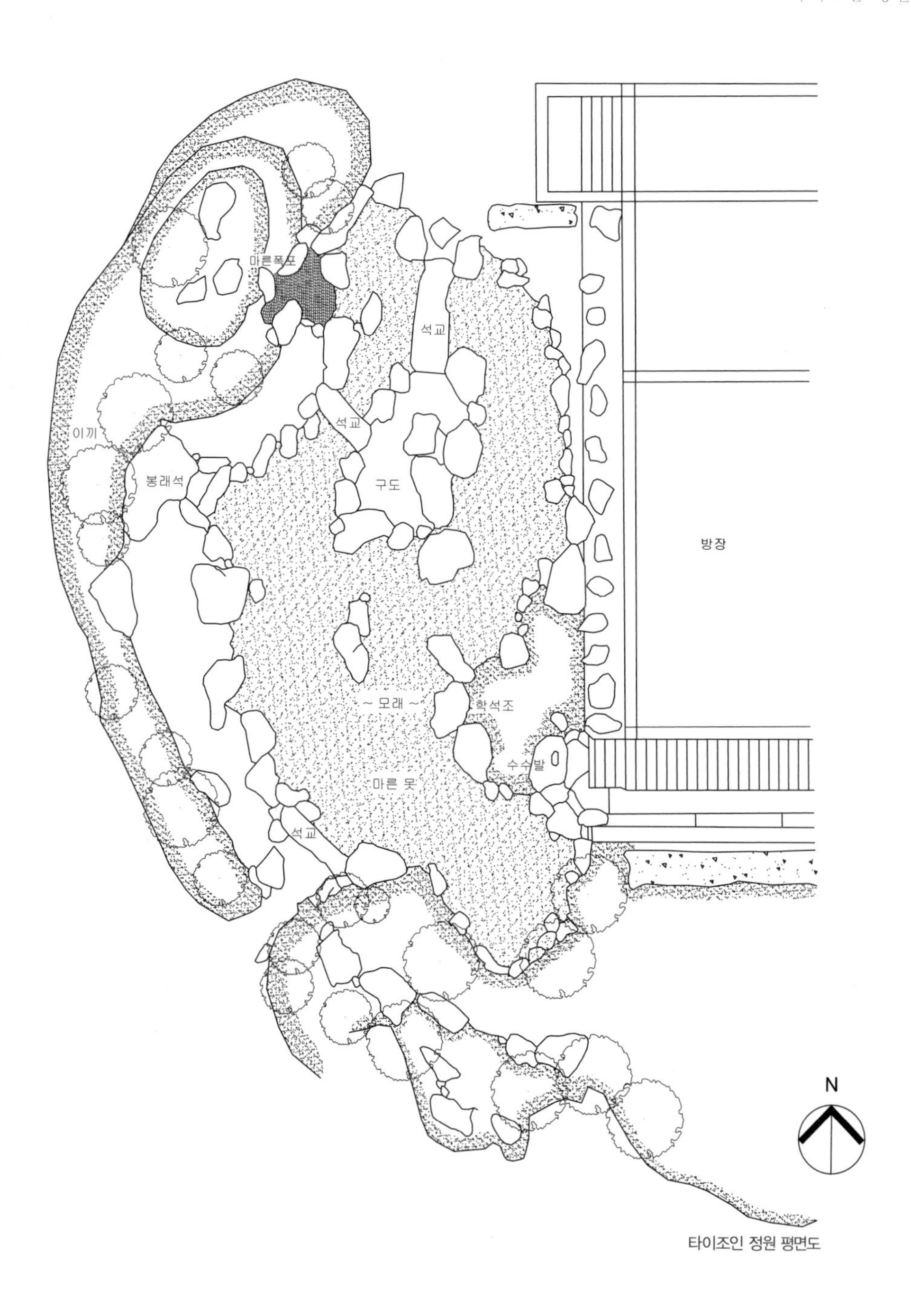

타이조인 정원 평면도

호곤인 정원
宝厳院 庭園

무로마치시대 | 고산수식 + 지천회유식 |
교토시 우쿄구 사가텐류지 스스키노 바바쵸 36 |

호곤인 정원의 핵심부에 해당하는 고산수정원

오카메야마(大亀山·대구산) 호곤인(宝厳院·보엄원)은 임제종 텐류지파(天龍寺派·천룡사파)의 대본산인 텐류지의 탑두사원이다. 무로마치시대인 간쇼(寛正·관정) 2년(1461) 무로마치(室町·실정)막부의 칸료(管領·관령)인 게이초 호소카와 가문(京兆細川家·경조세천가)의 당주, 호소카와 요리유키(細川頼之·세천뢰지:1329~1392)가 막대한 정재를 시주하여 이 절을 창건하였다. 개산조는 텐류지를 개산한 무소 소세키(夢窓疎石·몽창소석)의 3대 법손인 세이츄 엔코(聖仲永光·성중영광) 선사였다.

이 절은 창건 당시 현재의 교토시 가미교구(上京区·상경구)에 위치한 광대한 면적의 절이었다. 그러나 오닌(応仁·응인) 원년(1467)부터 분메이(文明·문명) 9년(1477)까지 약 10년간 계속된 오닌의 난에 의해 교토가 잿더미가 되면서 호곤인도 소실되는 병화를 입게 된다. 그 후 덴쇼(天正·천정) 연간(1573~1591)에 도요토미 히데요시(豊臣秀吉·풍신수길)가 어주인(御朱印·고슈인:전국시대 이후 쇼군이나 다이묘가 문서에 찍은 도장) 값으로 절에 32석을 주었고, 도쿠가와(德川·덕천) 막부도 메이지시대에 이르기까지 이 사찰을 외호하여 사찰이 법등을 이어갈 수 있도록 외호하였다. 그러한 과정을 거친 다음 호곤인은 텐류지 탑두인 코겐지(弘源寺·홍원사) 경내로 이전하였고, 다시 2002년에 과거 탑두사원 터가 있던 현재의 위치로 옮겨 지금에 이르고 있다.

호곤인 정원에는 '시시쿠노니와(獅子吼の 庭·사자후의 정)'라는 이름이 붙어있다. '사자후'라는 말은 본래 사자의 포효를 뜻하지만, 여기에서는 부처님의 설법 즉 가르침을 의미하는 것으로 불교에서는 흔히 쓰는 말이다. 이 정원은 무로마치시대에 견명사(遣明使:명나라에 보낸 사신)로 중국에 두 번 다녀온 선승 사쿠겐 슈료(策彦周良·책언주량:1501~1579)에 의해서 작정되었다. 정원은 고산수양식의 정원과 계류를 중심으로 이루어진 계류식 정원으로 구성된다. 호곤인 정원은 명산 아라시야마(嵐山·람산)를 차경하여 정원의 요소로 도입하고 있는데, 칸세이(寬政·관정) 11년(1799)에 교토의 명소·명원을 수록하여 발간한 『도림천명승도회(都林泉名勝図会)』에 게재되기도 한 명원이다. 이 정원을 산책하면서, 새 소리, 바람 소리를 들으면 인생의 심리와 정도(正道)를 깨닫게 되고, 급기야 마음의 병을 치유할 수 있게 된다는 것이 절에 계시는 스님의 말씀이다. 여기에서 정원이 치유의 기능을 갖고 있다는 인식이 현대에 시작된 것이 아니라 이미 무로마치시대에도 있었다는 것을 알 수가 있다.

주석

용문폭

삼존석과 12지 동물군

계륫가의 오래된 단풍나무

사자암

고산수양식의 정원은 후면부에 수미산을 상징하는 '축산'을 하고 그 축산의 경사를 이용하여 만든 '용문폭'과 그것의 오른쪽 언덕에 조성한 '삼존석조' 그리고 폭포의 물이 흘러내려 못에 고인 모습을 검은색 난석으로 표현한 '고통의 바다(苦海)'와 그 못을 가로질러 올라가는 '한 척의 배(舟石)'를 표현하고 있다. 이 정원은 무소 소세키가 작정한 텐류지의 소겐치(曹源池 · 조원지)에서 볼 수 있는 용문폭의 표현을 계승하고 있다. 이것은 잉어가 폭포를 거슬러 올라가 용이 되듯이, 수행승도 관음의 지혜를 얻기 위해서는 죽기를 각오하고 용맹정진해야 한다는 각오를 정원에 표현한 것이다.

이 정원의 삼존석은 깨달음의 세계인 피안(彼岸)의 언덕에 세운 석가모니불, 문수보살, 보현보살이며, 고해(苦海)는 미혹한 범부의 세계인 차안(此岸)의 세계를 보여준다. 사람들은 이 고통의 바다를 건너기 위해, 출항을 준비 중

구암

인 배를 타고 고해의 파도를 힘차게 헤쳐 나가 드디어 피안의 언덕에 닿게 된다. 한편, 동물들은 고통의 바다를 헤엄쳐 건너서 피안의 세계에 닿게 되는데, 난석으로 표현된 고해를 헤엄치는 동물들과 고해를 건너 삼존석 전면부까지 도달한 12개의 돌은 바로 십이지(十二支)를 보여주는 것이다.

한편, 계류를 중심으로 조성된 정원은 고산수양식의 정원과는 또 다른 아취를 보여준다. 계륫가에는 다수의 거암을 배치하고, 나무와 수생초화류들을 심어 심산유곡의 정서를 표현하였다. 특히 수령이 200년이 넘는 오래된 단풍나무를 여러 주 심어 놓아 봄에는 신록의 싱그러움을 여름에는 녹음을 가을에는 단풍의 아름다운 모습을 연출하고 있다.

이 정원에서 주목할 만한 것은 사쿠겐 선사가 이름을 붙인 사자암(獅子岩), 벽암(碧岩), 향암(響岩)과 같은 거암들이 있다. 이러한 거암 가운데에서는 단연 사자암이라는 이름을 붙인 돌이 압권이다. 이 사자암은 『도림천명승도회(都林泉名勝図会)』에 수록된 호곤인의 그림에도 등장하는 것으로 오래 전

호간가키

부터 아라시야마의 경관을 설명하는 데에 빼놓을 수 없는 요소로 등장하였던 것으로 보인다. 계륫가에 배치한 구암(亀岩·거북바위)은 거북이가 물에서 올라오는 모습을 사실적으로 표현하였다. 일본정원에서 거북이는 여러 가지 방식으로 표현되는데, 이 정원에서는 거북이 모양을 닮은 돌을 가지고 표현하였다. 이 절에서 볼 수 있는 또 하나의 볼거리는 호간가키(豊丸垣·풍환원)라고 하는 것인데, 갈대를 한 뭉치씩 묶어서 여러 개를 서로 기대어 놓은 것이다.

다이고지 산보인 정원
醍醐寺 三宝院 庭園

모모야마시대 | 지천관상식 | 면적: 5,280m^2
교토시 후시미구 다이고 히가시 오지쵸 22 | 국가지정 특별명승·특별사적

산보인 정원 전경

다이고지(醍醐寺 · 제호사)는 교토의 남동쪽, 카사토리야마(笠取山 · 립취산)에 자리를 잡고 있다. 이 절의 공간적 범위는 카사토리야마 전역을 포함할 정도로 넓은데, 산 정상부에 자리한 상(上) 다이고지와 산 아래 평지부에 위치한 하(下) 다이고지로 분리되어 있다. 특별명승과 특별사적으로 중복 지정되어 보존되고 있는 산보인은 하 다이고지에 부속된 다섯 곳의 문적사원(五門跡寺院 · 황족이나 상급귀족의 자제가 주지를 맡는 사원을 말한다) 가운데 하나로 절 남쪽에 조성된 정원은 모모야마시대의 정원양식을 잘 보여주는 명원이다.

다이고지는 헤이안(平安 · 평안)시대인 죠간(貞觀 · 정관) 16년(874) 덴지 천황(天智天皇 · 천지천황:626~672)의 6세손인 진언종의 쇼보 리겐(聖寶理源 · 성보이원) 대사에 의해서 개창된 절로, 엔기(延喜 · 연희) 7년(907)에 다이고(醍醐 · 제호) 천황의 기원사찰인 칙원사(勅願寺 · 천황의 칙령에 의해 건립된 기원사)로 지명되었다. 엔쵸(延長 · 연장) 4년(926)에는 산 아래 평지부에 하 다이고지가 창건되었는데, 제14대 다이고지 주지였던 쇼카쿠(勝覺 · 승각:1057~1129)가 에이큐(永久 · 영구) 3년(1115) 하 다이고지 경내에 탑두사원인 산보인을 창립하였고, 그 후 계속해서 많은 탑두사원들이 세워지면서 대 사원으로 발전되었다. 그러나 분메이(文明 · 문명) 2년(1470) 오닌(應人 · 응인)의 난 때 병화를 입어 5층탑을 제외하고는 경내의 모든 건물들이 소실되고 말았다.

병화를 입은 산보인의 재흥은 당시 다이고지의 주지였던 기엔 쥬고(義演准后 · 의연준후:1558~1626)가 도요토미 히데요시(豊臣秀吉 · 풍신수길)의 원조를 받으면서 이루어진다. 게이초(慶長 · 경장) 3년(1598) 당시 후시미죠(伏見城 · 복견성)에 있던 도요토미 히데요시는 다이고지에서 꽃 잔치(花見の宴 · 화견의 연)를 베풀 계획을 세우고, 칠백 그루의 왕벚나무를 심으며, 행사장에 8개소의 다옥(茶屋)을 마련하는 등 만반의 준비를 했다. 이것이 바로 '다이고지의 꽃 잔치'로, 히데요시가 고요제이(後陽成 · 후양성) 천황을 초청할 의도를 가지고 기획한 것이었다. 히데요시는 고요제이 천황을 맞이하기 위해 지금의 산보인 자리에 있던 곤고린인(金剛輪院 · 금강륜원)의 지천정원을 새롭게 개조할 생각까지 하게 된다. 곤고린인에 조성된 정원은 오에이(應永 · 응영) 연간(1394~1427)에 만사이 쥬고(滿濟准后 · 만제준후)의 의뢰로 가와라모노(河原者 · 하원자:봉건시대의 최하위계층이었던 피차별계급被差別階級에 속한 사람으로 작정에 종사한 사람을 특별히 센쥬이가와라모노山水河原者라 부른다)가 작정한 것으로 아시카가 요시모치(足利義持 · 족리의지) 때 닌안슈(任庵主 · 임암주)에게 다시 의뢰하여 개조한 정원이었다.

도요토미 히데요시는 곤고린인의 지천정원을 개조하기 위해 여러 차례 이곳을 방문하였으며, 스스로 정원의 경계를 정하고 설계를 검토하는 등 작정을 위해 세심한 준비를 하였다고 한다. 정원 중앙에 큰 섬을 배치하고 그곳에 호마당(護摩堂)을 건축하려 하고, 섬으로 가는 다리를 놓으며 두 곳에 폭포를 설치하고자 했다. 더불어 자신이 머물고 있던 후시미죠의 거관에 있던 명석(名石) 등호석(藤戶石)을 비롯해서 다양한 해석(海石)을 이곳으로 운반해 배치하려는 생각까지 했다. 도요토미 히데요시의 이러한 노력에도 불구하고 정원의 개조작업은 꽃 잔치가 열린 3월 25일에 마감을 하지 못했다. 그러나 꽃 잔치가 끝난 다음에도 계속해서 공사를 하여 정원을 마무리하였으니 그 열의를 미루어 짐작할 수 있다.

꽃 잔치를 벌인지 얼마 지나지 않은 게이초 3년 8월에 도요토미 히데요시가 타계한다. 그가 죽은 다음에도 주지 기엔 쥬고는 정원의 개조작업을 계속 진행하였으며, 칸에이(寬永 · 관영) 원년(1624) 드디어 개조된 정원이 모습을 드러내게 된다. 무려 26년간의 개조작업 결과였다. 그 당시 정원의 모습이 『의연추후일기(義演推后日記)』에 잘 기록되어 있는데, 이 기록은 당시 작정에 관한 사정을 소상히 알려주는 귀중한 자료일 뿐만 아니라 분로쿠(文祿 · 문록) 5년(1596)부터 기엔 쥬고가 타계한 칸에이 3년(1626)까지의 일상을 적

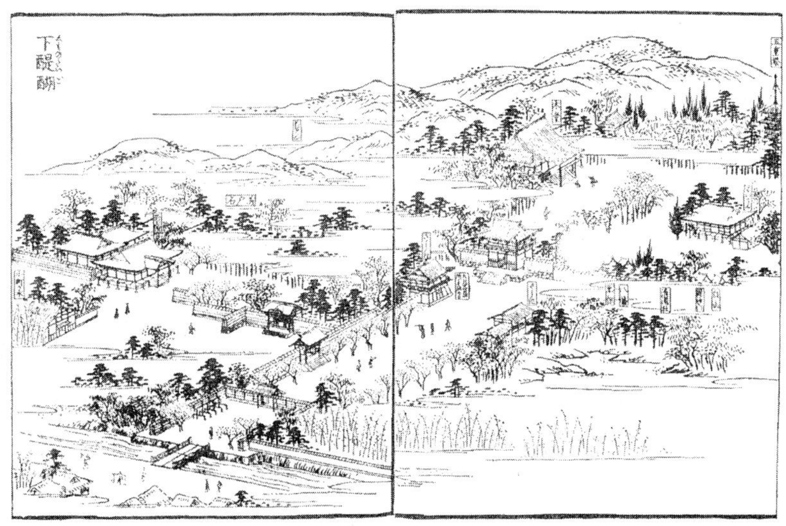

『도명소도회都名所圖會』에 삽입된 '하 다이고지' 전경. 좌측면에 '등호석'이라고 쓴 글씨가 보인다
(출처: 西桂, 2005, p.106)

고 있어, 도요토미 히데요시와 히데요리(秀頼·수뢰), 도쿠가와 이에야스(德川家康·덕천가강) 같은 당시 최고 권력자들의 족적을 살필 수 있는 일본근대사의 귀중한 자료가 된다. 이 일기를 보면, 4월 9일자 기사에 "정원의 '주인석(主人石)'으로 후시미죠의 도요토미 히데요시 거관에 있던 '등호석'을 운반해왔다"라는 기록이 있을 정도로 당시 시행된 공사의 세밀한 내용까지 적고 있다.

정원의 개조에는 기엔 쥬고가 중심이 되어 모모야마시대 최고의 작정가로 알려진 겐테이(賢庭·현정)가 참여했다고 전해진다. 겐테이는 고요제이 천황이 작정의 명수(名手)라는 뜻으로 내린 호라고 한다. 『의연추후일기(義演推后日記)』에는 "산보인의 작정에 참여한 작정자로 젠(仙·선), 요시로(与四郎·여사랑), 겐테이가 있다"라고 적고 있어 산보인 정원의 개조작업에 어떤 작정가들이 참여했는지를 분명히 밝히고 있다. 일본 고정원연구의 권위자인 오노

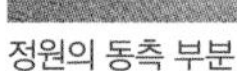
정원의 동측 부분

정원의 서측 부분

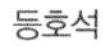
등호석

3단 폭포

겐키치(小野健吉 · 소야건길)는 이 사람들 가운데 등호석을 세울 때 등장한 젠은 별개의 인물일 수 있으나, 요시로와 겐테이는 동일인물일 가능성이 높다는 견해를 보이고 있다.

산보인의 개조된 정원에는 본시 히데요시의 의도대로 못 한가운데에 커다란 중도인 봉래도(蓬萊島)가 만들어졌다. 그러나 이 중도는 게이초 15년 개수 때 구도(龜島)와 학도(鶴島)로 분리되었다. 이즈미도노(泉殿 · 천전)로부터 좌측에 보이는 것이 구도이고 우측에 있는 것이 학도인데, 이렇게 봉래도를 두 개의 섬으로 분리한 것은 구도와 학도 사이로 축산의 모습을 볼 수 있도록 하려는 의도가 있었다고 한다. 노무라 짐치(野村斟治 · 야촌짐치)는 이즈미도노로부터 축산에 배치한 도요쿠니 이나리(豊國稲荷 · 풍국도하) 신사에 제사를 지낼 수 있도록 한 것은 기엔 쥬고가 도요토미 히데요시를 배려하여 그렇게 한 것이 아닌가하는 생각을 피력하기도 했다.

정원의 지형을 보면, 못의 동쪽이 못의 호안보다 약 2m 정도 높다. 산보인에 조성된 3개의 폭포는 모두 이러한 지형차를 이용해서 만들어졌다. 유명한 3단 폭포는 『의연추후일기(義演推后日記)』에도 축조의 모습이 기록되어 있다. 이 폭포는 게이초 20년(1615)에 완성되었다. 메이지시대에 만들어진 무린안(無鄰庵 · 무린암) 정원에 있는 폭포가 이것을 본뜬 것으로 알려져 있으나, 무린안 정원의 폭포는 산보인의 폭포에 비교할 대상이 되지 않는다.

겐나(元和 · 원화) 9~10년(1623~1624)경에는 못에 여러 개의 다리가 가설된다. 이것은 정원의 성격이 관상식으로부터 회유식으로의 전환을 의미하는 것으로, 매우 중요한 변화이다. 또한 다실인 친류테이(枕流亭 · 침류정)가 에도시대 후기에 건축되었는데, 이것으로 산보인은 회유식 정원의 형식을 온전히 갖추게 된다.

현재의 모습을 토대로 산보인을 살펴보면, 정원의 중심이라고 할 수 있는 못은 이즈미도노, 오모테쇼인(表書院 · 표서원:국보), 쥰죠칸(純淨觀 · 순정관), 본당(本堂)과 같은 건물군의 남쪽에 조성되어 있으며, 동서 55m, 남북 25m의 규모를 가진다. 못의 호안은 드나듦이 많은 평지형이며, 큼직한 돌을 다수 사용하여 웅장한 이미지를 표현하고 있다. 건물군과 만나는 못의 북쪽에는 왕모래를 깔아놓고 파도문양을 만들어 바다경관을 상징하도록 하여 고산수양식의 일단을 살필 수 있고, 못의 동, 남, 서쪽으로는 축산을 하여 아늑한 분위기를 연출하면서 정원의 후면이 시각적으로 안정되도록 만들었다. 못 남쪽의 언덕 윗면은 평평하게 다듬어 도요토미 히데요시가 후시미죠에서 가져온 등호석을 세웠는데, 이 등호석은 건물의 어디에서 바라보아도 정면으로 보이는 착시현상을 일으킨다. 일본의 명원에 세워놓은 주인석은 대체로 이러한 특징을 가지는 것이 많다고 하는데, 이것은 돌을 세우는 일본식

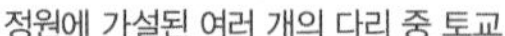

정원에 가설된 여러 개의 다리 중 토교

중도가 이분된 좌측의 구도와 우측의 학도

작법이라고 할 수 있겠다. 못의 남동쪽 모퉁이에 있는 3단 폭포는 『의연추후일기(義演推后日記)』에 기록된 그대로의 모습을 유지하고 있어 원형이 잘 보존되고 있음을 알 수 있다.

산보인 정원은 여러 시대를 거치면서 많은 변화를 겪었다. 자연적 힘에 의해서 석조가 교란되기도 하고, 인위적으로 훼손되기도 하였다. 그 결과 정원의 상태는 점차 원형과 다른 모습을 보이게 되어 과거 기엔 쥬고를 비롯해 쟁쟁한 작정가들에 의해서 만들어진 화려하고 웅대한 정원의 모습을 찾아보기 어려운 상태가 되었다. 이러한 산보인 정원에 대한 종합적인 조사가 2002년 12월 9일부터 2009년 3월 31일까지 9차례에 걸쳐서 이루어졌으며, 조사결과를 바탕으로 2001년 1월부터 2010년 3월까지 약 10년간에 걸쳐 대대적인 수리공사가 이루어졌다. 그 결과 현재는 과거의 모습을 회복하여 화려하면서도 호방(豪放)한 모모야마 최고의 정원이 모습을 드러내고 있다.

다이고지 산보인 배치도

엔토쿠인 정원

円徳院 庭園

모모야마시대 | 고산수식 | 면적: 693m^2

교토시 히가시야마구 시모가와라쵸 53 | 국가지정 명승

엔토쿠인 정원 전경

게이초(慶長·경장) 3년(1598) 도요토미 히데요시(豊臣秀吉·풍신수길)가 죽고 나서, 그의 처인 기타노만도코로 네이코(北政所寧子·북정소녕자:1548~1624)는 출가하여 스님이 된다. 그녀는 고다이인(高台院·고대원)이라는 법호를 받고 히데요시의 극락왕생을 기원하기 위해 고다이지(高台寺·고대사) 건립을 기원하게 되는데, 게이초 11년 쇼군 도쿠가와 이에야스(徳川家康·덕천가강)의 시주를 받아 고다이지를 건립하고 산코 화상(三江和尚·삼강화상)을 주지로 맞이한다. 가람은 후지미죠(伏見城·복견성)에 있던 유구를 옮겨와 장대하게 건립되었으며, 기타노만도코로는 고다이지 건립과 더불어 거관을 절 앞에 정해 기거하였다고 한다.

칸에이(寛永·관영) 원년(1624) 기타노만도코로가 죽자, 거관을 개수하여 선사(禪寺) 에이코인(永興院·영흥원)으로 삼고, 후지미죠에 남아있던 기타노만도코로의 케쇼고텐(化粧御殿·화장어전)을 옮겨와 방장건물로 쓰게 된다. 동시에 어전에 부속되어 있던 정원까지 옮겨와 에이코인의 정원으로 만들었다.

기타노만도코로의 조카인 기노시타 도시후사(木下利房·목하이방)는 기타노만도코로의 거관이었던 자택에 수탑(寿塔)을 세우고, 고다이지의 산코 화상을 개산조로 모셔서 엔토쿠인(円徳院·원덕원)을 개창하게 된다. 기노시타 가문의 시주사로 건립한 것이다. 엔토쿠인과 에이코인은 접해있었으므로 이후 에이코인도 엔토쿠인에서 관리하였다. 그 결과 본시 후시미죠의 어전에 부속되었던 정원이 에이코인의 방장정원으로 불리다가 다시 엔토쿠인의 정원이 된 것이다.

엔토쿠인 정원을 본 사람이라면 이 정원이 호쾌한 이미지를 느낄 수 있도록 조성되어 있음을 금방 알아차린다. 정원의 중심인 학도와 구도 2개의 섬에는 모두 3개의 석교를 가설하여 놓았는데, 동쪽의 학도로부터 서쪽의 구도로 넘어가는 석교는 그것이 가진 중량감과 석질로 인해서 신령스러운 느낌을 줄 정도이다. 교석은 학수석(鶴首石)이기도 하다. 구도로부터 서쪽의 맞은편 호안에 가설해놓은 석교에서도 강력한 힘을 느낄 수 있다. 멀리 학도로부터 남안으로 넘어가는 곳에는 절석교가 하나 가설되어 있다. 이 다리는 후시미죠에 있을 때는 목교가 아니었나 생각되는데, 이것이 바로 모모야마시대를 대표하는 다리라고 한다. 학구도가 있는 마른 못은 현재 청태가 가득하지만 과거에는 물이 담긴 못이었을 것으로 보인다. 학구석 너머 북동쪽 언덕에는 마른폭포석조를 배치하였으며, 동쪽 언덕에는 삼존석조와 수미산석조가 있어 예전 일본정원의 특징적 석조작법을 살필 수 있다.

절석교 후면부의 삼존석조와 수미산석

학도와 구도를 연결하는 석교와 그 후면부에 조성된 마른 폭포석조

엔토쿠인 정원 평면도

텐쥬안 정원

天授庵 庭園

가마쿠라시대~난보쿠쵸시대(남정), 메이지시대(본당 앞 정원) | 지천관상식 + 지천회유식 (남정), 고산수식(본당 앞 정원) | 교토시 사쿄구 난젠지 후쿠치쵸 |

난보쿠쵸시대의 작법을 잘 보여주는 출도

폭포석조

택도석

텐쥬안(天授庵 · 천수암)은 난젠지(南禪寺 · 남선사)를 개창한 다이묘(大明 · 대명)국사의 개산당으로, 랴쿠오(暦応 · 력응) 3년(1340)에 창건되었으며, 서원(書院)의 남정(南庭)도 이때 작정되었던 것으로 보인다. 창건된 후 오닌(応仁 · 응인)의 난에 입은 병화로 사찰이 전소되어 오랫동안 법등이 끊어졌으나, 게이초(慶長 · 경장) 7년(1602) 호소카와 유사이(細川幽斎 · 세천유재:1534~1610)가 재흥하여 오늘에 이르고 있다.

서원의 남정은 동서 2개의 못이 있는 정원으로 2개의 못은 중앙의 출도로 인해 동서로 구분된다. 이 정원의 디자인에는 가마쿠라시대 말기부터 난보쿠쵸시대에 조성된 정원에서 볼 수 있는 특징적 의장이 부분적으로 남아있어 주목되는 바가 크다. 특히 서원 쪽에 장대한 출도를 만들고, 건너편에 작은 출도를 배치하여 그것이 서로 조합되도록 하는 것은 창건 당시의 특징적 작법으로 볼 수 있다. 더불어 호안선의 변화가 심하도록 굴곡을 주는 것, 동지(東池)를 서지(西池)보다 작게 만드는 것, 못의 사면에 완만한 경사를 가진 둑을 만드는 것, 동지에 만든 폭포의 석조의 의장을 보면 창건 시의 작법을 확연히 살필 수 있다.

그러나 동방축산 부근에서 조금이나마 게이초시대에 개수한 흔적이 나타나 있고, 서지의 봉래도에 택도석(沢渡石 · 사와타리세키)을 놓아 메이지시대 초

메이지시대에 조성된 고산수정원

기의 작풍을 보이고 있어 원형이 완전히 복원되지 않았다는 것을 보여준다. 그나마 못의 전반적인 작법에 난보쿠쵸시대의 고정원에서 공통적으로 느낄 수 있는 풍아한 정취를 맛볼 수 있다는 것만 해도 다행이 아닐 수 없다.

본당 앞에 조성된 정원은 흰 모래를 전면에 깔고, 후면에는 약간의 경사를 주어 그 경사면에 흰 벽을 배경으로 목백일홍, 녹나무, 동백나무, 단풍나무 등을 식재하고 바닥에는 이끼를 깔았으며, 강전정한 사즈끼철쭉을 심어

자연석 2개로 만든 석교

자연석 수조

본당에서 바라본 남정의 단풍

단순 검박한 고산수정원을 만들어 놓았다. 흰 모래가 포설된 공간과 이끼가 깔린 공간의 경계부에는 여러 개의 석조를 배치하였는데, 석조에서 강건한 남성적 느낌을 받을 수 있다. 한편, 모래 위에는 이끼를 깔고, 기하학적인 모양으로 석판을 깔았으니, 이러한 의장은 근대풍으로 보아야 할 것이다. 이 정원은 메이지시대에 만든 것으로 정원 전체에서 밝은 분위기를 느낄 수 있는데, 대체로 남정의 석조를 개수할 때 조성된 것으로 보인다.

니조죠 니노마루 정원

二条城 二の丸 庭園

에도시대 초기 | 지천회유식 | 면적: 4,450m²

교토시 나카교구 니조죠 호리카와 니시이리 니조죠쵸 541 | 국가지정 특별명승

니노마루 정원의 중심 영역

니노마루 정원의 북측 영역

니노마루 정원의 남측 영역

니조죠(二条城 · 이조성)는 도쿠가와 이에야스(德川家康 · 덕천가강)가 쇼군이 되어 교토에 머무는 동안 거관으로 사용하기 위해서 만든 성으로 게이초(慶長 · 경장) 5년(1600)부터 조영을 시작해서 동 8년에 완공하였다. 니조죠의 조영은 이에야스가 당시 여러 지역의 많은 다이묘(大名 · 대명)들에게 명령해서 만들었다고 하는데, 이것을 보면 당시 이에야스의 위력이 얼마나 대단했는가를 미루어 짐작할 수 있다. 이에야스는 니조죠가 완공된 후 후시미죠로부터 니조죠로 이사를 하고, 이곳에서 천황으로부터 정이대장군(征夷大將軍)의 선지(宣旨)를 받았다. 니조죠가 처음 조영되었을 당시의 규모는 후시미죠(伏見城 · 복견성)에 있던 거관, 쥬라쿠다이(聚樂第 · 취락제) 건물을 이축한 수준이었다. 그러나 정원은 이때부터 조영을 시작해서 오랜 시간을 들여 완성되었다.

칸에이(寬永 · 관영) 3년(1626) 9월에 고미즈노오(後水尾 · 후수미) 천황이 이곳에 행차할 때 이에야스는 천황의 행차를 맞이하기 위해서 어전을 새로 짓게 되는데, 그 자리는 못의 남쪽 쿠로쇼인(黑書院 · 흑서원)과 마주보는 곳이었다. 이 건물의 서쪽 절반은 중궁어전(中宮御殿)으로 사용하도록 계획되었고, 동

오히로마(大廣間) 쪽에서 바라다 본 못과 큰 다리(大石橋)

안(東岸)의 건물 남쪽 절반은 협실(夾室)로 계획되었는데, 오히로마(大廣間·대광간)와는 회랑으로 연결되도록 하였다. 천황의 어전을 지으면서 정원 또한 대대적으로 개수작업이 이루어졌다. 쿠로쇼인과 오히로마가 중심이 되도록 조성한 정원을, 못 남쪽에 짓게 될 천황의 어전이 중심이 되도록 북정(北庭)으로 변경하는 작업이었다. 특히 남쪽 호안을 직선으로 변경하는 작업이나 정석(庭石)의 향을 남향으로 바꾸는 작업 등은 정원개조의 핵심이 되는 일이었다.

이에야스는 천황이 행궁으로 쓸 어전의 조영 책임자를 고보리 엔슈(小堀遠州·소굴원주:1579~1647)로 임명한다. 고보리 엔슈는 겐나(元和·원화) 9년(1623) 공사 총감독이 되어 어전과 정원의 개수작업을 시작하였다. 당시 그가 담당했던 업무는 건물의 신축과 정원의 개수뿐만 아니라 공예, 집기, 향연 등에 이르기까지 천황을 영접하기 위한 모든 일이었다. 이것을 보면 고보리 엔슈에 대한 이에야스의 신뢰가 어느 정도였는지 미루어 짐작할 수 있다.

니노마루 정원은 당시의 일반적인 지천양식의 정원과 마찬가지로 못을 중심으로 조성되었다. 못 안에는 큰 섬을 조성하였는데, 이 섬이 바로 봉래도이다. 못의 호안석조는 거석을 사용하였으니, 이러한 기법은 산보인(三宝院·삼보원) 정원에서도 볼 수 있는 모모야마시대의 커다란 특징이다. 이러한 작정기법을 보면 이 정원 역시 산보인을 작정한 겐테이(賢庭·현정)가 참여

봉래도와 구도를 연결하는 전면부 다리와 봉래도와 서측 호안을 연결하는 후면부 다리

2단 폭포

니노마루 정원의 호안석조

정원의 대 개수 때 개조한 못 남안의 직선 호안

어전이 있었던 곳에서 못 서안으로 연결하는 큰 다리

한 것이 분명해 보인다. 큰 섬의 서측으로는 맞은편 언덕과 연결되는 큰 다리를 높게 가설하였으니, 이것은 천황의 행궁어전에서 바라볼 때의 경관을 생각한 의도적인 연출로 보인다. 더불어 봉래도의 북쪽에는 구도, 남쪽에는 학도를 두었는데, 구도와 학도는 모두 작은 섬으로 이루어졌다. 폭포는 못의 북서쪽 모퉁이에 2단으로 조성되었으나, 폭포 주변의 석조는 훗날 개조된 것으로 보인다. 니노마루 정원은 그 당시 일본 최고의 작정 팀이 최대의 노력을 기울여 만든 작품으로 일본정원사에서는 산보인 정원과 더불어 모모야마시대 최고의 걸작으로 꼽히는 정원이다.

현재 남아있는 니노마루 정원은 동서 70m, 남북 45m 규모의 못이 중심이 되는 정원이며, 못 안에는 봉래도, 구도, 학도로 불리는 3개의 섬을 두고 있다. 못의 호안석조는 장대한 거석을 골라 쌓아 화려하면서도 웅장한 의장을 보여준다. 못의 호안은 드나듦이 복잡한 평면형식을 보이고 있으나, 남안의 호안만큼은 다른 호안과는 달리 직선 호안으로 되어있다. 이것은 고미즈노오 천황 방문을 감안하여 대 개수작업을 통해서 변형시킨 결과이다. 못의 서안과 북서안은 축산을 해서 아늑한 분위기를 연출한다.

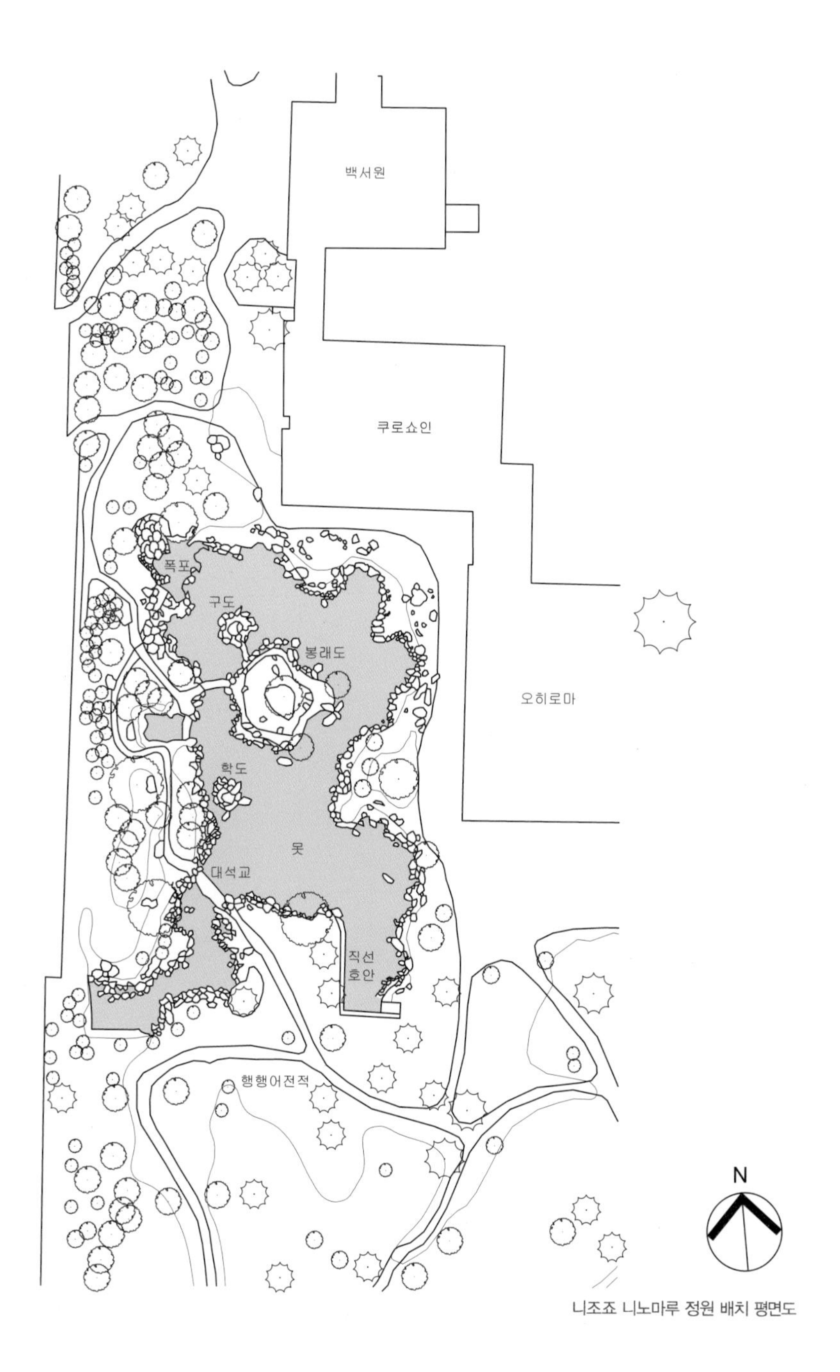

니조죠 니노마루 정원 배치 평면도

가쓰라리큐 정원

桂離宮 庭園

에도시대 초기 | 지천회유식 + 지천관상식 + 지천주유식 | 면적: 58,000m^2

교토시 니시쿄구 가쓰라미소노 |

다실인 쇼킨테이와 아마노하시다테 전면의 정원

가쓰라리큐(桂離宮 · 계리궁)는 고요제이 천황(後陽成天皇 · 후양성천황:1571~1617)의 아우인 하치조노미야가(八条宮家 · 팔조궁가)의 초조 도시히토 친왕(智仁親王 · 지인친왕:1579~1629)이 시모가쓰라(下桂 · 하계)에 창건한 별장으로 2대 토시타다 친왕(智忠親王 · 지충친왕:1619~1662)에 의해 증축·개수되어 오늘에 이르고 있다.

하치조노미야가는 후시미노미야가(伏見宮家 · 복견궁가), 아리스가와노미야가(有栖川宮家 · 유서천궁가), 칸인노미야가(閑院宮家 · 한원궁가)와 더불어 에도시대 사친왕가(四親王家)의 하나이다. 도시히토 친왕은 8세 때인 덴쇼(天正 · 천정) 16년(1588) 아들이 없던 도요토미 히데요시(豊臣秀吉 · 풍신수길)의 양자가 되었으나, 히데요시에게 친아들 쓰루마쓰(鶴松 · 학송)가 태어나면서 12살 되던 해에 양자로부터 해소된다. 하치조노미야가는 양자의 인연이 해소되면서 히데요시가 친왕을 위해 새로 창시해준 궁가(宮家)이다.

겐나(元和 · 원화) 3년(1617), 도쿠가와 막부의 제2대 쇼군인 히데타다(秀忠 · 수충:1579~1632)는 친왕에게 시모가쓰라를 포함하여 5개 마을과 삼천석(三千石)을 녹봉으로 주었다. 녹봉으로 받은 시모가쓰라는 가쓰라가와(桂川 · 계천)의 맑은 계류에 접해있고, 히에이잔(比叡山 · 비예산)과 아타고야마(愛宕山 · 애탕산)를 각각 동쪽과 서쪽에 두고 있으며, 앞으로는 바다의 물결처럼 파도치는 교토분지를 바라다 볼 수 있는 산자수명한 땅으로 옛날부터 명승으로 잘 알려진 곳이었다. 이곳이 『원씨물어(源氏物語)』에도 등장하는 유서 깊은 곳이라는 점이 그러한 사실을 입증하는 것이다. 그러한 까닭에 헤이안시대부터 귀족들이 이곳에 별장을 짓고 싶어 했는데, 섭관정치(摂関政治)의 절정기를 구가했던 후지와라노 미치나가(藤原道長 · 등원도장:966~1027)의 별장이 있었던 유지(遺地)에 가쓰라리큐를 짓게 된 것은 시모가쓰라에서도 특히 이곳이 승경지로 널리 알려졌기 때문이었을 것이다.

도시히토 친왕은 높은 수준의 교양인이었다고 한다. 일본 고유형식의 와

정원의 디테일(洲浜, 岬燈籠, 石橋 등)

쇼카테이에서 내려다 본 경관

쇼이켄 전면부의 직선호안

카(和歌 · 화가)는 호소카와 후지타카(細川藤孝 · 세천등효)로부터 전수받았고, 『만엽집(万葉集)』과 『원씨물어』를 읽었으며, 쇼고쿠지(相國寺 · 상국사) 로쿠온인(鹿苑院 · 록원원)의 켄타쿠(顯啅 · 현탁)와 난젠지(南禪寺 · 남선사) 곤치인(金地院 · 금지원)의 스덴(崇伝 · 숭전)에게 한학을 배웠다고도 한다. 또한, 다도와 꽃꽂이(立花 · 입화)등을 비롯해 공차기놀이(蹴鞠 · 축국)와 승마도 높은 수준이었다고 하니 실로 만능 예술인이었던 모양이다.

가쓰라리큐는 도시히토 친왕에 의해서 제1기의 조영이 이루어진다. 친왕은 겐나 6년(1620)부터 별장의 조영에 착수해서 칸에이(寛永 · 관영) 2년(1625)에 비교적 간소한 모습의 가쓰라별장 공사를 종료하게 된다. 『녹원일록(鹿苑日錄)』 「칸에이 원년 7월 18일」조에는 "정원의 한가운데 산을 만들고, 못을 팠다. 못 가운데는 배가 있고, 다리가 있고, 정자가 있다. 정자에서는 사면의 산을 볼 수 있다. 천하의 절경이다."라는 기사를 볼 수 있다. 이것을 보면 제1기 조영에서도 지천양식의 정원이었다는 것을 알 수 있다. 그러나 도시히토 친왕이 죽은 후 약 10년 동안 가쓰라별장은 일시적으로 황폐한 상태로 방치되는 불운을 겪기도 한다.

그 후 하치노미야가의 2대조인 토시타다 친왕이 부친이 시작해놓은 별장의 경영을 계속해서 진행하게 된다. 그는 부친의 풍부한 재능을 이어받아 다도, 가도(歌道)는 물론 공차기, 말타기, 활쏘기에 능하였다고 한다. 친왕은 칸에이 19년(1642)에 카가(加賀·가하) 번주인 토시츠네(前田利常·전전리상)의 딸 토미히메(富姬·부희)와 결혼을 하게 되면서, 토시츠네가의 정치력과 재정지원에, 그의 참신한 창의력과 시대감각을 가미하여 가쓰라별장의 건물을 증·개축하고 정원을 확장·정비하여 지금과 같은 지천정원을 완성하게 되었다.

소테쓰야마

쓰이다테마쓰

한 공간에서 볼 수 있는 여러 개의 석등

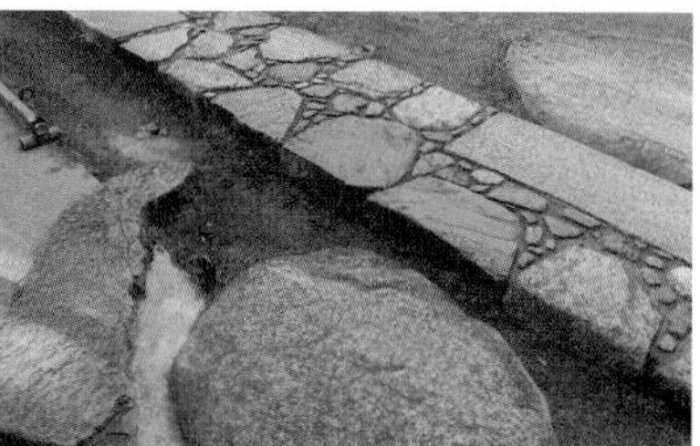

외요괘 전면에 조성한 연단

스하마와 석조로 연출한 바다경관

이궁 가쓰라리큐는 가쓰라가와 서쪽 언덕의 넓은 부지에 터를 잡고, 가쓰라가와로부터 물을 끌어들여 계류와 못을 조성하고 대소의 축산을 축조하여 인공적인 자연경관을 연출하였다. 이 정원에서는 건축과 정원의 절묘한 하나 됨과 보행이나 배를 타면서, 시점의 이동에 따른 경관의 변화를 장면에 따라 경험할 수 있다. 가쓰라리큐의 순면적은 동서 약 230m, 남북 약 218m인데, 부속지까지 포함하면 총면적이 약 58,000m^2에 달하는 방대한 규모를 지닌다.

가쓰라리큐 정원의 가장 큰 특징이라면, 인공적으로 만들었으나 인공미보다는 자연미가 월등하게 연출되는 작법의 우수성과 완성도에서 찾을 수 있다. 서원(書院)과 다정(茶亭)을 이곳저곳에 배치하고, 이것들이 조화를 이루도록 못과 가산을 만들었다. 이 모든 요소들이 서로 잘 연결되어 어느 곳에서든지 풍경을 완상할 수 있도록 배려한 것과 명승을 축경하여 아름다운 자연경관을 음미할 수 있도록 한 것이야말로 가쓰라리큐 정원에서 찾을 수 있는 특별한 경관 연출기법이다.

가쓰라리큐 정원은 한가운데에 복잡한 호안선에 둘러싸인 규모가 큰 못을 두어 바다를 상징하였고, 못 주변에는 높고 낮은 가산을 만들어 심산유곡을 연출하였으며, 한편으로는 전원에 와 있는 듯한 느낌을 가질 수 있도록 풍경을 효과적으로 배치하였다. 따라서 가쓰라리큐 정원은 바다와 산과 들이라는 서로 다른 세 개의 공간을 하나의 작은 공간으로 축소해 표현한 정원이라고 말할 수 있다. 못에는 크고 작은 여러 개의 섬을 만들었는데, 섬으로 연결되는 다리는 하나도 같은 것이 없어 이 정원의 경관이 다양성을 가지도록 하는 데에 큰 기여를 하고 있다. 못의 서쪽 평탄지에는 고쇼인(古書院·고서원), 주쇼인(中書院·중서원), 갓키노칸(樂器の間·악기의 방), 신고텐(新御殿·신어전) 같은 건물들이 빼곡히 지어졌으며, 그 남쪽에는 공차기, 활쏘기,

온린도와 그 앞의 토교

경마장으로 사용하기 위한 넓은 지정(芝庭)을 두었다.

못의 동안(東岸)에 건축된 다실 쇼킨테이(松琴亭 · 송금정) 주변에는 아마노하시다테(天橋立 · 천교립)를 조성하였는데, 축경기법을 써서 만든 이 공간은 가쓰라리큐 정원에서 볼 수 있는 최대의 명소로 손꼽힌다. 아마노하시다테는 도시히토 친왕의 부인이 살았던 고향 교고쿠 탄고(京極丹後 · 경극단후)에 있는 절경으로, 친왕이 부인을 위해 특별히 조성한 것으로 보인다.

못 남쪽의 커다란 중도는 축산을 한 것으로 그 정상 부근에 건립한 쇼카테이(賞花亭 · 상화정)는 원내외의 조망을 하기에 그만이다. 또한, 못 남서안 쇼이켄(笑意軒 · 소의헌) 앞의 선착장은 절석을 이용한 직선호안으로 되어 있어서 실용성은 물론 에도시대 초기의 취향을 엿볼 수 있다. 그밖에도 길 옆에 한가위(仲秋)에 뜨는 달을 정면으로 바라 볼 수 있도록 좌향을 잡은 겟파로(月波樓 · 월파루), 외요괘(外腰掛), 만지테이(卍亭 · 만정), 온린도(園林堂 · 원림당)와 같은 다정과 사당이 배치되어 있다.

이어령은 가쓰라리큐의 지천정원이 두루마리 그림에 그려진 『원씨물어(源氏物語)』처럼 나무와 돌이라는 그림물감으로 그려진 풍경의 서사극(敍事劇)이라고 본다. 700m의 원로를 걸으면서 몇백 리 길을 걷는 것과 같은 상상을 한다는 것은 일본인들만이 가질 수 있는 정신세계라는 것이다.

식재와 연관해서 살펴보면 소철을 군식한 소테쓰야마(蘇鐵山 · 소철산), 단풍나무가 가득한 모미지야마(紅葉山 · 홍엽산), 한 그루의 소나무가 돋보이는 쓰이다테마쓰(衝立松 · 충립송) 등 참신하게 나무를 이용하여 만든 명소를 정원에 도입한 기법을 특징적 작법으로 꼽을 수 있다. 소테쓰야마는 외요괘 전면에 조성한 소철로 만든 정원이다. 소철에서 풍기는 남국적 정서를 즐기기 위해서 조성한 것으로 가산을 만들고 그곳에 소철을 군식하였다. 일견 보기에는 아무렇게나 심어놓은 것 같지만, 엄연한 질서를 바탕으로 나무들이 조화롭게 심어져있다. 가쓰라리큐에 온 손님이나 주인은 오며 가며 혹은 요괘에 앉아서 소철이 풍기는 외래적 모습을 보고 즐거워했을 것이다. 군식된 소철과 더불어 하부의 석조에서도 자연적인 포석법을 볼 수 있으니 소철의 거친 느낌을 섬세한 디테일의 부석(敷石 · 시키이시)이나 연단(延段 · 노베단)과 조화를 이루도록 한 것은 가쓰라리큐에서 볼 수 있는 또 하나의 독특하면서도 월등한 작법이라고 할 수 있겠다. 쓰이다테마스는 어행문(御幸門)을 지나 어행도(御幸道)에 가설한 토교를 건너서 왼편의 생울타리가 쳐진 길 끝에서 있는 키가 낮은 소나무를 말한다. 이곳에 굳이 소나무를 심어서 경관을 가릴 필요가 있었는지는 모르지만 아마도 건너편 쇼킨테이에 대한 신비감을 더하기 위한 작법이 아니었나 싶다. 모미지야마는 단풍나무가 빽빽이 심어진 언덕으로 가을에 빨간 단풍이 아름답다.

가쓰라리큐 정원에서는 건물과 건물을 연결하고, 자연과 자연을 연결하기 위해 원로를 두고 다리를 두어 통행이 끊어지지 않도록 하고 있다. 원로는 부석과 비석(飛石 · 토비이시), 연단으로 처리하거나 모랫길(砂道 · 사도 · 스나미치), 흙길(土道 · 토도) 등으로 만들었는데, 특히 외요괘 전면의 연단은 일본정원 가운데서도 탁월함이 손꼽히는 곳이다. 포장이 끝나는 곳에 석등롱을 설치한 것은 유럽에서 직선원로가 끝나는 곳에 벽감(niche)을 두는 것과 같은 의미로 풀이된다.

계류에는 석교, 토교, 널다리(板橋 · 판교)를 놓았으며, 각양각색의 석등롱과 수수발(手水鉢 · 쵸즈바치) 같은 첨경물들을 곁들여서 정원을 꾸몄고, 심산유곡과 해변의 풍경을 멋지게 연출하였다. 이러한 작정기법이 곧 에도시대에 유행한 지천회유식 정원의 특징으로 정착되었다는 점에서 가쓰라리큐 정원의 우수성을 확인할 수 있다.

한편, 가쓰라리큐의 울타리인 가쓰라가키(桂垣 · 계원)는 예전에는 가쓰라가와 주변의 대나무 숲에서 자연적으로 자라는 솜대(淡竹·담죽)를 잘라 비스듬히 엮은 것이었으나, 지금은 왕대를 잘라 만든 대나무 울타리로 바뀌었다. 그러나 가쓰라가와 쪽의 담장은 여전히 솜대로 엮은 것이어서 예전의 정서를 조금은 엿볼 수 있다.

경역 내외부 경계에 설치한 가쓰라가키

가쓰라가와 쪽의 솜대로 엮은 가쓰라가키

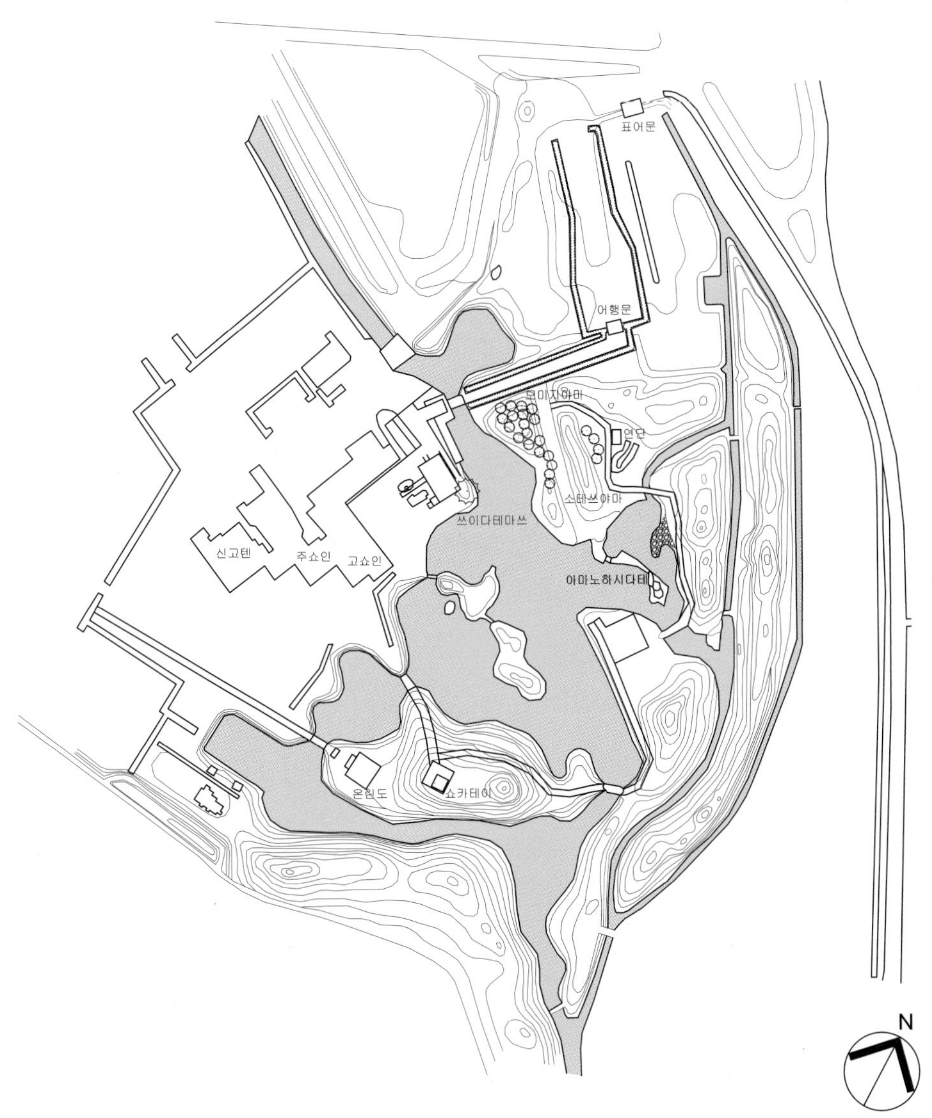

가쓰라리큐 정원 평면도

슈가쿠인리큐 정원

修學院離宮 庭園

에도시대 초기 | 하이궁, 중이궁: 지천회유식, 상이궁: 지천주유식 + 지천회유식 |
면적: 하이궁(4,390m^2), 중이궁(96,900m^2), 상이궁(45,900m^2) |
교토시 사쿄구 슈가쿠인 야부쵸 |

요쿠류치와 상부의 린운테이

슈가쿠인리큐(修學院離宮 · 수학원이궁)는 칸에이(寛永 · 관영) 6년(1629)에 천황의 위를 양위한 고미즈노오 상황(後水尾上皇 · 후수미상황:1596~1680)이 지은 별궁으로, 가쓰라리큐(桂離宮 · 계리궁)보다 30여 년 늦은 메이레키(明曆 · 명력) 원년(1655) 경부터 짓기 시작하여 만지(万治 · 만치) 2년(1659)에 완성되었다. 슈가쿠인(修學院 · 수학원)이라는 이름은 10세기 후반 이곳에 슈가쿠인이라는 사찰이 있었던 것에서 기인하는 것으로, 난보쿠쵸시대(1336~1392) 이후에 그 사찰은 없어졌으나 슈가쿠인무라(修學院村 · 수학원촌)라는 이름을 가진 마을이 남아 있어서 그 이름을 가져다 쓴 것으로 보인다.

슈가쿠인리큐를 별궁으로 짓기 전에 이곳은 고미즈노오 상황의 첫째 황녀 우메노미야(梅宮 · 매궁)가 불교에 귀의하여 지금의 나카리큐(中離宮 · 중이궁) 터에 엔쇼지(円照寺 · 원조사)라는 암자를 짓고 수행을 하던 곳이었다. 오래전부터 별장 터를 물색하던 상황은 엔쇼지를 야마토(大和 · 대화)지방의 야시마(八嶋 · 팔오)로 옮기고, 그의 구상에 따라 엔쇼지가 있던 터의 위쪽과 아래쪽에 두 개의 다옥(上の茶屋, 下の茶屋)을 건축하고, 동시에 정원도 만들었다. 일본 중앙문고(中央文庫 · 츄오분코)에서 펴낸 『후수미천황(後水尾天皇)』의 저자인 구마쿠라 이사오(雄倉功夫 · 웅창공부)는 슈가쿠인리큐 정원을 조영할 당시의 일화를 다음과 같이 술회한다. "슈가쿠인리큐의 정원은 일목일초(一木一草)에 이르기까지 고미즈노오 상황의 지시에 따라 작정되었다. 그는 흙으로 정원의 모형을 만들어 개량을 거듭했다고 하는데, 이러한 경우는 전례를 찾아보기 어려운 것이다." 이 말을 들어보면 고미즈노오 상황은 모형을 만들어 작정을 위한 디자인 아이디어를 실험하였다는 말인데, 당시에도 이러한 작업을 하였다는 것은 놀라운 일이 아닐 수 없다.

히에이잔(比叡山 · 비예산)의 산기슭에 지어진 슈가쿠인리큐는 카미(上 · 상), 나카(中 · 중), 시모(下 · 하)의 3개 이궁으로 이루어져 있으며, 그 면적은 주변의 산과 논밭을 합쳐 총 545,000m^2 이 넘는 규모라고 한다.

시모리큐(下離宮 · 하이궁)에는 창건 당시 최대의 건물이었던 완교쿠가쿠(彎曲閣 · 만곡각)가 있었지만 비교적 이른 시기에 소실되어 지금은 남쪽이 정원으로 둘러싸인 주게쓰칸(壽月觀 · 수월관)이 남아있을 뿐이다. 주게쓰칸 올라가는 길에는 상지와 하지로 구분된 못이 조성되어 있고, 그 사이에는 석교를 두어 통행이 가능하도록 하였다. 주게쓰칸 남쪽에는 나카리큐로부터 내려오는 야리미즈(遣水 · 견수)가 흐르고, 이 물길에 징검다리를 놓아 건너게 하였으며, 야리미즈 주변에는 석등롱을 배치하여 놓았다. 또한 화초와 수목으로 인해 사계절 변화하는 경관이 연출될 수 있도록 각양각색의 식물들을 도입하였는데, 소나무, 단풍나무 등의 교목과 수국이나 철쭉 같은 관목, 창포를 비롯한 다양한 수생식물들이 바로 그러한 역할을 잘 수행하고 있다.

나카리큐에는 라쿠시켄(樂只軒 · 낙지헌)과 객전이 있으며, 남쪽으로는 정원이 조성되어 있다. 시모리큐와 마찬가지로 이곳에도 못을 만들고 폭포와 다리를 설치하여 일본 특유의 경관을 연출하고 있으며, 못으로 물을 도수하는 야리미즈에는 징검다리를 두어 건너게 하였는데, 이렇게 징검다리를 놓아 물을 건너게 하는 것은 일본정원에서 볼 수 있는 특징적 경관 가운데 하나이다. 정원은 건물과 밀접하게 상관되도록 조성하여 건물 안에서 정원을 완상하기가 용이하도록 하였다. 나카리큐에도 시모리큐에 심은 것과 같은 다양한 식물들을 도입하여 사계절의 변화를 알 수 있도록 함은 물론 정원에 아취를 더하고 있다.

카미리큐(上離宮 · 상이궁)의 정원은 계곡물을 막아 조성한 요쿠류치(浴龍池 · 욕룡지)라는 이름의 못을 중심에 둔, 지천주유식과 회유식을 겸비한 정원이다. 이 요쿠류치를 한눈에 볼 수 있는 남동쪽 언덕에는 린운테이(隣雲亭 · 린운정)를 지었는데, 이곳에서 요쿠류치는 물론 멀리 교토의 경관이 한눈에 내려다보여 가히 교토의 조망점으로서의 기능을 겸비하고 있다. 요쿠류치의 중도에는 다실 큐스이테이(窮邃亭 · 궁수정)를 건축하여 못을 바라보면서 차를 마시고 담소를 나눌 수 있는 공간으로 활용하였다. 구마쿠라 이사오는 고미즈노오 상황이 카미리큐의 경관조성에 표현하고자 했던 디자인 주제는 보타락정토(補陀樂淨土)라고 단언한다. 이궁의 후면에 있는 히에이잔은 보타락산으로, 요쿠류치는 바다로 비유했다는 것이다. 보타락산은 관음보살이 주재하는 정토로 인도의 남쪽 바다에 떠 있다고 알려져 있다. 실제로 큐스이테이에 앉아 밖을 내다보면, 뒤로는 보타락산이 앞으로는 바다가 보이는 느낌을 받게 된다. 상황이 죽은 후 히에이잔 엔랴쿠지(延曆寺 · 연력사)의 천태좌주(天台座主)인 자신의 아들 손케이(尊敬 · 존경) 법친왕(法親王)이 슈가쿠인리큐를 맡아 사원으로 만든 것을 보면 상황은 이곳에서 생전에 품었던 그의

주게쓰칸 가는 길에 조성된 못

주게쓰칸 앞으로 흐르는 계류(야리미즈)

라쿠시켄 올라가는 길에 조성된 작은 정원

카미차야(상다옥) 린운테이에서 부감한 요쿠류치

요쿠류치에 조성한 두 섬을 잇는 지토세바시(천세교)

생각을 사후에 실천에 옮길 수 있었던 것으로 보인다.

요쿠류치는 뒷산에서 내려오는 계류를 둑으로 막아 물을 가둔 못으로 못 안에는 3개의 섬을 만들었으며, 지토세바시(千歲橋 · 천세교)로 연결되는 두 개의 섬은 용의 모양을 본떠서 조성하였다. 못 주위로는 원로를 조성하여 회유하면서 다양한 경관을 감상할 수 있도록 하였으며, 3개의 다리를 만들어 동선이 끊어지지 않도록 처리하였다. 큐스이테이가 있는 중도와 반쇼우(万松塽 · 만송오) 사이의 지토세바시는 절석을 조합하여 만든 2개의 교각 위에 하나의 돌로 상판을 만들고, 한쪽은 보형조(宝形造), 다른 한쪽은 기동조(寄棟造)의 정자형 건물을 올려놓은 특이한 형식의 다리이다. 일견 중국풍으로 보이기도 하나 한편으로는 슈가쿠인리큐의 특징적 경관을 연출하는 상징적 지표가 되기도 한다. 요쿠류치는 뱃놀이의 장소로도 이용되었으며, 못 안의 섬 이곳저곳에서는 음악회를 열거나 시가회(詩歌會)를 열기도 하여 실로 슈가쿠인리큐가 높은 신분의 사람들이 자연을 벗 삼아 예술을 즐기며 교제하는 살롱과 같은 장소였다는 것을 알려준다. 요쿠류치를 만들기 위해서 쌓은 흙둑에는 돌담을 4단으로 쌓아 둑을 보강하였는데, 그 돌담을 가리기 위하여 수십 종의 상록수를 심어 잘 다듬은 울타리가 있다. 이것을 오가리코미 엔테이(大刈込み堰堤)라고 하는데, 이것은 일본정원에서 흔히 볼 수 있는 생울타리조성기법을 응용하여 만든 것으로 멀리서 보면 하나의 푸른 성벽과 같은 느낌을 준다.

슈가쿠인리큐는 산기슭에 조성되었기 때문에 카미리큐와 시모리큐 사이의 높이 차이가 40m에 달하며, 크고 작은 폭포와 물살이 빠른 시냇물도 흐르고 있어 어느 곳에서나 물소리를 들을 수 있다. 오래전 논두렁이었던 곳에는 소나무를 열식하여 정취와 격조를 더하고 있으니, 작은 것 하나에도 신경을 쓴 작법에서 일본인들의 심성을 느낄 수 있다.

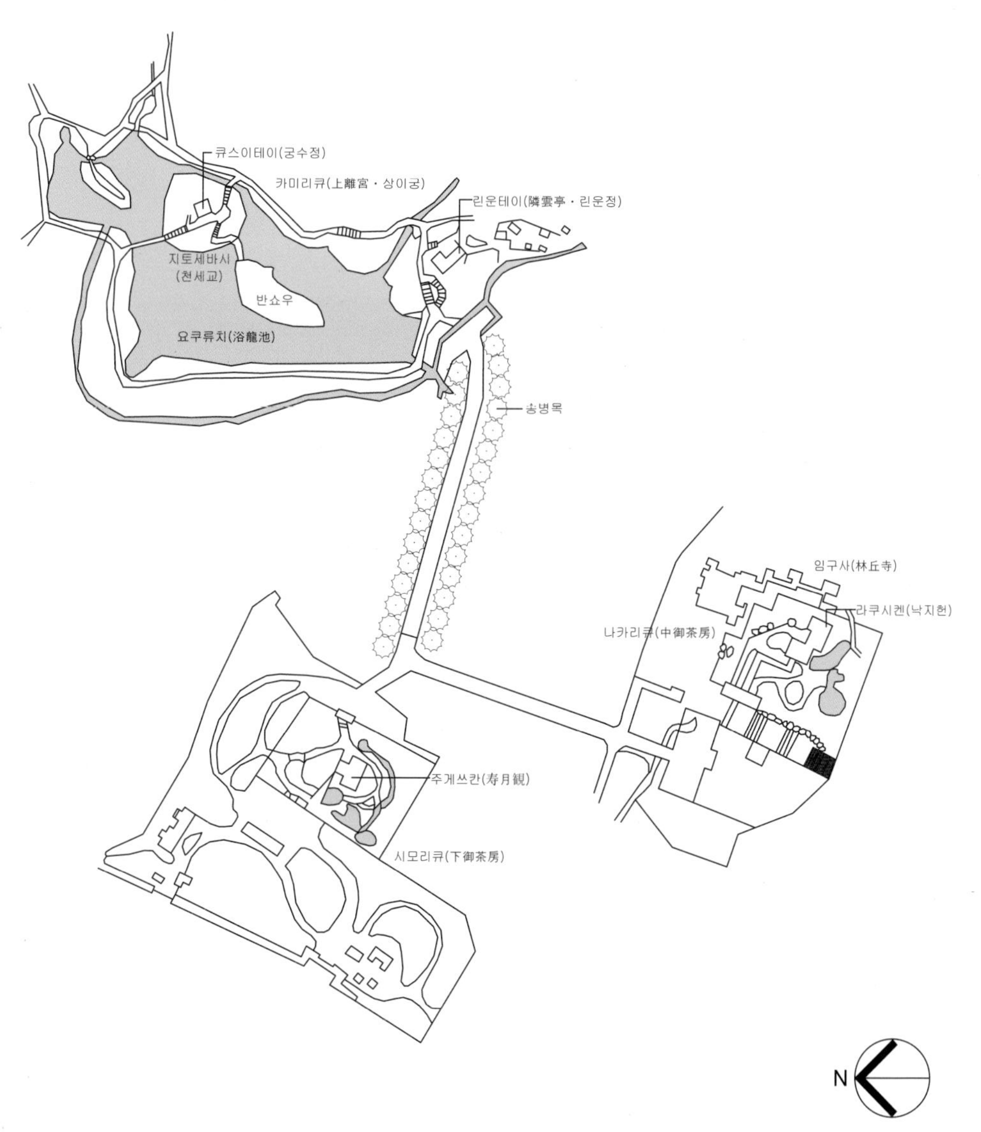

슈가쿠인리큐 정원 평면도

센토고쇼 정원
仙洞御所 庭園

에도시대 초기 | 지천주유식 + 지천회유식 | 면적: 49,140m^2
교토시 가미교구 교토교엔 내 |

남지 호안을 따라가며 포설된 스하마

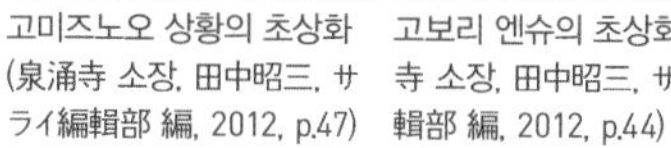

고미즈노오 상황의 초상화(泉涌寺 소장, 田中昭三, サライ編輯部 編, 2012, p.47)

고보리 엔슈의 초상화(頼久寺 소장, 田中昭三, サライ編輯部 編, 2012, p.44)

고보리 엔슈가 작정한 남지 동안의 직선호안

센토고쇼(仙洞御所 · 선동어소)는 천황의 위(位)를 메이쇼(明正 · 명정) 천황에게 물려준 고미즈노오(後水尾 · 후수미) 상황이 거처했던 곳으로 에도시대 초기인 칸에이(寛永 · 관영) 7년(1630)에 완성되었다. 센토고쇼 북쪽으로는 이것과 연결하여 황후인 도후쿠몬인(東北門院 · 동북문원)의 뇨인고쇼(女院御所 · 여원어소)를 함께 지었다. 센토고쇼는 본래 상황의 거처를 이르는 것으로 이것은 천황의 궁전처럼 일정한 장소가 정해지지는 않았고 반드시 지어야 하는 것도 아니지만 고미즈노오 상황이 거처한 이후 현재의 장소인 교토고쇼(京都御所 · 경도어소)의 남동쪽에 그 위치가 일정하게 정해지게 되었다. 센토고쇼는 고미즈노오 상황이 살아있을 때에 3번이나 소실되었으나, 그때마다 재건되었고, 이후 레이겐(霊元 · 영원), 나카미카도(中御門 · 중어문), 사쿠라마치(桜町 · 앵정), 고사쿠라마치(後桜町 · 후앵정), 고카쿠(光格 · 광격)로 이어지는 5대에 걸쳐 상황의 거처로 사용되었다.

센토고쇼는 가에이(嘉永 · 가영) 7년(1854)에 발생한 대화재로 교토고쇼와 함께 소실되었으나 당시 상황과 황태후가 존재하지 않았기 때문에 그 이후 재건되지 않았다. 이러한 연유로 현재의 센토고쇼에는 세이카테이(醒花亭 · 성화정)나 유신테이(又新亭 · 우신정) 같은 다옥 이외에 어전(御殿)에 해당하는 건물

남지 중도의 호안석조

홍예교

은 남아있지 않고, 동쪽에 남북으로 조성된 지천회유식 정원만이 남아있어 당시의 모습을 조금이나마 회상할 수 있을 뿐이다.

정원은 센토고쇼의 공사를 총괄했던 고보리 엔슈(小堀遠州 · 소굴원주)가 칸에이 7년(1630) 고쇼의 건축공사를 완공하고 난 직후에 작정한 것이다. 칸에이 13년(1636)경에 그린 지도(指圖)를 보면, 이 정원은 다듬은 돌로 두른 직선의 호안과 잔디밭으로 처리한 구릉 형태의 중도를 가진 지천주유식(池泉舟遊式) 정원이었다는 것을 알 수 있다. 그러나 100년 정도 지난 다음에 그려진 지도를 보면, 못이 대폭 확장되었고 대체로 현재의 모습에 가깝게 개수되었다는 것을 알 수 있다. 이렇게 못이 개수·확장되면서 고보리 엔슈가 만든 정원의 흔적은 남지(南池) 동쪽 호안의 일부에만 조금 남아있어 지금은 센토고쇼에서 고보리 엔슈의 작풍을 온전히 확인할 수 없는 실정이다. 현재 남아있는 유구를 통해서 고보리 엔슈의 작법을 살펴보면, 왕조풍의 잔디공간을 마련하고, 못의 호안을 대륙풍의 직선미와 곡선미가 공존하도록 처리하였으며, 호안에 절석(切石 · 깬 돌)과 경석을 조화롭게 배치하고 있어 옛 지도에 그려진 것과 거의 다르지 않다는 것을 알 수 있다. 왕조풍의 잔디공간은 헤이안시대의 정원을 생각하면서 만든 것이라고 하는데, 이것은 고보리 엔슈가 고전을 바탕으로 하는 새로운 창조를 작정의 기본적인 철학으로 삼았음을 보여주는 증거가 되기도 한다. 고보리 엔슈가 이 정원에 도입한 직선호안은 일본정원에서는 찾아보기 어려운 것으로 한국과 중국정원의 영향을 받은 것으로 보인다. 특히 임진왜란과 정유재란으로 한국을 침략한 일본무사들은 호안을 직선으로 처리한 조선시대 정원의 의장을 매우 특이하게 생각하여 흉내 낼 마음을 가졌을 수도 있어, 이러한 사실에 심증을 더하게 된다. 고보리 엔슈가 왜란이 있을 때 한국에 왔을 것이라는 얘기도 있지만, 확실하지는 않다.

센토고쇼 정원의 중심을 차지하는 원지는 모미지다니(紅葉谷 · 홍엽곡)의 수로를 경계로 북지(北池)와 남지(南池)로 양분된다. 북지는 본래 뇨인고쇼에 부속되었던 원지이며, 남지는 센토고쇼의 원지였는데, 1746년부터 1747년까지 수로공사를 하여 두 개의 원지를 연결하였다.

북지의 동쪽에 있는 중도는 서쪽에서 바라볼 때, 풍경이 입체적으로 보이며, 맞은편 못가의 나무 위로 희미하게 보이는 보랏빛의 히가시야마(東山 ·

야쓰하시교

동산) 산봉우리가 정원 안에 있는 듯한 착각을 일으키게 만든다. 소위 차경기법을 동원한 것으로 이러한 기법은 에도시대 정원에서 발견할 수 있는 하나의 특징적인 작정기법이라고 할 수 있겠다. 사실상 차경기법이라는 것은 한·중·일 동양 삼국에서는 공통적으로 정원에 적용했던 작법이었다. 그러나 일본정원에 도입한 차경기법은 우리나라 정원의 그것과는 달리 주변의 산이나 경물들을 정원 그 자체로 생각했다. 이것은 우리나라 정원이 주변의 산이나 경물들을 단순히 정원의 배경으로 삼았던 것과는 다른 것이다.

북지 북동쪽에는 로쿠마이바시(六枚橋 · 육매교)가 있고 그 왼편으로 아코세가후치(阿古瀨淵 · 아고뢰연)라고 부르는 작은 못이 하나있다. 로쿠마이바시를 건너 호안을 따라 난 원로를 동쪽으로 걸어가면 왼편으로 신사의 주홍색 담이 보이고, 다시 조금 더 걸으면 모미지야마(紅葉山 · 홍엽산)와 북지와 남지를 연결하는 수로가 나타난다. 수로는 모미지바시(紅葉橋 · 홍엽교)를 통해서 연결된다.

남지에는 한가운데 2개의 섬을 조영하였다. 그중 한 섬에는 서쪽 못가에

오다키 폭포와 호안석조

등나무 시렁으로 덮인 야쓰하시교(八ツ橋)가 놓여있고, 섬과 섬 사이가 짧은 돌다리로 연결되어 있으며, 동쪽 호안으로 연결되는 홍예교가 있다. 예전에는 홍예교를 건너면 다키도노(瀧殿·농전), 쓰리도노(釣殿·조전), 간스이테이(鑑水亭·감수정) 등의 건물이 있었다고 하나 지금은 소실되고 없어 빈약한 공간감을 보인다. 한편, 모미지야마 아래에는 시원한 물줄기를 자랑하는 오다키(雄滝·웅롱)라는 이름의 폭포가 있다. 폭이 80cm, 높이가 180cm인 이 폭포의 조성기법은 일본정원에서 볼 수 있는 중요한 작정술 가운데 하나이다.

남지의 서쪽 호안에는 비슷한 크기의 옥돌 111,000개를 가지고 만든 스하마(洲浜·주빈)가 못 주변은 물론, 못 속에 이르기까지 완만한 경사로 조성되어 있다. 이 스하마는 일본정원 가운데에서도 가장 규모가 크고, 상태도 잘 보존되어 있어서 스하마의 전형을 볼 수 있는 사례로 손꼽힌다. 전해오는 이야기로는 이 돌 한 개를 가져오면 쌀 한 되를 대가로 지불하였다고 하여 일승석(一升石)이라는 별명을 가지고 있다고 한다. 남지 남쪽에 있는 세이

남지의 지중도와 호안 가까이에 지은 세이카테이

카테이는 남지를 관망할 수 있는 좋은 장소에 지어져 있는데, 지금은 소실된 시시사이(止止齋·지지재), 간스이테이 다실과 더불어 이 정원에 조성한 3개 다실 가운데 하나이다.

센토고쇼에는 센토십경(仙洞十景)이 전해진다. 센토십경은 엔쿄(延享·연향) 4년(1747), 27세의 나이로 센토고쇼에 물러 앉은 사쿠라마치 상황이 같은 해 가인(歌人) 레이제이 타메무라(冷泉爲村·냉천위촌)에게 명하여 사계절의 풍경을 보고 10가지의 경승을 선정하라고 해서 정해진 것으로 센토십경을 보면 센토고쇼가 얼마나 낭만적인 풍경의 장(場)이었는지 알 수 있다.

세이카테이의 벚꽃: 세이카테이의 못 서안에 있는 봄을 알리는 벚꽃

옛 못(古池)의 야마부키(山蕗·산로): 깊은 봄(晩春) 아코세가후치에서 외겹으로 피는 황매화(山吹·산취)

쥬잔(寿山·수산)의 소묘(早苗·조묘): 쥬잔 어다옥에서 보이는 어전(御田)에서 모내기를 하는 풍경

쓰리도노의 반딧불(飛蛍·비형): 봉래도에 자리잡은 조전에서 보이는 반딧불

유센타이(悠然台·유연대)의 달: 유센타이에서 보이는 히가시야마의 보름달

다키도노의 단풍: 봉래도에 있는 다키도노에서 관상하는 단풍

카야부키(茅葺·모즙)의 지나가는 비(時雨·시우): 지나가는 비에 젖은 지어다옥(芝御茶屋)

시시사이의 눈: 유신테이 부지에 있던 다옥인 시시사이로부터 보는 설경

간스이(鑑水·감수)의 노을: 남지의 동안에 있던 다옥인 간스이테이에서 바라다 보이는 저녁놀

신사(神社)의 등불: 원로에서 넘겨다보이는 숲속, 진수사(鎮守社)의 반짝이는 등불

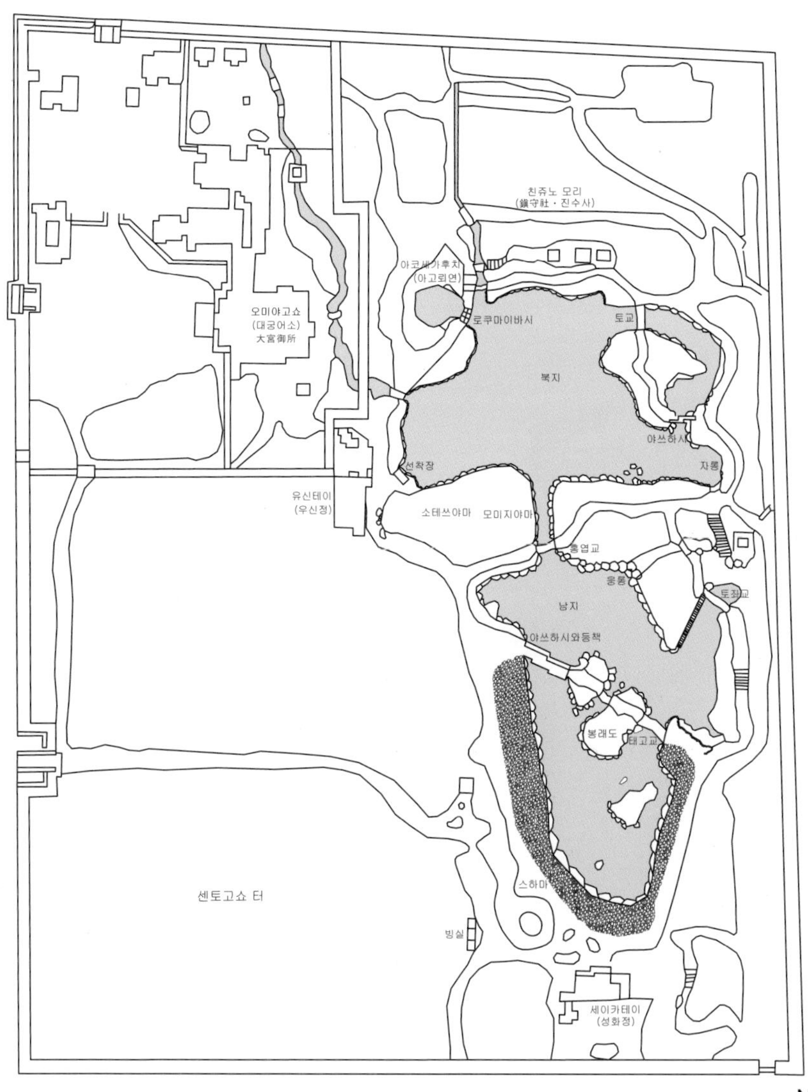

친쥬노 모리
(鎭守社 · 진수사)
아코세가후치
(아고뢰연)
로쿠마이바시
토교
오미야고쇼
(대궁어소)
大宮御所
북지
야쓰하시
선착장
유신테이
(우신정)
소테쓰야마
모미지야마
홍엽교
남지
토좌교
야쓰하시와등책
봉래도
태고교
스하마
빙실
센토고쇼 터
세이카테이
(성화정)

N

센토고쇼 평면도

교토고쇼 정원
京都御所 庭園

에도시대 초기 | 지천주유식 + 지천회유식 | 면적: 지천정원(8,000m^2), 내정(6,900m^2)
교토시 가미교구 교토교엔 내 |

교토고쇼의 지천정원 전경

중도인 봉래도와 남북으로 걸린 2개의 다리

교토고쇼(京都御所 · 경도어소)가 지금의 자리에 위치하게 된 것은 오닌의 난(応仁の乱 · 응인의 난)이 끝난 분메이(文明 · 문명) 11년(1479)에 고쓰치미카도 천황(後土御門天皇 · 후토어문천황:1442~1500)이 이곳을 임시 어소로 사용하면서부터이다. 에이로쿠(永禄 · 영록) 11년(1568) 오다 노부나가(織田信長 · 직전신장:1534~1582)는 화재로 소실된 정궁을 재건하지 않고, 지금의 자리에 새로 궁을 지어 어소로 삼았는데, 이때 헤이안쿄(平安京 · 평안경)를 건설하면서 설정하였던 황궁의 중심축선이 중심에서부터 동쪽으로 벗어나고 말았다. 그 후 도요토미 히데요시(豊臣秀吉 · 풍신수길)는 오기마치 천황(正親町天皇 · 정친정천황:1517~1593)을 위해 이곳에 어소를 새로 짓고 덴쇼(天正 · 천정) 13년(1585)에 완성하였다. 이때 어소의 규모는 고작 120m 사방에 불과했으니, 그때까지만 해도 이곳은 정궁이 아니라 임시로 사용하는 어궁 정도로 생각되었던 모양이다.

어소를 확장하고 오늘날의 규모로 축조한 사람은 도쿠가와 이에야스(徳川家康 · 덕천가강)로, 그는 게이초(慶長 · 경장) 11년(1606)에 어소에 대한 대대적인 공사에 착수하였다. 이때의 공사 총감독은 이타쿠라 가쓰시게(板倉勝重 · 판창승중)였고, 고보리 엔슈(小堀遠州 · 소굴원주)도 이 공사에 참여하였다고 한다. 그 이후 간에이(寛永 · 관영) 17년(1630)에는 다시 엔슈가 총감독으로 임명되어 어소에 대한 공사를 계속하게 되는데, 엔슈는 그때까지의 평면계획을 수정하여 건물을 중심축선에서 서측으로 밀어내 예전 헤이안쿄의 도시 질서를 회복하려고 했고, 그 결과 넓게 비워진 동측 공간에 정원을 조성하게 된다. 이때 엔슈는 죠고텐(常御殿 · 상어전) 전면에는 역동적으로 생긴 정원석을 배치한 고산수양식의 정원을 만들었고, 그 이외의 공간에는 화려한 곡지(曲池)와 유수(流水)가 있는 정원을 조성하였다. 엔슈가 만든 이 정원은 조오(承応 · 승응) 2년(1653)부터 가에이(嘉永 · 가영) 7년(1854)까지 6차례의 화재로 인해 소실되는 불행을 겪게 된다. 그 후 지천정원이 현재와 같은 모습으로 바뀐 것은 엔포(延宝 · 연보) 4년(1676)에 다시 정원이 소실되면서 재차 조성된 결과이다.

교토고쇼 안에는 시신덴(紫宸殿 · 자신전)의 남정, 세이료덴(清涼殿 · 청량전)의 동정, 하기쓰보(萩壺 · 추호)와 히기요시야(飛香舍 · 비향사)의 정원과 같은 여러 개의 정원이 있는데, 교토고쇼의 정원이라고 하면 고고쇼(小御所 · 소어소)의 오이케니와(御池庭 · 어지정)와 그 안쪽에 있는 내정을 말하는 것이다. 고고쇼는 동궁의 관례(元服 · 원복)와 태자 즉위식(入太子 · 입태자)과 같은 의식과 쇼군이나 다이묘들을 알현하는 어전에 해당된다. 이 고고쇼 앞에는 못을 두었는데, 못 안에 3개의 섬을 배치하여 예의 삼선도를 상징하도록 하였다. 3개의 섬이란 중앙의 봉래도와 남도 그리고 북도로, 남도에는 게야키하시(欅橋 · 규교)와 야쓰하시(八ッ橋 · 팔교), 북도에는 란칸석교(欄干石橋 · 난간석교)와 이치마이석교(一枚石橋 · 일매석교)를 놓아 정원을 회유할 수 있도록 하였다.

고고쇼 정면의 호안에는 못에 옥석을 사용하여 스하마를 조성하였으니, 이러한 작법은 센토고쇼(仙洞御所 · 선동어소)에서도 볼 수 있는 것이다. 그런

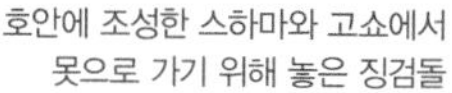
호안에 조성한 스하마와 고쇼에서
못으로 가기 위해 놓은 징검돌

계륫가의 석조, 스하마, 석교

데 센토고쇼의 옥석이 모두 균일한 난석인데 비해 이곳의 옥석은 형태와 크기가 불규칙한 것으로 재료의 사용에 따라 어떤 경관적 차이가 있는지를 잘 보여준다. 혹자는 불규칙한 옥석을 깔아놓은 이곳의 스하마가 센토고쇼의 그것보다 더 자연스럽다고 얘기하기도 하지만 균정한 이미지를 주는 데는 부족함이 없지 않다. 특이한 것은 이곳의 스하마 중앙부에는 징검돌(飛石·토비이시)을 깔아놓아 선착장으로 가는 동선으로 쓸 수 있도록 한 것이다. 징검돌 끝에는 절석을 두 장 어긋나게 놓아 선착장의 기능을 하도록 하였는데, 스하마에 놓은 징검돌은 변화가 없이 균질한 스하마의 동질성에 변화를 주는 하나의 요인으로 작용하고 있다. 한편, 봉래도의 동쪽 호안과 북도의 북쪽 호안에는 폭포를 설치하여 물이 떨어지는 풍경을 감상할 수 있도록 하였다. 중도와 호안 등에 만든 석조가 참으로 튼튼하게 보이는 것도 이 정원의 특징이라고 할 수 있으니, 석조 하나하나를 살피는 여유를 가져보면 좋겠다.

내정은 전체적으로 계류가 중심인 정원으로 일명 '나가레노니와(流れの庭·흐름의 정)'라고 부른다. 천황이 일상적인 업무를 보는 죠고텐 앞에는 폭이

넓은 계류가 있다. 이 계류 바닥에는 율석(밤돌)을 깔아 청징한 흐름이 연출되도록 하였고 계류 주변에는 큰 돌을 이용하여 조성한 석조와 계류를 따라 포설한 스하마가 있어 깊은 계곡의 계류를 연상하도록 하였다. 이곳에는 동굴 같은 석조와 몇 가지 유형의 석교가 볼만하다. 오스즈이쇼(御涼所·어량소)는 여름에 주로 사용하는 어전으로 얕은 못에 중도를 만들고 이 중도에서 세 방향으로 석교를 설치해 놓아 이 정원을 용천(龍泉)의 정이라고도 한다. 쵸세쓰(聽雪·청설)는 타카아키(孝明·효명) 천황비가 쓰던 다실로 이곳에서는 계류가 흐르는 것을 볼 수 있는데 '눈 오는 소리'를 듣는 다실이라는 뜻이니 그들의 상상력은 끝이 없다. 또한 도랑(渡廊) 밑으로 구불구불 흐르는 계류를 두어 내려다볼 수 있게 하였다. 이러한 여러 가지 내용으로 볼 때, 내정은 전반적으로 여름을 보내기 위해 시원함을 주조로 하는 개념을 가지고 작정되던 것임을 알 수 있다.

독특한 의장의 울타리

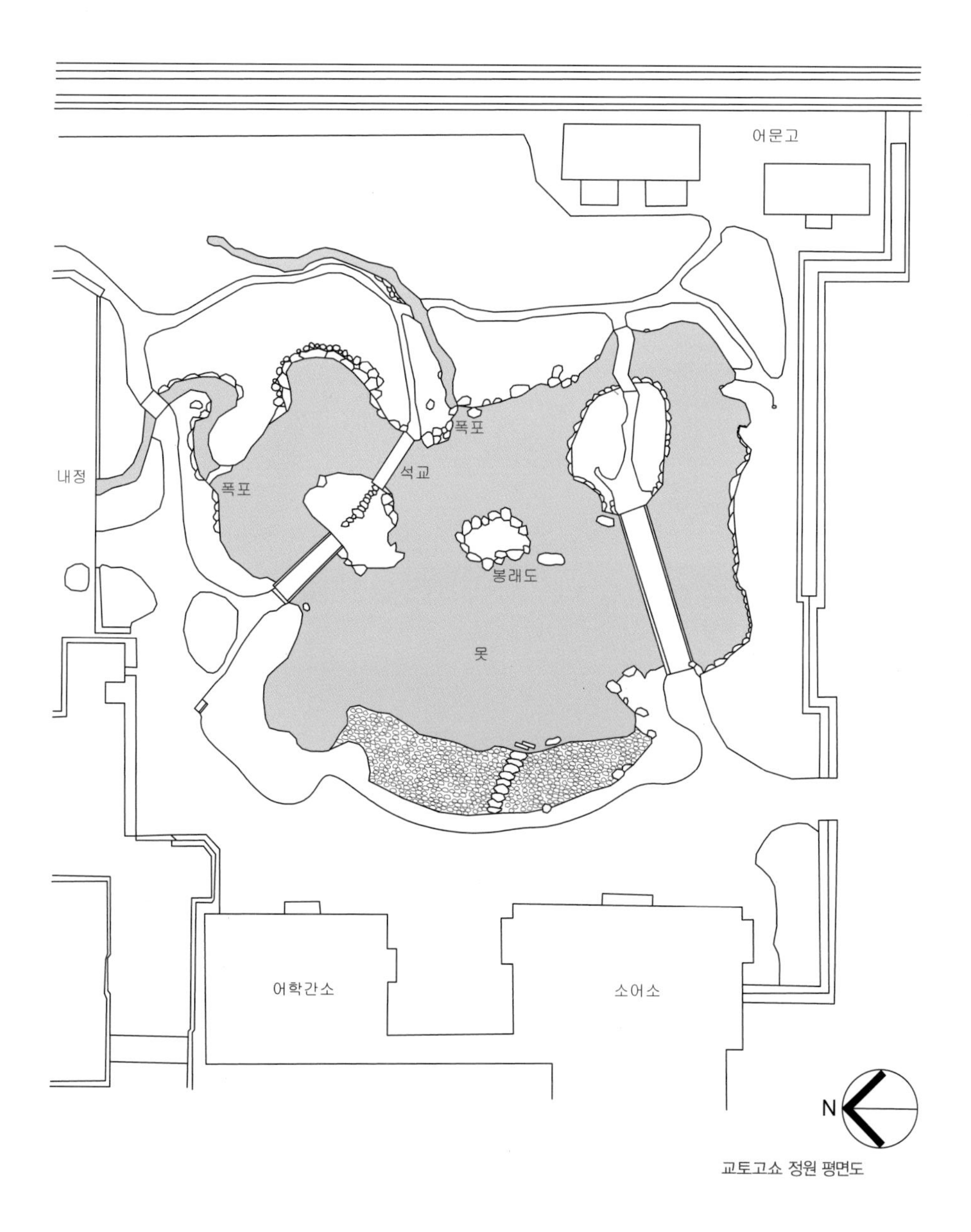

교토고쇼 정원 평면도

난젠지 방장정원
南禪寺 方丈庭園

에도시대 초기 | 고산수식 | 면적: 420m^2
교토시 사쿄구 난젠지 후쿠치쵸 | 국가지정 명승

방장정원 전경

난젠지(南禪寺·남선사)가 지어진 땅은 고안(弘安·홍안) 연간(1278~1288)에 가메야마(亀山·구산) 상황이 이궁을 조영했던 곳으로 이 땅을 다이묘 국사(大明國師·대명국사)에게 하사하여 선찰인 난젠지가 개산된다. 이 절은 교토 5산 가운데 수사찰(首寺刹)로, 때로는 별격(別格) 제1위의 사찰로 자리를 지켰는데, 그러한 격에 걸맞도록 가람은 장대하기가 이루 말할 수가 없을 정도였다고 한다. 그러나 안타깝게도 오닌의 난(応仁の乱·응인의 난)에 전소되어 당시의 모습을 다시는 볼 수가 없게 되었다.

게이초(慶長·경장) 10년(1605), 곤치인(金地院·금지원) 스덴(崇伝·숭전:1569~1633)이 난젠지에 주석하면서 이 절은 다시 부흥을 맞이하게 된다. 스덴이 주석한 다음 해에 도요토미 히데요리(風臣秀頼·풍신수뢰)로부터 시주를 받아 법당을 새로 짓고, 게이초 16년(1701)에는 뇨인고쇼(女院御所·여원어소)의 오타이멘쇼(御対面所·어대면소)를 조정으로부터 하사받아 방장건물로 옮겨지었다. 고쇼를 이축하여 방장으로 쓸 수 있게 된 것은 순전히 스덴의 노력에 따른 것이었다. 건물의 이축은 사이가쿠 겐료(最岳元良·최악원량)가 지휘를 맡아 절의 스님들이 총동원되어 수작업으로 진행되었다고 전해진다.

방장의 정원은 건물을 이축한 후 고보리 엔슈(小堀遠州·소굴원주)의 설계로 조성되었다. 고보리 엔슈는 정원을 고산수양식으로 조성하였는데, 당시의 전통적인 고산수양식과는 달리 돌과 이끼 그리고 수목이 조화를 이루는 새로운 고산수양식을 적용하였다. 정원에 쓸 돌 가운데에는 무려 10톤에 달하는 돌이 있어 담장을 만들기 전에 반입하기 위해서 서둘러 공사를 진행하였다고 한다. 담장 역시 뇨인고쇼에 있던 담장을 이축하였다.

방장 전면에 조성된 정원은 백사를 넓게 포설한 공간 후면부에 이끼와 수목 그리고 돌 6개가 담장을 배경으로 배치되는 간소한 형식을 취하고 있다. 이 정원은 어미 호랑이와 새끼 호랑이가 물을 건너는 설화를 모티프로

방장 전면 공간에 조성한 고산수정원의 어미 호랑이 돌

호랑이 가족이 물을 건너는 모습

하여 조성되었다고 전해지는데, 그렇다면 맨 앞에 있는 10톤 가까운 큰 돌이 어미 호랑이일 것이고, 나머지 다섯이 새끼 호랑이가 될 것이다. 그러나 중국의 '호랑이가족 물 건너기' 우화에 등장하는 호랑이의 숫자는 어미를 포함해서 모두 4마리뿐이어서 중국의 우화와는 차이가 있다. 따라서 이 정원에 도입된 돌 6개는 우화를 그대로 옮겨놓은 것이 아니라 보다 발전적으로 상상한 결과인 것으로 보인다. 사중에서는 이 '6'이라는 숫자를 선문답적 개념으로 풀이하여 4마리가 6마리가 된 것은 말로 설명하기 어려운 선적 의미라고 설명하기도 한다. 한편으로는 법수의 개념으로 풀이하기도 하는데, 6개의 돌을 6바라밀을 상징하는 것으로 풀이하여, 보시(布施), 지계(持戒), 인욕(忍辱), 정진(精進), 선정(禪定), 부동지(不動智)로 보거나 혹은 공덕(功德), 운심(運心), 권선(勸善), 선정(禪定), 입성(入聖), 부동지(不動智)로 보기도 한다.

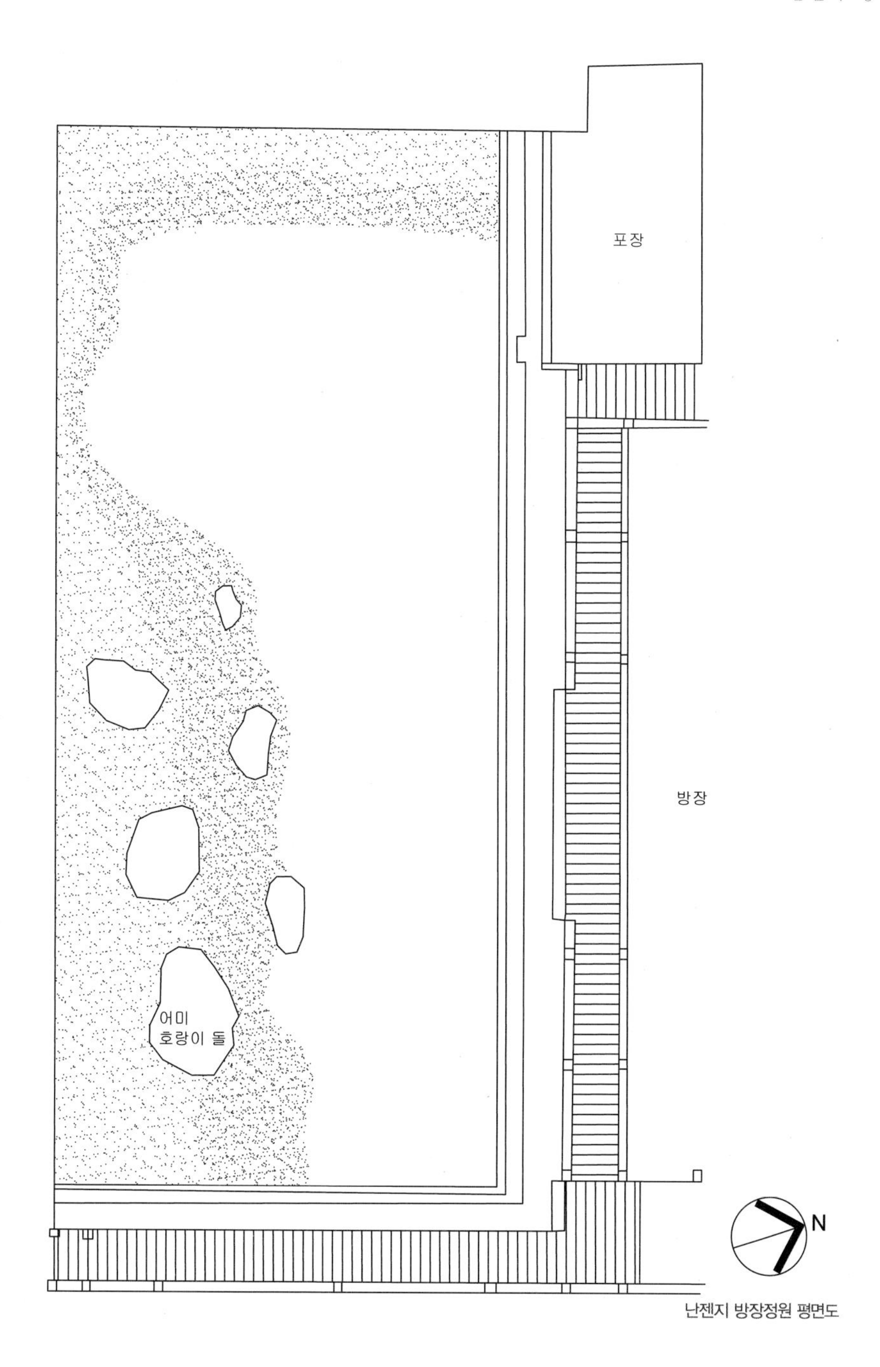

난젠지 방장정원 평면도

곤치인 정원
金地院 庭園

에도시대 초기 | 고산수식 |
교토시 사쿄구 난젠지 후쿠치초 86-12 | 국가지정 특별명승

학구정원 전경(오른편이 학도, 왼편이 구도, 중앙에는 배례석과 봉래연산석조)

곤치인(金地院 · 금지원)은 오에이(応永 · 응영) 연간(1394~1428)에 아시카가(足利 · 족리) 4대 쇼군인 요시모치(義持 · 의지)가 라쿠호쿠(洛北 · 낙북)의 다카미네(鷹峯 · 응봉)에 창건한 사찰이다. 그 후 이 절은 이신 스덴(以心崇伝 · 이심숭전:1569~1633)이 자신의 탑두(塔頭)로 삼기 위해 난젠지(南禅寺 · 남선사)로 이건하면서 재흥(再興)되었다. 이신 스덴은 도쿠가와(德川 · 덕천) 쇼군가의 깊은 신임을 얻었던 임제종 스님으로 곤치인 스덴(金地院 崇伝 · 금지원 숭전)이라고도 부른다. 그는 게이초(慶長 · 경장) 10년(1605)에 난젠지에 들어와 구로마타 레잔(玄圃靈三 · 현포영삼)을 스승으로 모시고, 야스 도쿠린으로부터 불법을 이어받았으며, 칸에이(寛永 · 관영) 3년(1626)에는 50세의 나이로 모토미츠 국사(本光國師 · 본광국사)의 호를 받았다.

정원은 스덴의 의뢰를 받은 고보리 엔슈(小堀遠州 · 소굴원주)의 설계에 의해서 칸에이 9년(1632) 4월 18일에 착공하였고, 대강 1개월 정도 걸려서 마무리되었다. 정원의 주제는 도쿠가와 가문의 영원한 번영을 축수(祝壽)하는데 두었고, 그러한 까닭에 정원은 전형적인 신선봉래사상을 반영한 의장을 갖추게 된다. 엔슈는 정원이 완성될 때까지 현장에서 직접 공사를 지휘하였다고 하며 정원공사의 감독은 휘하의 무라세 사죠(村瀬左助 · 촌뢰좌조)가, 시공은 작정가 겐테이(賢庭 · 현정)가 맡아 진행하였다. 당시 엔슈는 에도성 서환(西丸)의 정원과 센토고쇼(仙洞御所 · 선동어소)의 작정으로 매우 바쁜 나날을 보내고 있었는데, 곤치인 정원의 조성을 위해 본인을 대신하여 무라세 사스케(村瀬左介 · 촌뢰좌개)를 보냈다는 기록이 남아있는 것을 보면, 곤치인 정원에 대한 그의 열정과 도쿠가와에 대한 충성심을 엿볼 수 있다.

스덴의 『본광국사일기(本光國師日記)』에는 엔슈와 스덴의 교류나 정원에 놓을 돌의 주문과 납품에 관련된 여러 가지 사실들이 기록되어 있다. 이것은 곤치인 정원의 작정에 고보리 엔슈가 밀접하게 관여했다는 증거라고 할 수 있겠다. 이 일기에는 고보리 엔슈가 정원공사를 착공하는 날 정원에 큰 돌 3개를 놓았다는 얘기까지도 적혀있는데, 이 돌은 아마도 학도의 부리석이나 배례석(拜礼石)이었던 것으로 보인다. 정원에 쓰인 돌들은 대부분 이케다(池田 · 지전)가와 아사(浅野 · 천야)가로부터 기증받았다고 한다.

곤치인 정원은 방장의 남측 전면공간에 자리를 잡았다. 그것은 이 정원이 도쿠가와 이에야스의 사당인 도쇼구(東照宮 · 동조궁)를 위해서 작정된 것임을 보여주는 결정적인 증거가 된다. 정원의 중심은 건물의 중심축선상에 배치한 대단히 큰 장방형 배례석이며, 그것을 기준으로 동측과 서측에 각각 축산과 석조로 구성한 구도와 학도를 배치하고, 배례석 후면에는 봉래석조를 꾸몄다. 고산수정원의 배경에는 사즈끼철쭉을 강전정(大刈込 · 대찰입:오카리코미)하여 전면부의 정원이 강조되도록 하였다. 배례석은 후면부에 있는 도쇼구에 대한 예배를 위해 놓은 것으로 '금지원경내지도(金地院境內地圖)'를 보면 작정 당시에는 지금과 같이 나무가 많지 않아 도쇼구를 바라보면서 예배를 할 수 있었던 것으로 보인다.

학도의 석조에 사용한 부리석은 길이가 2간(間), 폭이 4척(尺), 높이가 2척이나 되는 큰 돌로 이 돌은 소 17마리가 운반하였다고 한다. 학도의 중심에는 삼존석의 날개돌(羽石 · 우석)을 배치하였으며, 소나무를 심어 장식하였다. 구도 역시 큰 돌을 사용하여 구두석(龜頭石)으로 삼았는데, 중앙에는 줄기가 휘어진 향나무(柏槇 · 백전)가 심어져있다. 작정기법이나 재료 측면에서 볼 때 학구봉래(鶴龜蓬萊)를 연출한 일본의 고산수정원 가운데에서는 단연 최고의 정원이라고 할 수 있다.

에도시대 후기의 『도림천명승도회(都林泉名勝図会)』에 그려진 그림을 보면 고산수의 주요부는 현재와 동일하지만, 당문(唐門 · 가라몬)이 고산수 동단에 있는 구도의 북동쪽에 있으며, 고산수의 서쪽에는 못이 있고, 그 너머에는 개산당이 당문 쪽을 바라보며 배치되어 있어 지금의 모습과는 차이가 있다. 이러한 배치는 방장건물의 중심을 남쪽으로 연장한 주축선과 이 주축선에 직교하는 부축선의 교차점에 배례석을 두고 다시 부축선의 동서 말단부에 건물을 두는 구조이다. 이러한 형식은 엔슈가 정원에 적용한 기하학적인 작법을 잘 보여주는 것이다.

『도림천명승도회(都林泉名勝図会)』에 그려진 곤치인에 대한 내용은 칸에이 10년(1633)에 그려진 '금지원경내지도(金地院境内地圖)'에서도 동일하게 나타난다. 이 그림에는 '경내평수병제건물지회도(境内坪数並諸建物之会図)'라는 표제가

칸에이 10년에 그려진 '금지원경내지도'(일부) (출처: 田中昭三·サライ編輯部 編, 2012, p.76)

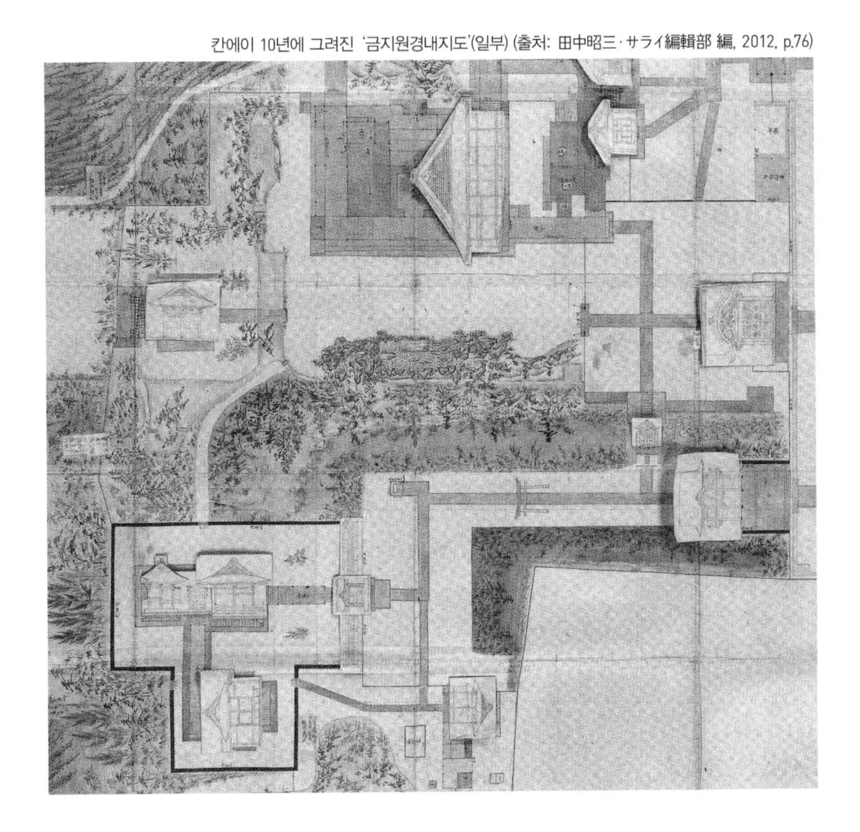

붙어 있으며 비교적 상세하게 당시의 건물과 정원의 모습을 그리고 있어 에도시대 곤치인의 제 모습을 살필 수 있다. 그림은 평면도와 입면도를 동시에 표현하는 형식으로 그렸으며, 물은 수색(水色)으로, 나무나 풀은 녹색(綠色)으로 그렸고, 건물은 입면 형태를 명확하게 그려 사실적으로 묘사하고 있다. 그림에서 보이는 위쪽의 건물이 방장이고, 오른쪽 중앙의 어성문(御成門)과 마주보는 건물이 개산당(開山堂)이며, 아래쪽 왼편의 건물이 도쇼구(東照宮)이다.

배례석과 후면부의 봉래연산석조(蓬萊蓮山石組)

학도(왼편에 튀어나온 돌이 학의 머리인 학두석이고 가운데 세운 돌이 날개돌인 우석)

구도(오른편에 튀어나온 돌이 구두석, 가운데 심어진 백전(柏槇)은 선을 상징하는 나무)

도쇼구

곤치인 정원 평면도

쇼덴지 정원
正伝寺 庭園

에도시대 초기 | 고산수식 | 면적: 363m^2
교토시 기타구 니시가모 기타 친주안초 72 |

쇼덴지 정원 전경

쇼덴지(正伝寺·정전사)는 고초(弘長·홍장) 원년(1261)에 내조승(来朝僧) 곳탄 후네이(兀庵普寧·올암보령) 선사가 교토 이마데가와(今出川·금출천)에 창건하였으나, 얼마 지나지 않은 분에이(文永·문영) 5년에 후네이의 법을 이은 도간 에안(東巖惠安·동암혜안)이 지금의 자리로 옮겼다고 한다. 에안은 겐코(元寇·원구)의 난 때 교토 야하타(八幡·팔번)에 위치한 신사(神社) 이와시미즈 하치만구(石清水八幡宮·석청수팔번궁)에서 겐코 항복을 위한 기원제를 지냈다. 그러한 연유로 에안은 가메야마(亀山·구산) 천황으로부터 호국(護国)의 칙호(勅号)를 하사받았으며, 다이고(醍醐·제호) 천황으로부터는 겐코(元亨·원형) 3년(1323)에 칙원소를, 아시카가 요시미츠(足利義満·족리의만)에게서도 기원소를 하사받았다. 오닌(応仁·응인)의 난 후에는 히데요시(秀吉·수길), 이에야스(家康·가강)로부터 주인장(朱印状)을 받아 105석의 사령(寺領)을 누리게 되었으니 에안이 쇼덴지에 주석하게 되면서 쇼덴지의 사세가 일순 확장될 수 있었던 것으로 보아야 한다.

쇼덴지는 조오(承応·승응) 2년(1653), 후시미죠(伏見城·복견성)의 어전을 방장 건물로 쓰기 위해 이축한다. 이 건물은 곤치인(金地院·금지원)으로 이전하였던 것이나 쇼덴지에서 곤치인으로 2만금을 헌납하여 다시 이곳으로 옮기게 된 것이다. 정원도 어전을 옮기고 나서 연이어 조성된 것이라고 한다.

쇼덴지의 정원은 고보리 엔슈(小堀遠州·소굴원주)의 작품이라고 전해지는데, 방장 전면공간에 왕모래를 포설한 후 돌 대신에 강전정한 사즈끼철쭉을 서측으로부터 7주, 5주, 3주 군식한 것이 전부인, 그야말로 단순명징(單純明澄)한 의장으로 작정되었다. 속설에 의하면 돌 대신 사즈끼철쭉을 심어 고산수정원을 만든 것은 산위에 있는 돌을 운반하기가 불가능하여 어쩔 수 없이 그렇게 되었다고 한다. 그러나 이 정원이 엔슈의 작품이 맞다면 정원에 돌을 쓰지 않은 것은 의도적이었던 것으로 봐야 한다. 그것은 고보리 엔슈의 작법이 당시 유행하던 돌과 왕모래를 사용한 고산수양식에서 벗어나 돌과 식물을 혼합하는 작법을 적용하고 있었기 때문이다. 그런데 이 정원에서는 돌조차 쓰지 않고 식물만을 소재로 하여 정원을 만들었으니, 쇼덴지의 정원은 엔슈의 고산수작법 가운데에서도 가장 상징성이 높은 작품으로 봐야 할 것이다.

정원에는 사즈끼철쭉을 오른쪽으로부터 7주, 5주, 3주를 심어 7·5·3이라는 숫자를 표현하였는데, 이것은 사자 가족이 물을 건너는 모양을 상징적으로 표현한 것이다. 난젠지(南禪寺·남선사) 본방(本方·혼보)의 방장전면에 조성한 석정에서 6개의 돌을 사용하여 호랑이 가족이 물을 건너는 장면을 연출한 것과 같은 개념이다.

한편 담장 너머 저 멀리에 있는 히에이잔(比叡山·비예산)의 봉우리를 차경하여 정원의 중간에 들어오도록 한 것 또한 이 정원에서 찾을 수 있는 탁월한 작법이라고 할 수 있겠다. 쇼덴지의 히에이잔 차경은 작은 정원을 일순간에 히에이잔을 담을 정도의 규모로 확장시킨 최고의 수준이다. 정원에서 활용한 차경기법은 에도시대에 조성된 정원에서 흔히 볼 수 있는 작법으로, 교토의 정원에서는 히에이잔, 아타코야마(愛宕山·애탕산), 히가시야마(東山·동산), 오토코야마(男山·남산)가 차경의 대상으로 중요하게 취급되었다. 그리고 교토에서 히에이잔을 이렇게 분명하고 뚜렷하게 차경한 사찰은 아마도 쇼덴지가 으뜸일 것이다. 더구나 히에이잔에 대한 차경을 위해 담장 밖의 수양벚나무, 소나무, 단풍나무 등을 좌우로 비켜 심은 것은 이 정원의 완성도를 보여주는 중요한 작법이다.

또 한 가지 이 정원에서 놓치지 말아야 할 것은 정원 우측(서측)의 7그루 나무 가운데 불쑥 올라오도록 심은 나무는 사즈끼철쭉과는 다른 철쭉 종류인데, 이것은 재료의 다름을 통해서 변화를 주고자 엔슈가 보여준 고도의 예술성이다. 이는 잇큐지(一休寺·일휴사)의 방장 남정에서 소철과 사즈끼철

정원 우측의 7주의 나무

쪽을 혼합해서 심은 것과 같은 이치일 것이다.

이 정원은 쇼와시대에 시게모리 미레이(重森三玲 · 중삼삼령)에 의해 복원되어 지금과 같은 본래의 모습을 되찾게 되었다. 그가 이 정원을 복원하기 전에는 지금처럼 사즈끼철쭉으로만 조성된 정원의 모습이 아니라 사즈끼철쭉과 석조가 혼합된 모습이었다고 한다. 시게모리는 여러 가지 자료를 토대로 이 정원에 석조가 없었다는 것을 밝히고 원형을 복원하였다고 하니 그가 보인 고정원의 복원 노력은 참으로 본받을 만한 일이 아닐 수 없다. 시게모리 미레이가 고보리 엔슈의 정원을 복원한 것은 쇼덴지 정원 이외에도 훈다인(芬陀院 · 분타원) 정원, 이코지(医光寺 · 의광사) 정원 등 여럿이다.

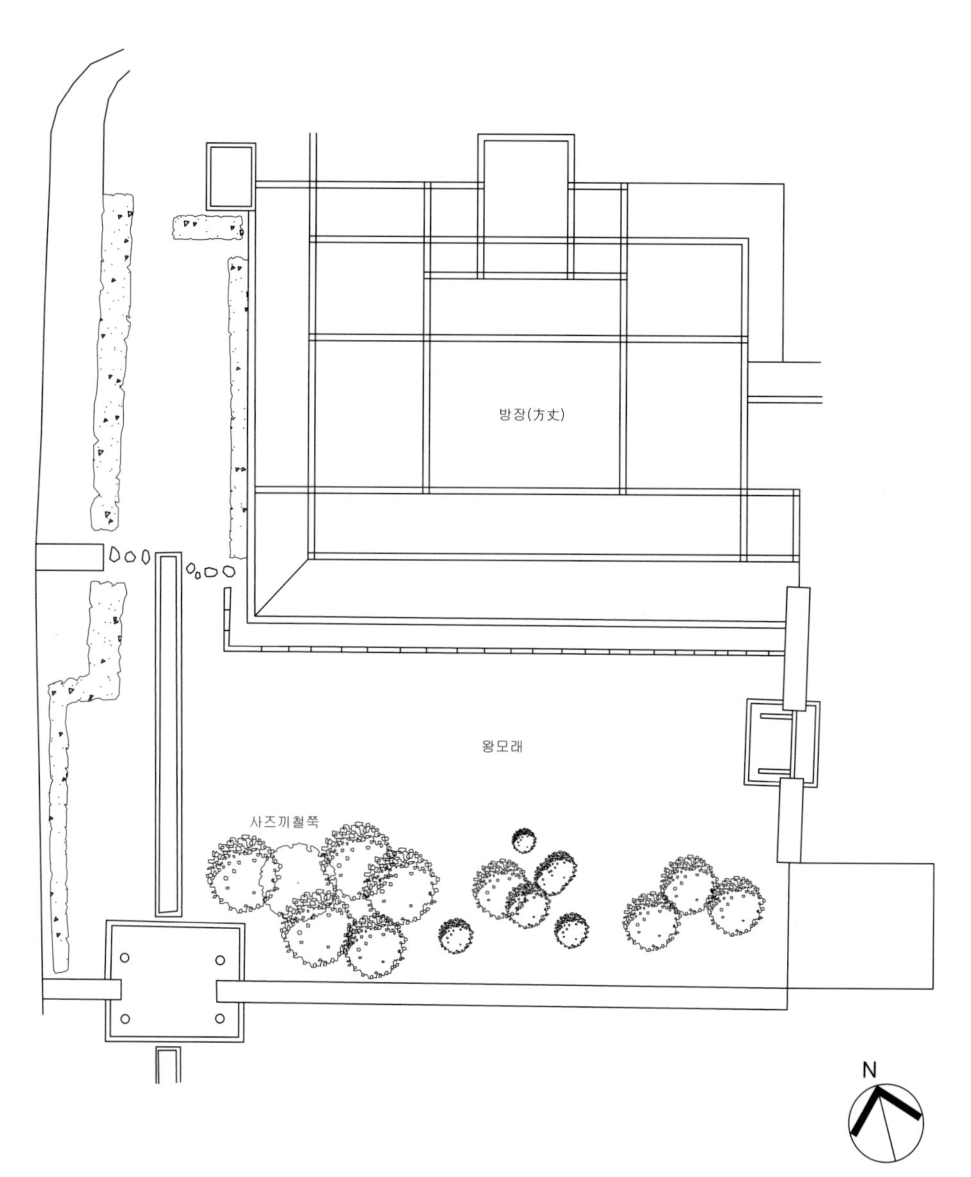

쇼덴지 정원 평면도

다이도쿠지 방장정원

大德寺 方丈庭園

에도시대 초기 | 고산수식 |

교토시 기타구 무라사키노 다이도쿠지쵸 53 | 국가지정 사적·특별명승

방장 남정(南庭) 전경

다이도쿠지(大德寺 · 대덕사)가 자리 잡고 있는 땅은 헤이안시대에 쓰네야스(常康 · 상강) 친왕이 운린인(雲林院 · 운림원)을 개창하였던 곳이다. 그 후 가마쿠라시대 말인 겐오(元応 · 원응) 원년(1319)에 황폐해진 이 곳에 아카마쓰 노리무라(赤松則村 · 적송칙촌) · 아카마쓰 노리스케(赤松則祐 · 적송칙우) 부자가 다이토 국사(大燈國師 · 대등국사) 슈호 묘조(宗峰妙超 · 종봉묘초:1282~1337)를 개산조로 모시고 소암(小庵)을 건립하였다. 세이츄(正中 · 정중) 2년(1325)에는 하나조노(花園 · 화원) 상황과 고다이고(後醍醐 · 후제호) 천황이 국사에게 귀의하여 이 소암을 칙원소(勅願所)로 삼게 되었고, 카랴쿠(嘉曆 · 가력) 원년(1326)에 법당이 완성되면서 현재의 류호잔 다이도쿠지(龍宝山 大德寺 · 용보산 대덕사)라는 이름을 갖게 된다.

다이도쿠지는 무로마치시대 전반까지만 해도 높은 사격을 자랑하던 대찰(大刹)이었으나, 오닌(応仁 · 응인)의 난에 소실되고 만다. 그 후 이 사원은 여러 시대를 거치며 재건되는데, 그 가운데에서도 모모야마시대부터 에도시대 초기에 이르기까지 가장 활발히 불사를 진행하여 이 시기에 산내의 탑두사원(塔頭寺院)이 다수 제 모습을 찾게 되었다. 특히 분메이(文明 · 문명) 5년(1473)에 고쓰치미카도(後土御門 · 후토어문:1442~1500) 천황이 내린 다이도쿠지 부흥의 명을 받아 잇큐 소쥰(一休宗純 · 일휴종순)이 본방(本坊:우리나라 사찰의 본사)의 방장을 재건한 것은 잃어버린 사격을 다시 찾는 중요한 계기가 되었다. 방장건물은 다이토 국사가 열반한지 300년이 되는 칸에이(寛永 · 관영) 13년(1636)에 다른 곳으로 옮겨지고 새로운 방장을 건립하였으니, 새로 지은 방장건물은 당대를 대표하는 건축물로 잘 알려져 있다.

방장의 정원 역시 방장건물이 새로 지어지면서 축조된 것으로 알려져 있다. 정원을 만든 이는 고보리 엔슈(小堀遠州 · 소굴원주) 또는 덴유 쇼코(天祐紹果 · 천우소과)라는 두 가지 설이 있다. 엔슈의 작품이라고 보는 것은 당시 방장 건립을 지휘했던 고게쓰 소간(江月宗玩 · 강월종완)이 엔슈와 매우 절친했기 때

남동쪽 모퉁이에 있는 마른폭포석조

문이며, 덴유 화상의 작품이라고 보는 것은 그가 칸에이 2년에 다이도쿠지 제169대 주지를 지낸 사람으로 작정에 조예가 깊었으며, 다이센인(大仙院 · 대선원)에도 주석한 바 있고 다쿠안 소호(沢庵宗彭 · 택암종팽:1573~1645) 화상이 개창한 사카이(堺 · 계)의 쇼운지(祥雲寺 · 상운사)에서 주석하면서 고산수정원을 만들었기 때문이다. 실제로 쇼운지의 고산수정원과 비교해 볼 때, 다이도쿠지의 정원은 전반적인 구성에서나 석조에 횡석(横石)을 다수 사용하는 작풍으로 미루어 공통점이 많다는 것이 학계의 일반적인 평가이다. 이러한 측면에서 볼 때 본방정원의 작정에 엔슈도 관여를 하지 않은 것은 아니겠지만 주된 작정자를 덴유 화상으로 보는 것이 옳은 것으로 보인다. 더구나 『도림천명승도회(都林泉名勝図会)』에 다이도쿠지 제169대 주지 덴유가 만들었다는 기록이 있어, 그러한 생각을 뒷받침한다. 그러나 다이도쿠지의 스님들은 남정(南庭)은 덴유 화상이, 동정(東庭)은 엔슈가 만들었다고 믿고 있다.

정원은 방장의 동쪽으로부터 남쪽에 이르기까지 '┌'자형으로 꺾인 공

방장 동정(東庭) 전경

간에 고산수양식으로 조성되어있다. 남정(南庭)은 서쪽과 남쪽으로는 토담, 동쪽으로는 생울타리로 위요되어 있고, 규모는 동서로 35m, 남북으로는 14m이다. 동에서 남으로 꺾이는 모퉁이에는 덩치가 큰 가모가와 흑석(鴨川黑石·압천흑석)과 기슈 청석(紀州青石·기주청석)을 세워서 각각 부동석과 관음석으로 삼고, 그 오른쪽에는 수분석을 두어 후면부에 마른폭포(枯滝·고롱)가 조성되어 있음을 암시하고 있다. 마른폭포의 전면부에는 모래에 묻힌 파분석(波分石·돌 주변으로 물결이 퍼져나가는 듯한 이미지를 주도록 만드는 돌)을 배치하여 폭포에서 떨어진 물이 계류를 이루어 흘러내려가는 모습을 표현하였다. 이러한 중심부의 석조와 더불어 서쪽과 북쪽에도 몇 개의 나지막한 돌을 놓아 균형을 이루도록 하였다. 석조 전면부에는 흰 모래를 깔아놓아 바다를 상징하고 있으며, 마른폭포의 대각선 부분에도 흰 모래에 몇 개의 평석을 놓아 바다에 떠 있는 섬을 상징하도록 하였다. 거석 후면부에는 전정이 된 동백나무가 있어 심산의 경치를 상징적으로 표현하였다. 마른폭포를 만들기 위

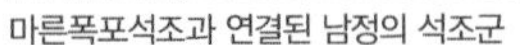

마른폭포석조과 연결된 남정의 석조군

16나한석조의 일부

해 세운 관음부동(觀音不動)의 거석은 다이센인식 구성방식을 보인다.

남정과 연속해서 조성된 동정은 세장한 부지에 흰 모래를 깔고 칠오삼석조(七伍三石組)라고 부르는 5군의 석조를 배치하였다. 이것은 슈온안 잇큐지(酬恩庵 一休寺 : 수은암 일휴사) 방장의 동정(東庭)과 같이 16나한을 상징하는 석조로 보인다. 『도림천명승도회(都林泉名勝図会)』를 보면 이 석조를 주경(主景)으로 하고 후면의 히에이잔(比叡山 · 비예산)을 차경하여 정원을 구성하였음을 알 수 있다.

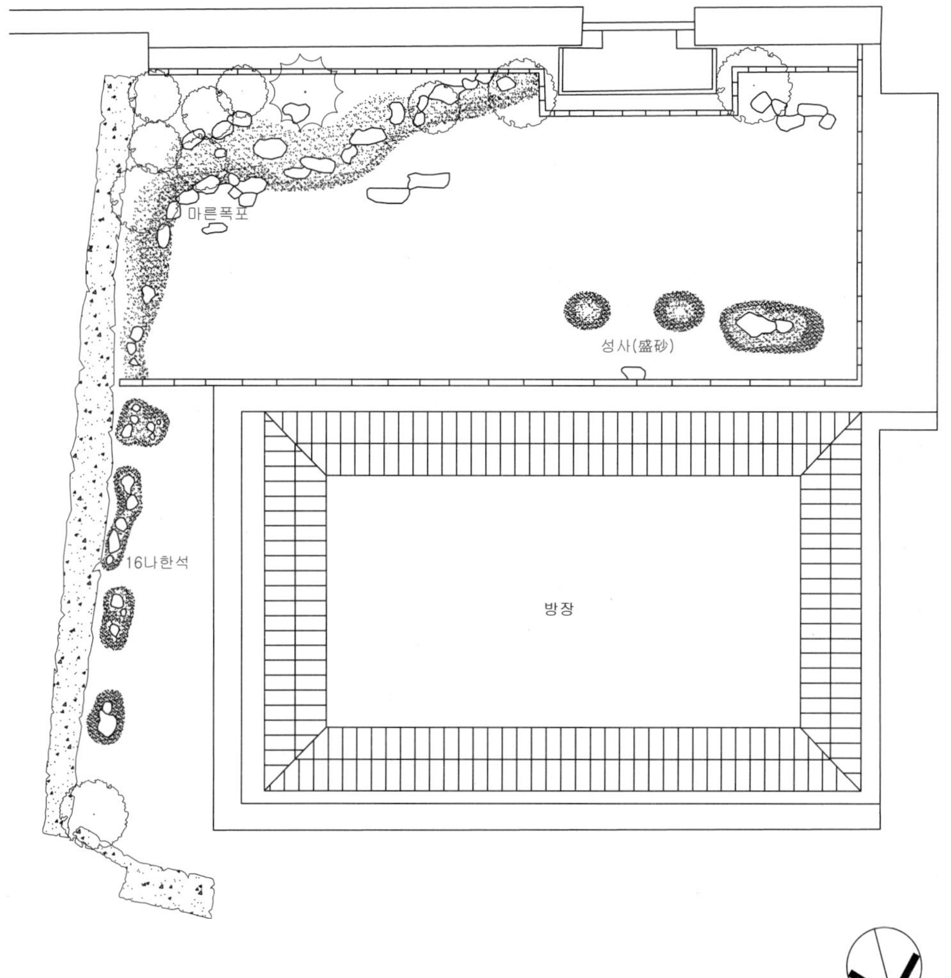

다이도쿠지 방장정원 배치도

만슈인 정원
曼殊院 庭園

에도시대 초기 | 고산수식 |
교토시 사쿄구 이치죠지 타케노우치쵸 42 | 국가지정 명승

소서원에서 대서원 쪽으로 본 풍경

소서원 툇마루에 설치한 난간과 올빼미가 새겨진 수수발

만슈인(曼殊院 · 만수원)은 천태종(天台宗)의 문적사원(門跡寺院 · 몬제키지인:황족이나 귀족의 자제가 출가하여 그 법통을 전하는 절)이다. 이 절의 기원은 전교대사(傳教大師) 사이초오(最澄 · 회징:767~822)가 히에이잔(比叡山 · 비예산)에 지은 초당인데, 그때는 헤이안시대 초기에 해당한다. 그 후 947년에는 당시 주지였던 제잔(是算 · 시산) 국사가 원래의 초당 근처로 자리를 옮겨 토비보(東尾坊 · 동미방)라 이름을 붙였고, 헤이안시대 후기인 1108년 무렵에 사찰이 재흥되면서 만슈인으로 이름을 바꾸었다. 만슈인은 시간이 흐르면서 점차 융성해지면서 절은 교토고쇼(京都御所 · 경도어소) 근방으로 이전되었으며, 1469년부터 문적사원이 되었는데, 메이레키(明曆 · 명력) 2년(1656)에는 29대 주지 료쇼 호신노(良尙 法親王 · 양상 법친왕:1622~1693)가 지금의 자리로 이건하여 오늘날까지 법등을 이어오고 있다.

료쇼 호신노는 가쓰라리큐(桂離宮 · 계리궁)를 조영했던 도시히토 친왕(智仁親王 · 지인친왕:1579~1629)의 둘째 아들로, 문예, 이케바나(華道 · 화도:꽃꽂이), 다도 등에 밝은 최고의 문화·예술인이었다. 만슈인의 정원은 료쇼가 진행하였던 절의 이건과 더불어 작정된 것으로 보이는데, 작정이 누구에 의해서 이루어졌는지에 대해서는 알려진 바가 없으나, 료쇼와 인연이 있었던 인물로 보는 것이 옳겠다.

정원은 대서원(大書院)과 소서원(小書院)의 남쪽 마당에 만들어졌으며, 고산수양식으로 조성되었다. 이 정원은 마당 뒤편, 담장 쪽으로 후퇴시켜 조성한 3개의 낮게 연결된 축산과 소서원 전면부에 조성한 또 하나의 축산 그리고 축산과 축산 사이에 깔아놓은 흰 모래밭으로 구성되는 단순·간결한 작법을 보인다. 후면부에 조성한 축산 가운데에서 중앙의 축산은 출도(出島) 형식을 보이며, 축산의 호안부가 이루는 굴곡이 마치 리아스식 해안의 선을 연상케 할 정도로 사실적이다. 이 정원은 배치형식으로 볼 때 소서원 쪽으로 치우친 구성을 보이는데, 이것을 보면 정원의 감상이 주로 소서원 쪽에서 이루어지도록 의도되었다는 것을 알 수 있다. 『일본정원사전』을 집필한 오노 겐키치(小野健吉·소야건길)는 소서원 툇마루에 설치된 난간에 대해서 "난간의 격협간(格狹間)에는 연화형 풍혈(風穴)을 두어 뱃전의 이미지와 동일하게 만들었고, 대서원의 난간은 평범하게 되어있어 디테일에서 차이가 있다"라는 점에 주목하여, 이 정원이 소서원 쪽에서 감상하려는 의도가 있다고 주장한 바 있다. 실제로 소서원 툇마루에 앉으면 마치 배에 앉아 푸른 바다의 잔잔한 물결과 그 바다에 떠 있는 섬들을 보는 것과 같은 착각을 일으키는 것이 사실이어서 오노의 설(說)이 설득력을 가진다는 것을 알 수 있다.

정원의 구성을 보면, 좌측(동측) 축산과 중앙의 축산 사이에는 청석으로 된 석교를 높이 걸어두어 마치 협곡을 지나는 기분을 느끼도록 하였다. 다리를 받치는 기둥 가운데 하나는 입석을 사용하였는데, 이것은 봉래석으

왼쪽 축산과 중앙 축산을 연결하는 청석으로 만든 다리

중앙 축산과 오른쪽 축산을 연결하는 청석으로 만든 다리

로써 신선이 사는 곳임을 상징적으로 표현하고 있다. 높은 다리 밑에는 흰 모래를 방향성 있게 깔아놓아 강물이 세차게 흘러내리는 것을 상징하고 있으며, 축산의 전면부에는 흰 모래밭을 조성하여 강물이 흘러드는 드넓은 바다를 상징하였다. 중앙의 축산과 오른쪽의 축산 사이에는 좌측의 것과 다르게 청석으로 만든 다리를 낮게 걸어두었는데, 이 다리 밑의 흰 모래 역시 계류를 상징한다. 오른쪽 축산은 학도를 상징하는 것으로 소서원 전면의 구도(亀島·거북섬)와 더불어 이 정원이 신선이 사는 곳임을 다시 한 번 확인시켜준다. 왼쪽 축산에는 3층 석탑을 오른쪽 축산에는 직부등롱(織部灯籠·오리베등롱)을 세워놓아 상호 대응하도록 한 것 역시 눈여겨 볼 만한 것이다. 한편, 소서원의 툇마루 끝(縁先·연선)에 놓인 '올빼미 수수발(梟の手水鉢·효의 수수발)'은 수수발의 몸체 사면에 올빼미를 새겨 놓은 명품이다.

만슈인에 심어진 식생을 보면, 대체로 소나무가 많고 단풍나무가 소나무와 어울리도록 심어져 있어 사철 아름다운 경관을 연출하고 있다. 소나무 중에서는 학도에 심어진 소나무가 눈에 띄는데, 근원에서 올라온 줄기가 하나는 직간으로 올라가서 낙락장송의 형태를 보이고 있고 다른 하나는 와송처럼 사간으로 뻗어나가서 특이한 수형을 만들어내고 있다. 그밖에도 단풍나무, 녹나무, 동백나무, 대나무 등이 보이고, 정원 곳곳에 둥글게 강전정한 사즈끼철쭉을 심어놓아 점경물로서의 효과를 보이고 있으며, 모래 이외의 부분에는 이끼를 깔아놓아 예의 일본적 경관을 연출하고 있다. 또한 사즈끼철쭉과 더불어 여러 곳에 석조가 배치되어 있어 식물과 돌이 조화로운 경관을 구성하고 있다는 점도 눈여겨 볼만하다.

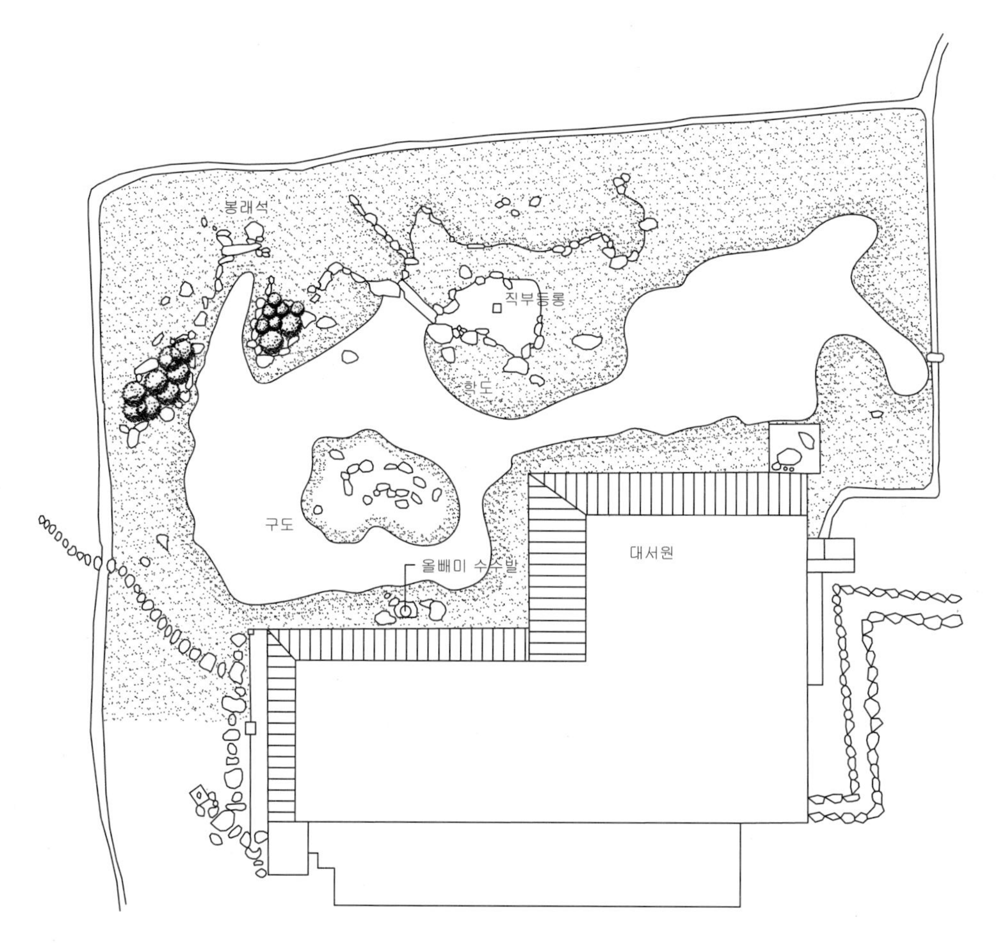

만슈인 정원 평면도

시센도 정원
詩仙堂 庭園

에도시대 초기 | 지천회유식 + 지천주유식 |
교토시 사쿄구 이치조지 몬구치초 27 | 국가지정 명승

서원 전면부에 조성된 정원

백사와 사즈끼철쭉의 콘트라스트

시센도(詩仙堂·시선당)는 에도 초기의 무장이면서 문인이었던 이시카와 죠잔(石川丈山·석천장산:1583~1672)이 출가 후 후반생의 은거지로 경영했던 산장을 개조해서 만든 사찰이다. 사찰로 개조되기 전에는 건축과 정원에서 한서, 시문, 글씨에 뛰어난 죠잔의 중국적 문인 취미를 곳곳에서 살필 수 있었다고 한다. 그러나 현재의 정원은 죠잔이 죽은 후 백 년 정도 지나서 개수된 것으로 죠잔 당시의 작법을 온전히 볼 수가 없는 실정이다.

건물은 동측으로부터 서측으로 시라쿠소(至楽巣·지악소), 시센노마(詩仙の間 시선의방), 쇼게쓰로(嘯月楼·소월루)가 있으며, 서원(書院·쇼인)인 시센간(祠仙頑·사선완)이 자리를 잡고 있다. 주실인 시센노마에는 가노 탄유(狩野探幽:1602~1674)가 그린 중국의 시선 36명의 초상화가 걸려 있어 그것을 '시센노간(詩仙の間·시선의 방)'이라고 하였는데, 시센도라는 당호는 바로 여기에서 비롯된 것이다.

정원은 건물의 남쪽과 동쪽에 넓게 자리를 잡고 조성되었다. 서원 앞(남

작정 초기에 만든 폭포석조

측)에는 둥글게 강정전한 사즈끼철쭉을 중심으로 하는 정원이 있는데, 전면에 깔린 백사와 절묘한 콘트라스트를 이루어 보다 큰 감흥을 일으킨다. 철쭉이 피는 5~6월에 이곳을 찾으면 둥글게 강전정한 사즈끼철쭉 하나하나마다 연분홍색 꽃이 가득히 피어 아름다움의 절정을 이룬다. 11월 가을이 되면 상단 정원으로부터 계단을 따라 조금 내려가면서 만든, 하단정원에 붉게 물드는 단풍나무가 밝고 선명한 색으로 변신하여 또 다른 볼거리를 만든다.

정원의 동측에는 작정 당초에 조성했던 폭포(滝·롱)석조가 있다. 이 물을 건물 전면까지 끌어들였다가 다시 남쪽으로 흐르도록 하였는데, 물소리가 지속적으로 들려서 오감을 동원한 정원의 완상이 이루어지도록 하였다. 건물 앞에는 축산에 작은 오층석탑을 배치하였으며, 중국의 명석으로 잘 알려진 태호석을 두었다. 이러한 작법이야말로 죠잔의 중국 지향적 취향을 살필 수 있는 것으로 이 공간에서 그나마 이 정원을 죠잔이 작정한 것이라는 흔적을 살필 수 있다.

남측 하단부에 자리한 못은 근년에 만들어진 것으로 못 주변에는 강전정한 사즈끼철쭉을 비롯하여 흰 꽃을 피우는 등나무, 노란 꽃으로 한때를 장식하는 황매화 그리고 동백나무, 단풍나무 등이 있어 화사하면서도 그윽한 분위기를 연출한다.

하단부 못을 중심으로 연출되는 풍경

쇼세이엔 정원

涉成園 庭園

에도시대 초기 | 지천회유식 + 지천주유식 + 지천관상식 |
교토시 시모교구 카라스마 시치죠 아가루 | 국가지정 명승

가이토로(回棹廊 · 회도랑)

다양한 건축의 부재들을 사용하여 축조한 석단

제1경인 테키스이켄과 린치테이 그리고 전면의 못

쇼세이엔(涉成園 · 섭성원)은 신슈혼뵤(真宗本廟 · 진종본묘) 히가시혼간지(東本願寺 · 동본원사)의 별저(別邸)이다. 히가시혼간지는 게이초(慶長 · 경장) 7년(1602) 12대 주지인 교뇨 상인(教如上人 · 교여상인)이 도쿠가와 이에야스(徳川家康 · 덕천가강)로부터 절 지을 땅을 하사받아서 이룩한 절이다. 이 절의 13대 주지 센뇨(宣如 · 선여)는 3대 쇼군 도쿠가와 이에미쓰(徳川家光 · 덕천가광)로부터 절 동측의 토지를 하사받고 조오(承応 · 승응) 2년(1653)에 은퇴 후 자신이 머물 수 있는 은거소를 마련하였으니 그것이 바로 쇼세이엔이다. 센뇨가 은거소에 붙인 '쇼세이엔'이라는 당호는 당나라 시인 도연명(陶淵明)이 지은 귀거래사(歸去來辭) 1절 "원일섭이이성취(園日涉而以成就)"에서 '섭(涉)'자와 '성(成)'자를 따온 것이다. 센뇨는 별저의 경계부에 탱자나무(枳殼 · 기각)를 심어 생울타리로 삼았는데, 이러한 연유로 인해 별저의 이름이 '탱자나무 집'으로 불렸다고 한다. 쇼세이엔은 탱자나무 집이라는 이름 이외에도 히가시혼간지의 시모야시키(下屋敷 · 하옥부), 신야시키(新屋敷 · 신옥부), 햐크켄야시키(百間屋敷 · 백간옥부), 히가시도노(東殿 · 동전), 토인(東院 · 동원), 기고쿠고텐(枳殼御殿 · 기각어전) 등과 같은 다양한 별칭을 가지고 있다.

정원은 라쿠호쿠(洛北 · 낙북)의 시센도(詩仙堂 · 시선당)를 작정한 이시카와 죠잔(石川丈山 · 석천장산)의 작품으로 알려져 있다. 이시카와 죠잔은 이 정원을 지천회유식으로 조성하였는데, 배를 탈 수 있도록 못을 조성한 것을 보면 지천주유식, 다옥(茶屋)이 풍경을 보기 좋은 곳에 지어진 것을 보면 지천관상식 정원으로서의 양식적 특징을 보이기도 한다. 쇼세이엔은 센뇨가 은거소로 사용한 이후 14대 주지를 지낸 타쿠요(琢如 · 탁여)도 별저로 사용하였으며, 그 이후 계속해서 히가시혼간지의 주지들이 은거소로 사용하였다고 한다. 이곳이 역대 주지들의 은거소로 사용되면서 시가(詩歌), 다도(茶道), 막간 상영 희극(能狂言 · 능광언:고전 만담의 공연 중 하나)을 하기에 적합하도록 환경을 정비하였다고 하는데, 이것을 보면 정원이 다양한 예술적 장르를 품을 수 있는 공간이라는 것을 알 수 있다.

쇼세이엔에 담긴 지난날의 경관을 읽으려면 에도시대 후기에 해당하는 분세이(文政 · 문정) 연간에 유학자 라이산요(頼山陽 · 뢰산양)가 지은 『섭성원기(涉成園記)』를 보면 된다. 이 문집에는 '섭성원십삼경(涉成園十三景)'이 소개되고 있는데, 그것을 살펴보면 쇼세이엔이 얼마나 많은 의미를 담고 있고 그러한 의미를 표현하기 위해서 어떠한 작정이 시도되었는지를 알 수가 있다.

쇼세이엔 제1경은 '테키스이켄(滴翠軒 · 적취헌)'이다. 적취헌이라는 이름은 못에 떨어지는 작은 폭포(小瀧 · 소롱)를 이르는 적취(滴翠)에서 비롯된 말이다. 이 집은 서원으로 지어졌는데, 전면에 못을 두고 린치테이(臨池亭 · 임지정)와 연결되어 있는 것으로 보아, 쇼세이엔에 한거(閑居)했던 스님들이 머물던 생활공간이었다는 것을 알 수 있다. 테키스이켄과 린치테이에 각각 남면하고 동면하는 못은 지천관상식으로 북동쪽 모퉁이에는 폭포가 있고, 호안부에는 다양한 석조가 마련되어 있다. 못의 후면부에는 축산을 하고, 축산 상에 시각적 차폐를 위해 소나무를 주로 심어 놓았으며, 다양한 석조를 두어 경관성을 높이고 있다. 테키스이켄 주변으로는 은행나무 고목들이 여러 그루 있어 가을이 되면 소나무의 푸른색과 은행나무의 노란색이 절묘한 조화를 이루며 보는 이들을 즐겁게 만든다. 한편, 남측에는 생울타리를 둘러 놓아 테키스이켄과 린치테이가 있는 공간이 외부로부터 시각적 보호를 받을 수 있도록 배려하고 있다.

쇼세이엔 제2경은 '보가가쿠(傍花閣 · 방화각)'이다. 이 건물은 온린도(園林堂 · 원림당)의 동쪽에 있으며, 산문(山門)에 해당한다. 건물에서 느껴지는 힘차고 경쾌하며, 온화한 이미지는 쇼세이엔의 랜드마크라고 해도 손색이 없을 정도이다. 이 건물은 산문의 기능과 더불어 다실로 사용되기도 하였는데, 건물 주변으로는 오래된 벚나무가 있고, 개울가에는 노랑꽃창포가 심어져 있어 봄이 되면 가히 제2경의 진가를 느낄 수 있다.

쇼세이엔 제3경은 '인게쓰치(印月池 · 인월지)'이다. 인게쓰치는 쇼세이엔의 남동쪽에 조성한 큰 못으로 동산으로부터 떠오르는 달빛이 수면에 비친다

제2경 보가가쿠 / 제3경 인게쓰치 / 제4경 가류도 / 제5경 고쇼우 / 제6경 신세쓰쿄 / 제7경 슈쿠엔테이

하여 '인월지'라고 이름을 지었다고 한다. 못의 넓이는 약 5,000m^2 정도이며, 쇼세이엔 전체 면적의 약 1/6에 해당한다고 하니 가히 쇼세이엔의 중심 경관이라고 해도 무리는 아니다.

쇼세이엔 제4경은 '가류도(臥龍堂 · 와룡당)'이다. 인게쓰치의 지중도(地中島)인 가류도는 원래 미나미오시마(南大島 · 남대도)에 건축되어 있던 작은 종루당을 지칭하는 것이다. 이 당은 2층으로 된 기와집이었는데, 지난날에는 소친쿄(漱枕居 · 수침거)에 모여 다회를 즐기던 사람들에게 슈쿠엔테이(縮遠亭 · 축원정)로 가는 배가 출발하는 시간을 알리는 종을 울리던 곳이었다고 한다. 안세

제8경 시토칸

소친쿄

제12경 카이토로(다리 위에서 본 경관)

이(安政·안정) 때의 대화재로 소실된 이후 복원되지 않았는데, 지금도 건물의 초석이 남아있어 지난날의 모습을 회상케 한다.

쇼세이엔 제5경은 '고쇼우(伍松塽·오송오)'이다. 이곳은 언덕 위 정상부에 슈쿠엔테이(縮遠亭·축원정)가 자리 잡고 있는 섬(북대도)으로 건너가기 위해 설치한 신세쓰쿄(侵雪橋·침설교) 북측 호안을 가리킨다. 고쇼우는 본시 다섯 그루의 소나무가 있었기 때문에 붙여진 이름이라는 설도 있고, 한 줄기에서 다섯 가지로 갈라지는 소나무가 있었기 때문에 붙여진 이름이라는 설도 있으나 어느 것이 맞는 말인지는 분명치 않다. 그러나 '오(塽)'라는 말이 작은 둑을 뜻하는 것이므로 소나무가 심어진 작은 둑이 곧 오송오였다는 것만큼은 확실하다. 고쇼우가 있는 기타오시마(北大島·북대도)와 가류도가 있는 미나미오시마의 위치와 높이로 볼 때, 고지도에서 볼 수 있는 타카하야가와(高瀨川·고뢰천)가 흐르던 옛 물길에 도요토미 히데요시(豊臣秀吉·풍신수길)가 축조한 오도이(御土居·어토거)가 곧 고쇼우의 유구였던 것으로 보인다.

쇼세이엔 제6경은 '신세쓰쿄'이다. 신세쓰쿄는 인게쓰치의 북서쪽 언덕으로부터 슈쿠엔테이가 있는 섬을 연결하는 목조 반교(反橋)를 말하는 것이다. 라이산요는 『섭성원기』에서 눈에 묻혀있는 다리의 모양을 옥룡(玉龍)에 빗대어 표현하였다. 그러나 교토에 눈이 오는 경우가 많지 않으니 그가 말한 옥룡의 모습을 보는 것은 쉽지 않은 일이다.

쇼세이엔 제7경은 '슈쿠엔테이'이다. 슈쿠엔테이는 인게쓰치에 떠 있는 기타오시마에 건립되어 있는 다옥으로 현재의 건물은 메이지(明治·명치) 17년(1884)에 재건된 것이다. 슈쿠엔테이라는 이름이 붙여진 연유는 상단에 있는 방으로부터 히가시야마(東山·동산) 36봉 가운데 하나인 아미타봉의 원경을 축도(縮圖)처럼 바라다볼 수 있었기 때문이다. 안타까운 일이지만 에도시대 후기에는 수목이 번창하여 이 모습을 볼 수 없게 되었다.

쇼세이엔 제8경은 '시토칸(紫藤岸 · 자등안)'으로 자색 등나무 꽃이 피는 언덕을 말한다. 이 이름이 붙여진 것으로 봐서 시토칸에는 등나무가 많아, 경관요소로 작용하였던 것으로 보이는데, 지금은 등나무도 크지 않을 뿐만 아니라 지지대를 터널식으로 만들어 놓아 지난날의 자연스러운 모습을 보기는 어렵다.

쇼세이엔 제9경은 '구센로(偶仙楼 · 우선루)'이다. 이 누각은 현재의 로후테이(閬風亭 · 낭풍정) 부근에 있었던 고루(高樓)로 에도시대 초기에 그려진 옛 그림에는 후시미죠(伏見城 · 복견성)로부터 이축된 모모야마풍의 대서원에 부속된 고루로 묘사되어 있다. 안세이 때의 대화재로 소실된 것을 재건하였으나, 겐지(元治 · 원치) 원년 7월 19일(1864년 8월 20일) '킨몬노헨(禁門の変·금문의 변)'으로 다시 불에 타고 난 이후 재건되지 못하고 있다.

쇼세이엔 제10경은 '소바이엔(双梅檐 · 쌍매첨)'으로, 홍매와 백매가 20여 주 심어진 매원을 말한다. 이곳 매화는 매년 2월부터 3월에 걸쳐 꽃이 피는데 그 향기가 가히 압권이다. '첨'은 '차양'을 의미하는 말로 금문의 변에 불타기 전에는 이곳에 낭풍정과 같은 규모의 큰 지붕이 있었기 때문에 쌍매첨이라는 이름이 붙여진 것이라고 한다.

쇼세이엔 제11경은 '소친쿄(漱枕居 · 수침거)'이다. 소친쿄는 인게쓰치의 남서쪽에 위치하는 물에 세운 건물로, 그 명칭은 여로에 있음을 의미하는 '수유침석(漱流枕石)'에서 따온 말이다. 또한 반점(飯店)인 슈쿠엔테이, 다점(茶店)인 다이리쓰세키(代笠席 · 대립석)와 함께 '전다삼석(煎茶三席)'의 '주점(酒店)'으로 사용되었던 것으로 보인다. 쇼세이엔과 같이 정원 내에 삼석(三席)이 완전히 남아있는 것은 매우 진귀한 사례가 아닐 수 없다.

쇼세이엔 제12경은 '카이토로(回棹廊 · 회도랑)'로, 기타오시마와 단푸케이(丹楓渓 · 단풍계)를 연결하는 지붕을 씌운 목교이다. 안세이의 대화재에 소실되기 이전에는 붉은 색을 칠한 난간이 있는 반교였다고 전해지고 있으나, 현재는 노송나무 껍질로 이은 지붕(檜皮葺)을 얹은 평교이다. 중앙에 당나라 양식의 파풍(唐破風·일본 건축에서 합각合閣 머리에 '八' 모양으로 붙인 널빤지를 말한다)을 댄 지붕의 천정부에는 괘정(掛釘)이 설치되어 있다.

쇼세이엔 제13경은 '단푸케이'다. 카이토로의 북단으로부터 인게쓰치의 북안변 원로 양측으로 단풍나무가 식재된 이곳은 가을철에 단풍으로 매우 유명하다. '단(丹)'은 붉은색을 표현하는 말이므로 일본식 개념으로 보면, 홍엽(紅葉)이 아름다운 계곡이 곧 단푸케이이다.

한편, 라이산요가 지명한 쇼세이엔 13경을 따라 쇼세이엔에서 볼만한 나무와 꽃 13가지를 정하여 쇼세이엔 13화(花)라고 하였으니, 제1화는 12~2월의 동백꽃, 제2화는 1~3월의 매화, 제3화는 4월 중순~하순의 탱자꽃, 제4화는 3월 하순~4월 중순의 벚꽃, 제5화는 4~6월의 철쭉꽃, 제6화는 5월의 후박꽃, 제7화는 5월의 목단꽃, 제8화는 5월의 노랑꽃창포꽃, 제9화는 5월~6월의 치자꽃, 제10화는 6월~7월의 수국꽃, 제11화는 5월~9월의 수련꽃, 제

제13경 단푸케이

매표소 전면광장에서 꽃을 피운 수양벚나무

12화는 7월~9월의 원추리꽃 그리고 제13화는 6~7월의 작살나무꽃이다. 이 식물들은 쇼세이엔 각처에서 볼 수 있는데, 동백꽃은 테키스이켄, 로후테이, 단푸케이 가는 길에서, 매화는 소바이엔과 로후테이 주변에서, 탱자꽃은 타카이시가끼(高石垣·고석원) 주변과 서문으로 들어가는 길에서, 벚꽃은 보가가쿠 주변과 매표소 맞은편 광장에서, 철쭉은 테키스이켄 못 주변, 슈쿠엔테이 올라가는 길, 소친쿄 가는 길, 신세쓰쿄 가까운 인게쓰치 주변, 소바이엔과 로후테이 사이, 매표소 전면광장에서, 후박꽃은 테키스이켄의 못에서 인게쓰치로 흘러가는 개울가에서, 목단꽃은 보가가쿠와 로후테이 사이의 길에서, 노랑꽃창포꽃은 테키스이켄 못에서 인게쓰치로 흘러가는 개울에서, 치자꽃은 다이리쓰세키 주변, 보가가쿠와 온린도 사이의 길에서, 수국꽃은 서문 들어가서, 수련은 인게쓰치에서, 원추리꽃은 신세쓰쿄에서 소바이엔으로 가는 길 주변에서, 작살나무꽃은 신세쓰쿄 바로 앞에서 볼 수 있다.

또한, 쇼세이엔에는 나이 먹은 고목들이 몇 그루 있는데, 다이리쓰세키 동측의 은행나무(수고 27m), 다이리쓰세키의 배롱나무(수고 13m), 테키스이켄의 은행나무(수고 18m), 신세쓰쿄 주변의 향나무(수고 14m)와 대만풍나무(수고 12m), 미나미오시마의 녹나무(14~15m), 소바이엔 주변의 녹나무 4그루(13~14m), 대현관의 가시나무(수고 14m)가 그것이다.

생울타리
정문
배수구
소친쿄
가류도 터
소바이엔
현관
인케쓰치
잔디
시오가마
수수발
고쇼큐
슈쿠엔
테이
신세쓰쿄
시토칸
카이토로
보가가쿠
단푸케이
못
다이리쓰세키
못
린치테이
폭포
테키
스이켄
구수취 입구
N

쇼세이엔 정원 평면도

지온인 정원

知恩庵 庭園

에도시대 초기 | 지천회유식 |
교토시 히가시야마구 린카쵸 400 | 교토시 지정 명승

대방장 남정 전경

대방장 동정

25보살은 돌로, 구름은 사즈끼철쭉으로 표현한 정원

지온인(知恩庵 · 지은암) 정원은 에도시대 초기의 대표적인 방장건축인 대방장(大方丈)과 소방장(小方丈)에 면해서 조성된 에도시대 초기의 정원이다. 현재의 대방장 주변에는 아시카가 다카우지(足利尊氏 · 족리존씨)가 무소 소세키(夢窓疎石 · 몽창소석)를 개산조로 모시고 건립한 쇼자이코(常在光院 · 상재광원)가 있었다고 한다. 이것을 보면, 지온인에 조성된 정원은 쇼자이코에 조성되었던 옛 정원이 계승된 것으로도 볼 수 있겠으나, 후세에 여러 차례 가감된 것들이 많아 무소의 작법을 살피는 것은 불가능하다. 단지 건물에 면하여 정원을 직각으로 조성한 것은 난보쿠쵸시대의 정원양식으로 보아야 할 것이다. 사중에서는 이 정원이 고보리 엔슈(小堀遠州 · 소굴원주)의 수제자인 소교쿠엔(僧玉淵 · 승옥연)에 의해서 작정되었다고 전한다.

대방장에 남면하여 조성된 남정(南庭)은 큰 못이 있고 못 주변으로 나무들이 무성하며, 정원의 배후로 히가시야마(東山 · 동산)를 차경하여 전반적으로 그윽하고 고요한 정취가 물씬 풍긴다. 못에 조성한 중도는 한때는 구도(亀島 · 거북섬)였던 것으로 보이는데, 지금은 중심석만이 당시의 자취를 전할 뿐이다.

대방장의 동정은 소방장의 남정에 해당된다. 못에는 기슈(紀州 · 기주) 도쿠가와(德川 · 덕천)가로부터 기증받은 청석을 사용한 청석교가 가설되어 있다.

소방장 남정

물가에 배치된 석등롱은 겐코(元亨 · 원형) 원년의 명문이 새겨진 가마쿠라시대의 명품이다.

남북으로 길게 조성된 소방장 동정은 '하타치고보사츠노니와(二十伍菩薩の庭 · 이십오보살의 정)'라고 부른다. 이 정원은 둥글게 강전정한 사즈끼철쭉과 돌만으로 구성된 단순한 형식의 고산수양식을 보인다. 이러한 정원양식은 고보리 엔슈가 고안한 독특한 작법으로, 이 정원이 고보리 엔슈의 수제자인 소교쿠엔의 작품이라는 것을 방증한다. 이 정원은 교토국립박물관에 소장된 지온인 소유의 일본 국보 '아미타여래이십오보살래영도(阿彌陀如來二十伍菩薩來迎圖)'를 주제로 디자인되었다. 정원의 내용을 보면, 군식된 사즈끼철쭉 사이사이에 청석을 눕히고 세워서 극락왕생하는 죽은 자들을 내영(來迎)하는 아미타여래와 25보살을 표현하였고, 강전정한 사즈끼철쭉은 구름모양으로 군식하여 아미타여래 일행이 죽은 자들을 맞이하러 올 때의 모습을 상징적으로 표현하고 있다. 청석과 사즈끼철쭉을 소재로 사용하여 아미타여래와 25보살을 정원에 표현한 것은 지온인이 정토종 총본산이라는 측면에서 볼 때, 장소성을 분명히 드러낸 하나의 수단이었던 것으로 보인다. 이 정원은 보는 각도에 따라서 다양한 표정으로 읽혀진다는 특징이 있으니 여러 곳에서 정원을 보면서 차분하게 의미를 새겨 보기를 권한다.

현재의 지온인은 호넨 상인(法然上人·법연상인:1133~1212)이 조안(承安·승안) 5년(1175)에 선방(禪房·젠보)을 들여 처음으로 정토교를 포교한 유서 깊은 땅에 지어진 사찰로, 호넨 사후 겐치 상인(源智上人·원지상인)이 지온지(知恩寺·지은사)를 창건하면서 지금까지 법등이 이어져 내려오고 있다. 지온인의 정식명칭은 가쵸잔 지온쿄인 오타니데라(華頂山知恩教院大谷寺·화정산 지은교원 대곡사)이다. 이 절은 오다 노부나가(織田信長·직전신장:1534~1582)와 도요토미 히데요시(豊臣秀吉·풍신수길) 그리고 도쿠가와 이에야스(德川家康·덕천가강) 등 당시의 권력자들로부터 외호를 받아 사세가 확장·안정되었는데, 특히 이에야스는 이 절을 보리사로 삼아 사령(寺領)을 확장함으로써 대가람으로 육성한 장본인이다.

고다이지 정원

高台寺 庭園

에도시대 초기 | 지천회유식 | 면적: 4,420m²
교토시 히가시야마구 시모가와라쵸 고다이지 526 | 국가지정 명승·사적

고다이지 정원 전경

고다이지(高台寺 · 고대사)는 히가시야마료젠(東山靈山 · 동산영산)의 산기슭에 자리를 잡고 있는 사찰로 정식 이름은 고다이쥬쇼젠지(高台寿聖禅寺 · 고대수성선사)이다. 이 절은 게이초(慶長 · 경장) 11년(1606) 도요토미 히데요시(豊臣秀吉 · 풍신수길)의 부인인 기타노만도코로(北政所 · 북정소) 고다이인(高台院 · 고대원) 네네가 히데요시의 명복을 빌기 위해 보리사로 건립하였다. 절의 안내서 표지에 '도요토미 히데요시와 네네의 절'이라고 적어놓은 것은 바로 이러한 고다이지의 창건 연기를 분명히 전달하기 위한 것으로 보인다.

이 절은 칸에이(寬永 · 관영) 원년(1624) 7월 켄닌지(建仁寺 · 건인사)의 산코 화상(三江和尚 · 삼강화상)을 이 절의 주지로 모시면서 절 이름을 고다이지라고 바꾼다. 이 절을 조영하는 데에는 도쿠가와 이에야스(徳川家康 · 덕천가강)의 힘이 컸는데, 그는 도요토미 히데요시와의 아픈 과거를 깨끗이 잊기 위해서인지 절을 짓는 데 막대한 재정지원을 하여 절이 지극히 장엄하고 화려한 꾸밈새를 갖추도록 지원하였다.

히가시야마(東山 · 동산)를 차경한 고다이지의 정원은 절의 중심인 개산당(開山堂 · 카이산도) 동쪽과 서쪽에 조성된, 두 개의 못을 중심으로 하는 지천회유양식으로 작정되었다. 사중에 전해지기로는 고보리 엔슈(小堀遠州 · 소굴원주)가 이 정원의 작정을 맡아서 진행하였다고 하나, 분명한 작정시기를 알 수 있는 자료는 찾지 못한 상태이다. 단지 에도시대 후기에 그려진 『도림천명승도회(都林泉名勝図会)』에 현재와 같은 모습이 묘사된 것을 보면 그림이 그려지기 전에 이미 작정이 완료되었던 것으로 보인다.

고다이지 정원에 조성한 두 개의 못은 개산당을 중심으로 할 때, 서쪽의 못이 엔게쓰치(偃月池 · 언월지)이고, 동쪽의 못이 가리유치(臥龍池 · 와룡지)이다. 엔게쓰치는 동서 약 15m, 남북 약 30m의 크기로 만들어졌는데 드나듦이 복잡한 호안에 수준 높은 석조로 마감을 하여 작품성이 돋보인다. 이 못에는 북쪽 중심 부분에 구도(亀島·거북섬)를 조성하였고, 남쪽 부분에는 출도와 연결하여 학도(鶴島·학섬)를 만들어 놓아 학구정원의 면모를 보이고 있다. 동쪽의 못인 가리유치에는 호안석조가 한 개도 없어 매우 특이한 의장을 보인다. 이러한 의장이 어떤 연유에 의해서 비롯되었는지에 대해서는 확실히 알 수가 없으나, 호안석조에 정성을 기울이는 일본 사람들의 작법을 본다면 이것은 하나의 예외적 현상이 아닐 수 없다. 참고로 슈가쿠인리큐(修學院

엔게쓰치와 못 안에 조성한 구도

구도와 대응하도록 만든 학도

가리유로

마른폭포석조

離宮·수학원이궁)의 못에서도 이런 의장을 볼 수 있으니 참고할 일이다.

못에는 건물과 건물을 연결하기 위해 2개의 못 위에 2개의 수상 누회랑(樓回廊)인 로센노(楼船廊·루선랑)를 지어놓았는데, 이 누회랑으로 인해 사찰의 분위기가 매우 경쾌해진 느낌을 받게 된다. 개산당과 방장 및 서원영역을 연결하는 누회랑을 간게쓰다이(觀月台·관월대)라고 부르고, 개산당과 영옥(靈屋)을 연결하는 누회랑을 가리유로(臥龍廊·와룡랑)라고 부른다. 간게쓰다이는 엔게쓰치를 동서로 나누고 있고, 가리유로는 가리유치 상부에 설치되어 있다. 두 개의 수상누각 모두 건축적으로 특별한 의장을 보이는 것으로 특히 가리유로는 지형차를 잘 이용하여 만든 수상 누회랑인데, 기와지붕은 이름 그대로 용의 등을 연상시킬 수 있도록 건축하였다. 가리유로가 연결하는 지성소인 영옥(靈屋)에 히데요시와 네네의 목상이 안치되어 있음을 감안할 때, 건축적으로 수준 높은 의장으로 건축하고자 의도한 결과라는 것을 미루어 짐작게 한다.

가리유치의 북동부 모서리에는 청석으로 된 3단의 마른폭포석조가 아직도 남아있다. 이 석조는 조성 당시의 원형을 간직하지는 못하고 있으나 못에 고산수양식의 폭포석조를 도입한 것은 이 정원에서 볼 수 있는 또 다른 특이한 작법이 아닐 수 없다.

한편, 방장 남쪽 공간에는 고산수양식의 정원이 조성되어 있다. 그러나 이 정원은 후대에 만들어진 것으로 지천양식의 정원과는 양식적 측면에서 비교가 된다. 방장의 고산수정원에는 오래된 수양벚나무가 한 그루 있어 꽃이 피면 마당을 일시에 화사한 빛으로 바꾸어 놓는다.

슈온안 잇큐지 정원

酬恩庵 一休寺 庭園

에도시대 초기 | 고산수양식 | 면적: 472m^2

교토부 교타나베시 타키기사토노우치 102 | 국가지정 명승

방장 남정 전경

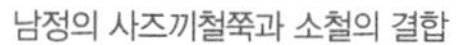

남정의 사즈끼철쭉과 소철의 결합

방장 동정인 16나한의 정

슈온안(酬恩庵·수은암)은 가마쿠라시대의 임제종 스님인 다이오 국사 난포 쇼묘(大應国師 南浦紹明·대응국사 남포소명:1235~1309)가 중국의 기도(虛堂·허당) 화상에게 선을 배우고 귀국한 후 분에이(文永·문영) 4년(1267)에 선수행도량으로 건립한 선찰로, 창건 당시의 이름은 묘쇼지(妙勝寺·묘승사)라고 했다. 묘쇼지는 1331년부터 1333년까지 겐코(元弘·원홍)의 변(變)으로 전화를 입어 제대로 복구되지 못하고 있었다. 그러던 중 6대 법손에 해당하는 잇큐 소쥰(一休宗純·일휴종순:1394~1481)이 고쇼(康正·강정) 2년(1456)에 종조인 난포 쇼묘의 유풍(遺風)을 기려 당우를 재흥하고, 사은(師恩)에 보답하겠다는 의미로 '슈온안'으로 명명했다고 한다. 선사는 여기에서 인생의 후반을 살았는데, 81세에 다이도쿠지(大徳寺·대덕사)의 주지로 가 있을 때에도 이 절을 왕래하며, 절을 살폈다고 한다. 잇큐 선사는 분메이(文明·문명) 13년(1481) 11월 21일 여든여덟의 나이로 이 절에서 열반에 들어 사리가 이 절에 봉안되어 있다. 잇큐지(一休寺·일휴사)는 잇큐 선사가 만년(晩年)을 지낸 절이라 하여 붙여진 슈온안의 또 다른 이름이다.

잇큐지의 정원은 방장을 둘러싸면서 동, 남, 북 삼면에 독립적으로 조성되어 있다. 이런 까닭에 방장건물 어느 곳에서 보더라도 정원의 아름다움에 흠뻑 젖을 수 있다. 이러한 점이 다른 절들과 구별되는 잇큐지의 독특한 매력이다. 특히 절이 한적한 곳에 자리를 잡고 있기 때문에 특별히 사람들이 많지 않은 날이라면 적정(寂靜)한 분위기 속에서 정원을 보며 속세의 먼지를 털어낼 수 있다.

방장의 전면부에 조성한 남정(南庭)은 면적이 235m^{2}로 크지도 작지도 않은 적정 규모의 공간에 조성된 정원이다. 이 남정은 전면부의 백사를 깔은 부분과 후면부의 사즈끼철쭉을 소재로 한 부분으로 양분되며, 후면부 철쭉군이 배경이 되고 있다. 정원의 후면부 경계는 종가시나무를 다듬어 만든 생울타리를 둘렀으나, 높이가 그리 높지 않도록 하여 생울타리 너머의 경관을 차경할 수 있도록 하였다. 생울타리 전면부의 약한 경사면에는 다양한 크기로 둥글게 강전정한 사즈끼철쭉을 배치하고 사즈끼철쭉 사이사이에는 이끼를 심어놓아 공간을 치밀하게 처리하고 있다. 서측에는 사즈끼철쭉과 소철을 함께 조합하여 식재하였는데, 소철을 심는 것은 당시의 선찰에서 흔히 볼 수 있는 작법이나, 소철을 사즈끼철쭉과 함께 심어 조화를 이루도록 한 것은 다른 곳에서 쉽게 볼 수 없는 의장이어서 잇큐지 정원의 또 다른 면모를 볼 수 있다. 사즈끼철쭉이 심어진 전면부 비교적 너른 마당에는 다른 요소의 도입 없이 백사만을 깔아놓아, 후면부와 전면부의 의장이 전혀 다른 고산수양식의 정원을 연출하고 있다.

동정(東庭)은 담장과 방장의 툇마루 사이의 좁고 긴 37m^2 크기의 공간에 조성한 정원으로, 16개의 돌로 16나한을 상징적으로 표현하여 특별히 '16나한의 정'이라고 부른다. 16개의 돌은 세우고 혹은 눕혀서 사즈끼철쭉과 조화를 이루도록 배치하였는데, 이 하나하나의 돌에서 부처가 되기 위해 맹렬히 수행하는 나한의 모습을 볼 수 있어 일견 숙연한 분위기를 느낄 수 있다. 나한석과 사즈끼철쭉 사이에는 소나무를 몇 주 심어서 정원의 가라앉는 분위기를 살리고 있다. 잇큐지의 방장정원 전체를 총칭하여 '16나한의 정'이라고 부르는 것은 동정의 내용을 전체 정원에 대입하여 그리 명명한 모양인데, 그것은 잘못된 표현이다.

북정(北庭)은 200m²의 공간에 조성된 봉래정원으로, 작정 초기에는 후면부 담장 넘어 탁 트인 풍경을 감상할 수 있었을 터이나 지금은 나무가 자라서 그러한 풍경을 볼 수가 없게 되었다. 이 정원은 주로 석조를 사용하여 만든 고산수양식의 정원으로 특히 이 정원에 조성한 마른폭포는 한마디로 화려하면서도 장엄한 의장의 석조라고 말할 수 있다. 특히 2m 정도 되는 큰 돌을 여러 개 사용하여 정원 전체에서 호방한 분위기를 느낄 수 있도록 한 것은 특별한 작법이 아닐 수 없다. 이러한 의장은 다이도쿠지 탑두 사원인 다이센인(大仙院 · 대선원)의 석조를 연상하게 만드는 것으로, 잇큐 선사가 다이도쿠지 47대 주지로 있었으니 아마도 다이센인의 의장을 흉내 냈을 가능성이 높다. 이 마른폭포가 봉래산을 상징하는 것이라면 제일 안쪽의 거석은 관음석조를 표현한 것으로 보인다. 마른폭포의 좌측 앞쪽에는

북정의 마른폭포석조

북정의 학구도

탑등롱을 하나 세워놓았다. 정원에 등롱을 두는 것은 모모야마시대의 노지정원에서부터 시작된 의장인데, 이것이 유행하면서 차츰 다양한 등롱이 정원에 선보이게 된다. 이 정원에서 볼 수 있는 탑등롱은 3층탑에 화사석을 뚫어 불을 밝히도록 한 것으로, 여타의 등롱과는 차별화되는 디자인이라고 할 수 있다. 특이한 점은 마른폭포의 서쪽에 학도와 구도를 하나의 석조로 표현한 학구도(鶴亀島)가 있는데, 이렇게 하나의 섬에서 학과 거북을 표현한 의장은 일본정원에서 쉽게 볼 수 없는 것이다.

북정은 에도시대 초기에 조성된 많은 정원 가운데에서도 수작으로 꼽히는 정원이다. 잇큐지에 주석하는 스님의 말에 따르면, 이 정원은 이시카와 죠잔(石川丈山 · 석천장산:1583~1672), 쇼카도 쇼죠(松花堂昭乘 · 송화당소승:1584~1639), 사가와다 마사토시(佐川田昌俊 · 좌천전창준:1579~1643)의 합작품이라고 한다. 아마도 절에 주석하는 스님들에게는 이러한 대가들의 작품이 절에 있다는 것이 큰 자랑일 것이다.

남정을 서쪽에서 본 경관

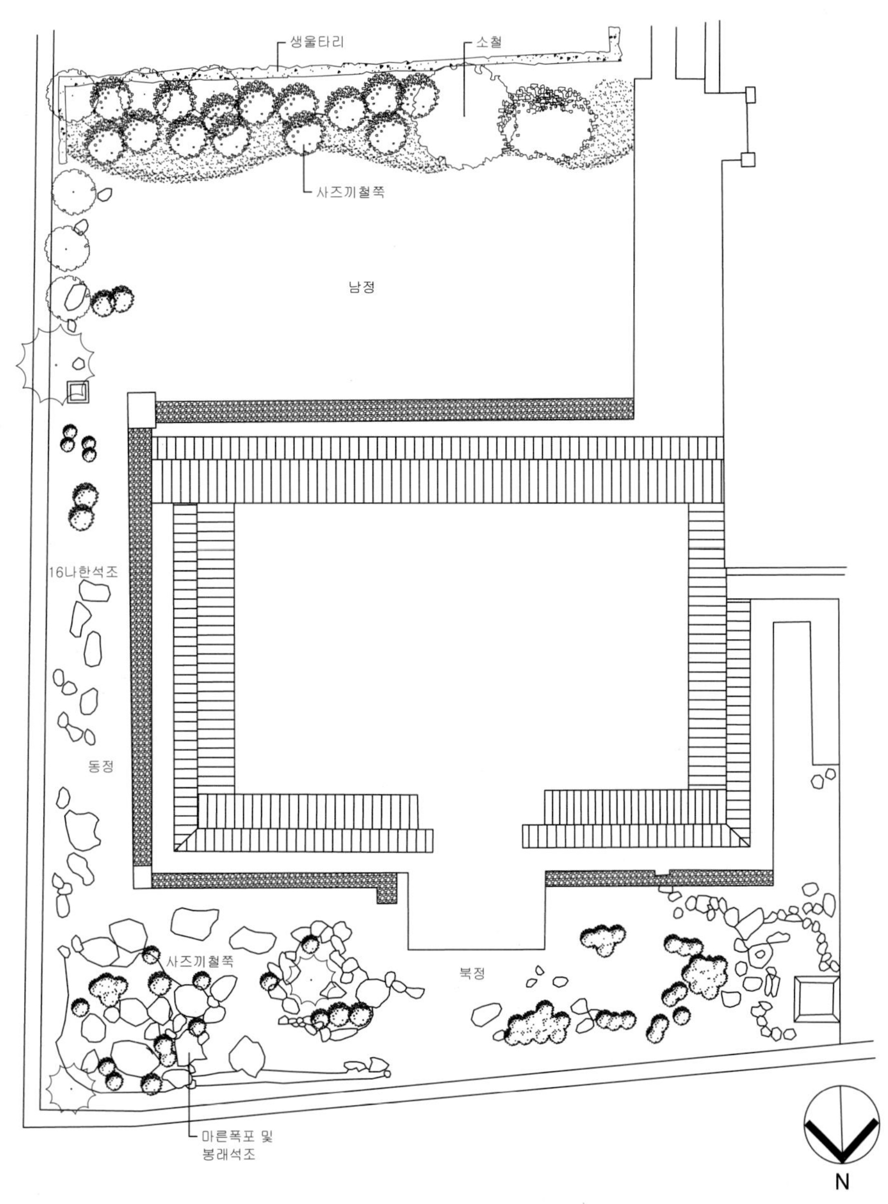

슈온안 잇큐지 정원 평면도

산젠인 정원
三千院 庭園

에도시대 초기 | 지천회유식 | 면적: 1,650m^{2}유세이엔(有淸園·유청원)
교토시 사쿄구 오하라 라이코인쵸 540 |

유세이엔 전경(좌측의 구도와 우측의 학도)

슈헤키엔에 조성한 못

산젠인(三千院 · 삼천원)의 개창은 히에이잔(比叡山 · 비예산)의 개창과 거의 동일한 엔랴쿠(延曆 · 연력) 7년(788)이다. 이 절은 덴교다이시 사이쵸(伝教大師最澄 · 전교대사최징)가 에이잔(叡山 · 예산) 동탑의 남쪽 골짜기에 있던 커다란 산돌배나무 아래 마련한 토굴법당인 이치렌산젠인(一念三千院 · 일념삼천원)에 기원을 두고 있다. 이치렌산젠인은 지가쿠다이시 엔닌(慈覚大師円仁 · 자각대사원인)에게 인계되어 헤이안시대 말기부터는 황태자가 주지를 맡는 궁문적(宮門跡) 사원이 되었고, 시대가 흐르면서 여러 곳으로 이전되며 절 이름도 엔유보(円融房 · 원융방), 나시모토보(梨本坊 · 이본방), 나시모토 몬제키(梨本門跡 · 이본문적), 가지이 몬제키(梶井門跡 · 미정문적) 등으로 바뀌게 되었다. 메이지(明治 · 명치) 4년(1871) 법친왕(法親王)의 환속에 따라, 가지이어전(梶井御殿 · 미정어전) 안의 지불당(持佛堂)에 모셨던 레이겐(霊元 · 영원) 천황의 친필 칙액(勅額)에서 유래하여 산젠인이라고 명명하였으며 지금도 그 이름을 그대로 쓰고 있다.

산젠인에는 두 군데에 정원이 조성되어 있는데, 하나는 오죠고쿠라쿠인

언덕 위에 세운 탑과 언덕 가득 식재한 사즈끼철쭉군

(往生極楽院 · 왕생극락원)의 유세이엔(有清園 · 유청원)이고 다른 하나는 요사채 쪽의 슈헤키엔(聚碧園 · 취벽원)으로 두 정원 모두 에도시대 초기의 다인(茶人)인 카나모리 무네카즈(金森宗和 · 금삼종화:1584~1656)에 의해 작정되었다고 전해진다.

유세이엔이 조성된 오죠고쿠라쿠인은 헤이안시대 말기에 다카마쓰 츄나곤(高松中納言 · 고송중납언)의 처 신뇨보니(真如房尼 · 진여방니)가 건립하였는데, 메이지시대에 산젠인에 합병되었다. 유세이엔은 중국 육조시대(六朝時代)를 대표하는 시인 샤레이운(謝靈運 · 사령운:385~433)의 '산수청음유(山水清音有)'에서 따온 이름이다.

유세이엔은 아미타여래를 모신 오죠고쿠라쿠인의 주 불전 아미타당의 동쪽에 만든 지천정원으로, 못을 파고 산언덕에 3단으로 된 폭포인 사자나미노다키(細波の滝 · 세파의 롱)를 만들고, 못에는 학도(鶴島)와 구도(亀島)를 만들었다. 이 정원은 폭포와 못의 경관이 아름답고, 삼나무와 노송나무 그리고 단풍나무 아래로 펼쳐지는 이끼가 자아내는 풍경이 특히 볼만하다. 또한 계절의 변화에 따라서도 아름다움에 변화가 뚜렷한데, 봄에는 벚꽃과 운

슈헤키엔 전경

금만병초(石楠花 · 석남화)가 파스텔 톤으로 정원을 물들이고, 여름이면 신록이 싱그러우며, 가을이 되면 단풍이 정원을 온통 노랗고 빨갛게 물들인다. 게다가 겨울에 눈이라도 오면 눈으로 보는 설경과 마음으로 느끼는 적정(寂靜)의 세계가 곧 극락정토임을 보여주니 유세이엔에서는 현실과 이상이 허물어져 둘이 아니라는 것을 느낄 수 있다.

요사채(客殿 · 객전)의 정원인 슈헤키엔은 지천관상식 정원이다. 이 정원의 동쪽은 산언덕을 이용해 상하 이단의 정원을 조성하였고, 남쪽은 원형과 조롱박 모양의 못을 만들었다. 정원의 구석에 있는 나이 든 나무 '눈물의 벚꽃'은 무로마치시대의 가승(歌僧)인 톤아(頓阿 · 돈아:1289~1372) 상인(上人)이 부른 노래 가사에서 유래되었는데, 벚꽃은 헤이안시대의 유명한 와카 작가인 사이쿄(西行 · 서행) 법사와 톤아 상인의 도반인 료아(陵阿 · 능아) 법사가 심은 것이라고 한다. 5월이 되면 이 나무가 흰 꽃을 피워 정원을 일순 화사한 세계로 만들어버리며, 그 속에서 사이쿄와 료아를 만날 수 있다.

치샤쿠인 정원

智積院 庭園

에도시대 초기 | 지천관상식 | 면적: 3,472.65m²(문화재 지정 면적)

교토시 히가시야마구 히가시오지 시치죠 사가루 히가시가와라쵸 964 | 국가지정 명승

못을 중심으로 방장건물 건너편에 축산한 석가산의 꾸밈새

덴쇼(天正 · 천정) 13년(1585), 오다 노부나가(織田信長 · 직전신장)의 명을 받은 도요토미 히데요시(豊臣秀吉 · 풍신수길)는 기슈(紀州 · 기주) 네고로산(根来山 · 근래산)에 있던 치샤쿠인(智積院 · 지적원)을 불태워버린다. 그 후 게이초(慶長 · 경장) 원년(1596)에 도쿠가와 이에야스(徳川家康 · 덕천가강)가 불법에 귀의하면서 치샤쿠인을 현재의 땅에 재건하게 되는데, 격변의 시대에 당대 최고의 장군들이었던 세 사람의 모습을 파괴와 재건이라는 사건을 통해서 살필 수 있는 현장이 바로 치샤쿠인이다.

도쿠가와 이에야스가 치샤쿠인을 재건한 현재의 땅은 본래 도요토미 히데요시가 장남 쓰루마쓰(鶴松 · 학송)의 명복을 빌기 위해 건립한 쇼운지(祥雲寺 · 상운사)와 히데요시의 위패를 모신 도요쿠니사(豊国社 · 풍국사)가 있던 곳이다. 도쿠가와 이에야스는 쇼운지와 도요쿠니사를 철거하는 등 대대적인 정비를 하고 치샤쿠인을 다시 세우게 되는데, 왜 치샤쿠인의 재건을 위한 부지를 히데요시의 아픈 기억과 혼백이 잠든 땅으로 정했는지에 대해서는 알 수가 없다.

정원은 제당이 정비된 엔포(延宝 · 연보) 2년(1674), 이 절의 7대 주지인 즈이오하쿠쬬(瑞応泊如 · 서응박여) 운쇼(運敞 · 운창) 승정에 의해서 조성되었다. 운쇼 승정의 정원에 관한 소양이 이미 널리 알려져 있었는지, 그가 작정한 이 정원은 작정 당시부터 '히가시야마(東山 · 동산) 제일'이라는 찬사가 쏟아질 정도로 유명세를 탔다.

정원은 방장과 그것에 연결된 서원의 동측에 바짝 붙여서 조성되었다. 이 정원은 남북으로 세장한 못과 그 건너편의 석가산에 조성한 폭포석조 그리고 강전정한 사즈끼철쭉과 단풍나무, 배롱나무가 회화적으로 구성된 정원이다. 이 정원의 핵심은 서원 북측에서 볼 수 있는 경관이다. 정면을 바라다보면, 못 너머로 높은 석가산이 있고, 이 석가산에 조성한 폭포석조로

정원 남쪽의 경관

부터 물이 떨어지는데, 시각적으로도 훌륭하지만, 청각적인 효과도 그에 못지않다.

석가산에는 둥글게 깎은 사즈끼철쭉과 네모나게 깎은 사즈끼철쭉이 늦은 봄에 가득 꽃을 피우고, 여름이 되면 배롱나무에서 붉은 꽃이 정원을 화려하게 만들며 가을에는 단풍나무의 환상적인 색채의 유희가 벌어진다. 나무가 많고, 폭포석조로부터 하부로 내려오면서 계룟가에도 많은 석조가 다양하게 구성되어 있어서 마치 심산유곡에 와 있는 것 같은 느낌을 받는 것은 이 정원을 보는 모든 사람들이 동감할 것이다. 특히 계류에 높이 걸려 있는 석교야말로 깊은 산의 계류라는 것을 웅변하는 장엄이 아닐 수 없다. 눈을 남쪽으로 돌리면, 자연석으로 만든 두 개의 석교가 낮게 설치되어 있다. 여기를 경계로 못의 폭이 좁아져서 원근감이 강조되는데, 이 또한 의도된 작법이다. 에도시대 전기의 정원양식이 잘 남아있어서 쇼와(昭和·소화) 20년(1945)에 명승으로 지정되었다.

호넨인 정원
法然院 庭園

에도시대 중기 | 지천관상식 |
교토시 사쿄구 시시가타니 고쇼노단초 30 |

호넨인 정원 전경

다이몬지야마(大文字山 · 대문자산) 앞에 봉긋이 솟아있는 젠키산(善氣山 · 선기산)은 히가시야마(東山 · 동산) 36봉 가운데 하나이다. 이 산이 품고 있는 호넨인(法然院 · 법연원)은 사계의 아름다움이 뚜렷하게 연출되는 사찰로 유명하다. 1~2월에는 동백의 빨간 꽃이, 3~4월에는 사즈끼철쭉의 분홍색 꽃과 벚나무의 흰색 꽃이, 5~6월에는 보리수의 하얀 꽃과 향이, 여름에는 꽃창포의

길 좌우에 조성한 고산수정원, 바쿠샤단

보라색 꽃이, 가을에는 단풍나무의 붉고 노란 단풍이, 겨울에는 눈 내린 하얀 뜰이 좋아 어느 철에 가도 호넨인의 아름다움에 푹 빠질 수 있다.

호넨인은 초가(茅葺 · 모즙)지붕을 이은 산문(山門)에서부터 다른 절과는 사뭇 다른 모습을 보인다. 산문에서 내려다보이는 앞마당은 길 좌우로 흰 모래를 쌓아올려 단정하게 정리하고 그곳에 문양을 새긴 사각단의 고산수정원을 만들어 절에 들어가는 사람들에게 일순 호기심을 불러일으킨다. 흰 모래로 만든 직사각단의 이름은 바쿠샤단(白砂壇 · 백사단)이다. 이 고산수정원은 물을 상징하는데, 참배자가 여기를 통과하면 심신이 정화된다고 한다. 이 사각단의 상부에는 물을 상징하는 문양을 새기게 되며, 이 일은 절에서 수행하는 스님들에게 부과된 소임 가운데 하나라고 한다. 여기에 새긴 문양은 벚꽃잎이 떨어질 때, 은행잎이 떨어질 때, 단풍잎이 떨어질 때에 따라 다르다고 하니, 문양이 달라지면 그것은 곧 계절이 바뀐다는 것을 암시하는 것이리라. 흥미로운 것은 여기에 새기는 문양의 디자인은 순전히 소임을 맡은 스님의 독창적 아이디어에 맡겨둔다는 것이다. 아마도 이 일을 맡은 스님들은 어떤 문양을 새길 것인가에 대해서 많은 생각을 하게 될 터인데, 이것이 곧 수행의 한 방법이 아닐까 생각해본다. '일체유심조(一切唯心造)'라고 하지 않았던가? 스님의 마음자리가 곧 하나의 물리적 형태를 만들어 내게 되는 것이니 이것이 곧 수행이 아니고 무엇이겠는가!

바쿠샤단을 지나면 방생지(放生池)의 잘록한 허리에 맞추어 가설해놓은 석교가 나타난다. 석교 좌우의 방생지는 절에서 짐승이나 물고기 등을 풀어주어 공덕을 쌓고자 만든 못이다. 이 방생지 주변은 지천정원으로 조성되어 있는데, 작품성이 그리 좋은 편은 아니다.

호넨인의 본격적인 정원은 방장정원에서 볼 수 있다. 방장정원은 아미타삼존을 상징하는 삼존석을 중심으로 전개되는 정토정원으로, 못에는 젠키

산메이 쓰바키의 정

서원에 걸어놓은 '무사(無事)'라고 쓴 족자

스이(善氣水 · 선기수)라는 이름의 샘이 있다. 이 샘에서 솟는 물은 지난 300년간 끊어진 적이 없다고 하는 교토의 명수로 잘 알려져 있으니, 이곳에 가게 되면 물맛을 보는 것이 곧 정원을 느끼는 하나의 방법처럼 되어있다.

이 절의 북쪽 건물에 둘러싸인 중정에는 세 그루의 동백나무가 심어진 '산메이 쓰바키(三銘椿 · 삼명춘)의 정'이라고 불리는 정원이 있다. 각각 하나가사(花笠椿 · 화립춘), 아데(貴椿 · 귀춘), 고시키사(伍色散り椿 · 오색산춘)라는 이름을 붙여 놓았는데, 1, 2월에 꽃이 피면 정열적이면서도 화사한 운치를 느낄 수 있다.

이 절은 일찍이 소넨 상인이 문하생(門弟 · 문제) 쥬렌 안라쿠(住蓮安楽 · 주련안락)와 함께 아미타불에게 하루 여섯 번 예배하는 육시예찬(六時禮賛)을 지낸 옛 땅이다. 그러한 소넨의 유덕을 기리기 위해 엔포(延宝 · 연보) 8년(1680) 지온인(知恩院 · 지은원)의 반무(万無 · 만무) 상인이 염불지계(念佛持戒)의 도량을 건설하였으니, 그것이 곧 지금의 젠키산 호넨인 반무지(善氣山法然院万無寺 · 선기산 법연원 만무사)인 것이다.

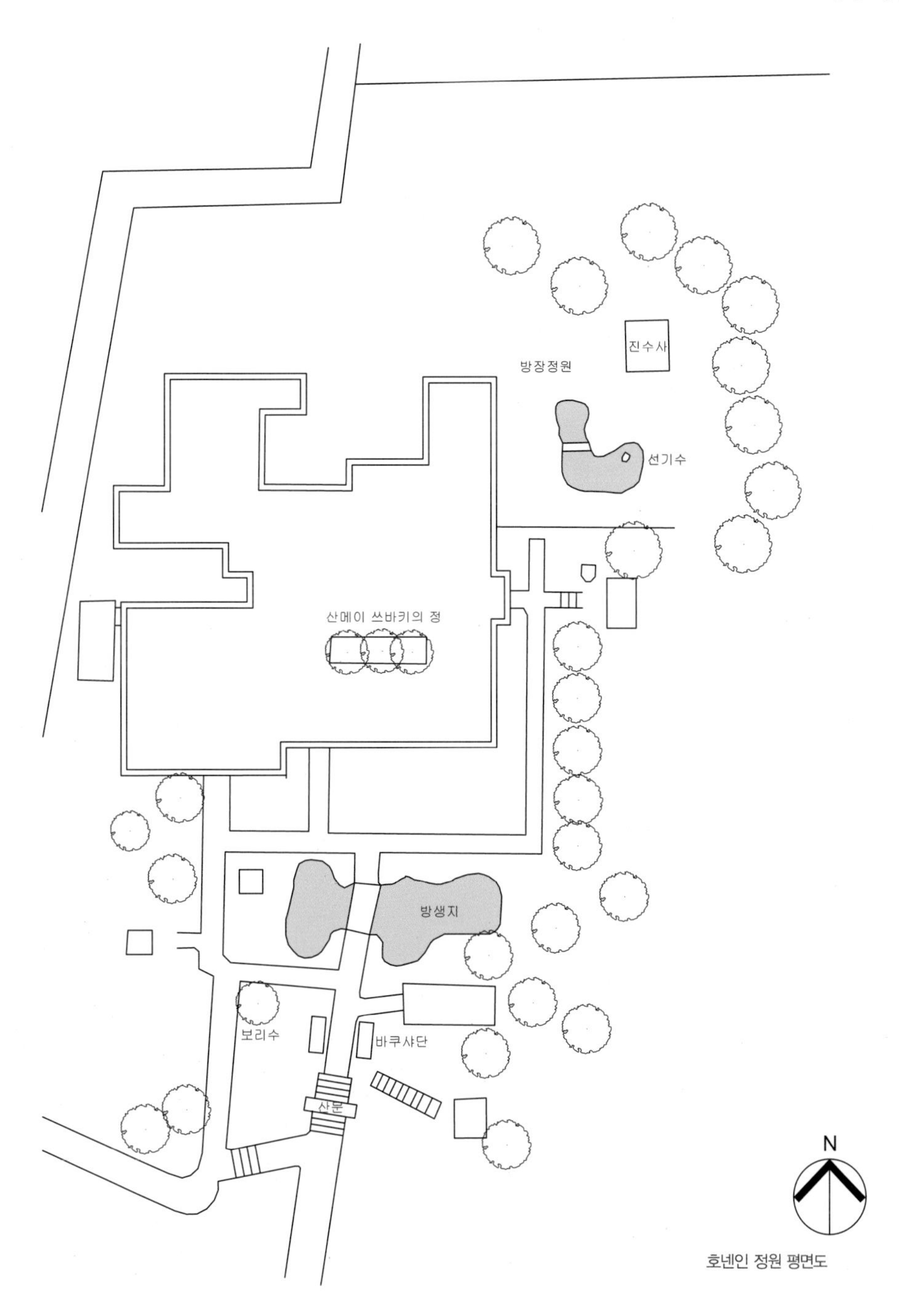

호넨인 정원 평면도

무린안 정원
無鄰菴 庭園

메이지시대 | 지천·계류회유식 + 지천·계류관상식 | 면적: 3,135m²
교토시 사쿄구 난젠지 구사가와초 31 | 국가지정 명승

본채에서 바라다 본 정원의 전경(멀리 보이는 산은 히가시야마)

무린안(無鄰菴 · 무린암)은 메이지(明治 · 명치)유신의 일등공신(元勳 · 원훈)인 야마가타 아리토모(山県有朋 · 산현유붕)가 교토에 만든 별저의 정원이다. 아리토모는 일생을 통해 도쿄, 오이소(大磯 · 대기), 오다와라(小田原 · 소전원) 교토 등지에 별장을 경영한 사람으로, 그가 만든 별장 중에서도 도쿄의 슌잔쇼(春山荘 · 춘산장)와 무린안은 널리 알려져 있다. 무린안 정원은 그 당시 최고의 작정가인 오가와 지헤이(小川治兵衛 · 소천치병위)가 아리토모의 기획의도에 따라 작정한 것으로, 정원 요소마다 지헤이가 당시 사용하였던 작법이 고스란히 남아있는 것을 보면 아리토모의 의도와 지헤이의 작정기법이 결합되어 만들어진 정원이라는 것을 한눈에 알아차릴 수 있다. 지헤이는 아리토모를 만나면서 시서화(詩書畵)와 골동품을 보는 눈이 트이게 되었고, 한편으로는 풍류를 즐기는 아취(雅趣)를 지닐 수 있게 되었다. 이것을 보면 아리토모는 정치가이면서도 동시에 예술가적 성향을 지니고 있었던 풍류객이었음이 분명하다.

메이지 24년(1891) 5월 총리대신을 사임한 아리토모는 교토 니조키야초(二条木屋町 · 이조목옥정)의 스미토모가(住友家 · 주우가)의 별저를 사들여 교토로 거처를 옮기게 된다. 이 별저는 부지 내로 타카세가와(高瀬川 · 고뢰천)가 흐르는 아름다운 곳이었다. 아리토모는 이곳 별저에 무린안이라는 이름을 붙이고 경색(景色)을 즐겼다고 한다. 일찍이 게이오(慶応 · 경응) 3년(1867) 30세의 나이로 결혼을 한 아리토모는 조슈 요시다(長州吉田 · 장주길전)의 시미즈야마(清水山 · 청수산) 기슭에 별저를 설계하고 무린안이라고 호를 붙인 적이 있었다. 그런데 이 무린안이라는 옥호(屋号)를 교토의 별저에 다시 사용한 것이다. 그 이유는 정확히 알려진 바가 없지만 아리토모에게 있어서 무린안이라는 옥호는 놓치고 싶지 않았던 모양이다.

메이지 27년(1894), 아리토모는 다시 육군에 복귀해서 제1군 지령관(指令

폭포로부터 흘러내리는 계류와 소(沼)

무린안을 구성하는 양관과 본채

두 줄기 계류와 낮은 구릉

깊은 산의 경관을 연출한 계류

官)으로 만주에 출정한다. 그가 출정한 사이에 현재의 무린안이 들어선 자리에 건물을 짓기 시작하는데, 이 땅은 당시 시(市)가 소유했던 시유지였다. 공사는 아리토모의 동향사람(同鄕人)인 사업가 하라슈 자부로(久原庄三郎 · 구원장삼랑)가 맡아서 진행하였다. 자부로는 훗날 아리토모에게 당시의 유명한 작정가 오가와 지헤이를 소개하게 되는데, 그때의 인연이 지금의 무린안 정원을 만드는 계기가 되었던 것이다.

아리토모는 중국으로부터 귀국한 뒤 부지를 확대하여 구입하고, 그곳에 정원을 만들게 된다. 정원은 자부로가 소개한 지헤이가 작정을 맡았는데, 이 정원이야말로 에도시대의 정원과는 또 다른 양식을 보이는 일본정원이며, 지금까지도 원형이 그대로 유지되고 있는 메이지시대의 명원 가운데 명원이다. 아리토모는 정원공사가 끝난 메이지 30년 봄에 준공식을 열고 연회를 베풀어 공사가 마무리된 것을 많은 이들과 함께 축하하였다. 그리고 이 산장에 또 다시 무린안이라는 당호를 사용한다. 무린안이라는 이름을 세 번째로 사용하였던 것이다.

오가와 지헤이는 멀리 있는 히가시야마(東山 · 동산)를 차경해서 정원의 배경으로 삼고, 비와코(琵琶湖 · 비파호)에서 수로를 통해서 끌어온 물을 다시 정원으로 도수하여 폭포를 조성하고 폭포의 물을 흘려 자연과 아주 흡사한 계류를 만들었으며, 원지형을 잘 다스려 완만한 경사의 구릉을 만들었다. 이러한 작법은 당시의 일본정원 양식과는 다른 것으로 이른바 일본풍 자연풍경식 정원이라고 하면 좋을 듯하다. 아리토모가 키야초로부터 이곳으로 별장을 옮긴 것도 바로 이러한 환경적 조건이 마음에 들었기 때문이었던 것으로 보인다.

비와코로부터 물을 인수하기 위한 수로가 완성된 것은 메이지 23년이었다. 준공식에 참석한 그는 수로의 물을 이용하여 정원용수로 사용해서 정원을 만들 생각을 하였던 모양이다. 아리토모는 이러한 계획을 실행에 옮겨 수로로부터 별저로 물을 끌어들이는 공사를 메이지 28년(1895) 8월에 실시하였다. 이 땅에는 본래 게아게(蹴上 · 축상)의 계곡을 흐르는 크사가와(草川 · 초천)의 물이 있기는 하였지만, 3단폭포를 만들고 사시사철 물이 흐르는 계류를 만들 수 있었던 것은 수로로부터 끌어들인 비와코의 풍부한 수량이 있었기 때문에 가능하였다.

무린안에는 간소한 목조 2층 건물인 본채와 야부노우치류(藪内流 · 수내류)의 엔난(燕庵 · 연암)을 모방하여 조성한 다실 그리고 메이지 31년(1898) 5월에 건립된 벽돌조의 2층 양관 등 모두 3동의 건물이 동서로 긴 별장부지의 서쪽으로 모아 지어졌다. 이렇게 건물들을 한쪽에 모음으로써, 동쪽으로 넓은 정원을 조성할 수 있었던 것이다. 이 세 개의 건물 가운데 벽돌조

3단폭포

로 지어진 2층 양관은 우리 민족의 명운과 관련이 있는 건물이다. 바로 이 건물에서 메이지 36년(1903) 4월 21일 원로 야마가타 아리토모, 정우회 총재 이토 히로부미(伊藤博文 · 이등박문), 총리대신 가쓰라 다로(桂太郎 · 계태랑), 외무대신 고무라 주타로(小村寿太郎 · 소촌수태랑) 4인이 모여 앉아 러일전쟁 직전의 일본의 외교방침을 결정하는 '무린암 회의'가 개최되었기 때문이다. 이 회의에서 그들은 러시아에 대한 강경정책을 펴기로 결의하였고 이것이 결국 러일전쟁으로 연결되면서 급기야는 조선을 식민지로 만드는 계기가 되고 말았다.

정원은 동측부 깊은 곳에 조성한 3단폭포와 두 갈래로 흐르는 계류(폭포로부터 흘러내려오는 계류와 초천으로부터 인수한 물이 흘러내려오는 계류) 그리고 경사가 완만한 낮은 언덕으로 구성된다. 계류의 물은 동측에서 서측으로 완만하게

다이고산에서 끌어 온 수미산석

형성된 경사에 따라 흐르도록 되어있으며, 본채 전면부에서 합류된다. 계류 중간에는 두 개의 소(沼)를 만들어 물이 잔잔하게 고이도록 하였는데, 이 물에 주변의 풍경이 비쳐 신선경을 이룬다. 이른바 영지의 기능을 하도록 의도한 것이다. 계류의 깊이는 약 15cm 정도로 유지하여 천석(川石)이 일부 잠기고, 일부 드러나도록 하였는데, 이것 역시 지혜이의 독특한 작법이라고 할 수 있겠다. 한편, 계류에 징검돌을 놓아 사람이 건너도록 하였는데, 이것이 곧 '택도(沢渡 · 사와타리)'라고 부르는 의장으로 이것 역시 지혜이가 고안한 작법인데, 무린안에서 이 작법이 쓰여진 이후 많은 정원에서 차용되었다.

정원은 멀리 히가시야마를 배경으로 삼았으며, 건물의 전면부를 넓은 공간으로 개방하여 밝은 분위기를 주고 있다. 정원을 가로질러 흘러내리는 두 개의 물줄기는 천석을 이용하여 자연적인 분위기를 연출하도록 하였다.

크고 작은 돌들을 자연스럽게 포석하고, 수변식생을 심어놓은 수준이 마치 예전부터 그 자리에 있었던 것으로 착각할 정도로 자연스러운데, 무린안 정원의 우수성을 보여주는 작법 가운데 하나이다. 3단폭포는 아리토모가 평소에 좋아했다고 하는 도요토미 히데요시(豊臣秀吉 · 풍신수길)가 경영한 다이고지(醍醐寺 · 제호사) 산보인(三宝院 · 삼보원)의 폭포형식을 모방하여 만들었는데, 산보인의 폭포처럼 1단은 우측으로, 2단은 좌측으로, 3단은 우측으로 물이 떨어지도록 구성하였다. 대석(大石)인 수미산석은 도요토미 히데요시가 수집하다 남겨놓은 교토 다이고산(醍醐山 · 제호산)에 있던 것으로, 아리토모는 이 돌을 소 24마리를 시켜 끌어왔다고 한다.

무린안은 쇼와(昭和 · 소화) 16년(1941)에 교토시에 기증되어 현재 교토시에서 관리를 담당하고 있으며, 동 26년(1951)에 메이지시대의 명원으로서의 가치를 인정받아 국가지정 명승으로 지정되었다. 면적은 과히 크지 않은 정원이지만 일본 정원사에서는 빼놓을 수 없는 중요한 위치를 점하고 있으니, 교토에 가면 한번쯤은 가볼 만하다.

본채와 계류 너머 다실

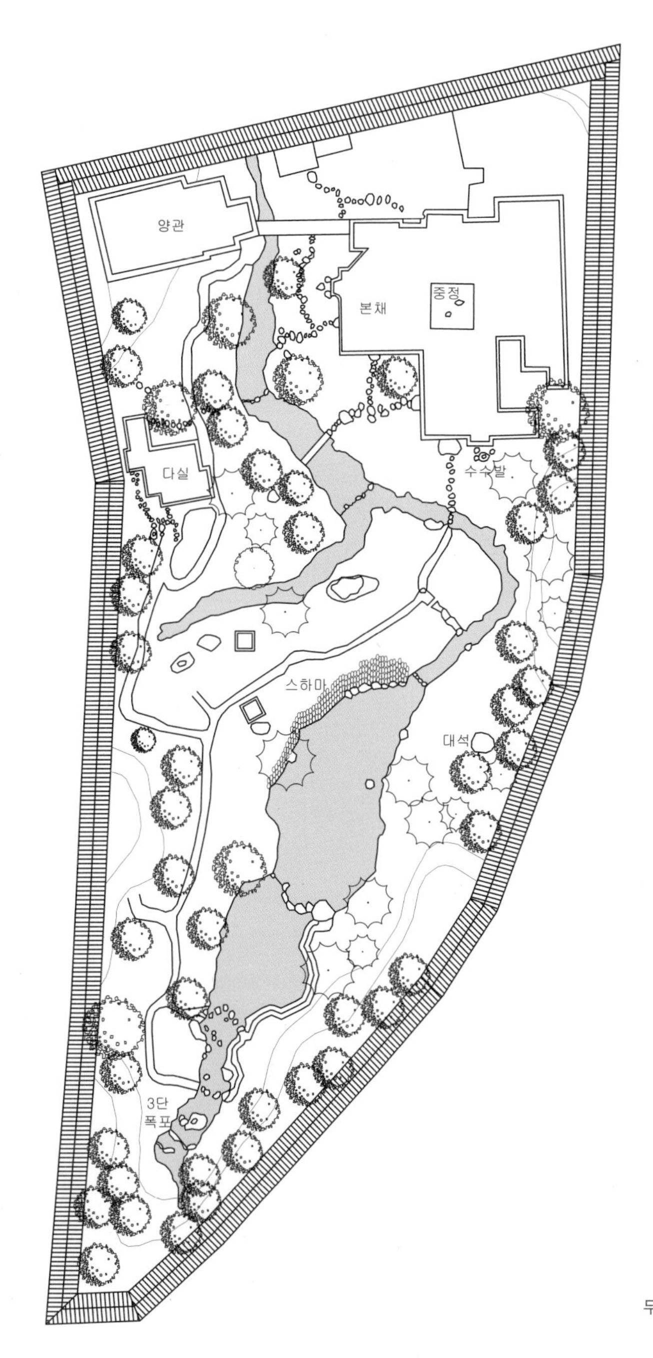

무린안 정원 배치도

헤이안진구 신원
平安神宮 神苑

메이지시대 | 지천회유식 + 지천주유식 |
교토시 사쿄구 오카자키 니시텐노쵸 | 국가지정 명승

나카신엔의 소류치와 와룡교

지헤이가 헤이안진구에 제출한 니시신엔의 스케치(좌)와 식재계획도(우)(출처: 中村基衛, 2008, p.10)

헤이안진구(平安神宮·평안신궁)는 메이지(明治·명치) 28년(1895) 헤이안 천도(遷都) 1,100주년을 기념하기 위해서 창건된 신궁이다. 신궁의 사전(社殿:신사의 신체神体를 모신 건물)은 헤이안시대에 도성 내의 궁성에 있던 쵸도인(朝堂院·조당원:일본 고대 아스카, 나라, 헤이안시대 도성都城의 궁성大内裏에 있던 정청正庁이다. 818년 이후에는 하쓰쇼인(八省院·팔성원)이라고 불렀다)을 약 5/8 크기로 축소·모방하여 건축하였으며, 못을 중심으로 하는 정원은 협찬회(協賛会)의 조영사업으로 축조되었다.

헤이안진구의 정원은 본전을 중심으로 서쪽에 만든 니시신엔(西神苑·서신원), 본전 바로 옆에 만든 나카신엔(中神苑·중신원), 남동쪽에 만든 히가시신엔(東神苑·동신원) 그리고 니시시엔 남쪽에 조성된 미나미신엔(南神苑·남신원)으로 구성된다. 이 정원들 가운데에서 1,100주년 기념제일까지 완성된 정원은 뱌코치(白虎池·백호지)를 중심으로 하는 니시신엔과 소류치(蒼龍池·창룡지)를 중심으로 하는 나카신엔이었다. 그 후 메이지 30년(1897)에 니시신엔과 나카신엔을 계류로 연결하였으며, 메이지 44년(1911)부터 다이쇼(大正·대정) 5년(1916)까지 세이호이케(栖鳳池·서봉지)를 중심으로 하는 히가시신엔이 완성되어 헤이안진구 정원의 완성된 면모를 갖추게 되었다. 이 정원들은 쇼와(昭和·소화) 44년 히가시신엔의 남쪽 부분을 일부 개조하였을 뿐 모든 것이 조

미나미신엔의 못과 주변 경관

니시신엔의 호안석조와 창포밭

나카신엔의 석교

나카신엔의 창포밭

성 당시의 모습을 그대로 유지하고 있어 메이지시대 정원양식을 살필 수 있는 좋은 텍스트가 되고 있다.

신원의 건축은 기코 세이케이(木子清敬 · 목자청경)와 이토 주타(伊東忠太 · 이동충태)가 담당하였고, 정원은 전체적으로 오가와 지헤이(小川治兵衛 · 소천치병위:1860~1933)의 설계와 시공에 의해서 만들어졌다. 지헤이는 메이지시대와 다이쇼시대를 풍미했던 작정가로 교토의 무린안(無鄰庵 · 무린암), 도쿄의 큐후루카와(旧古河邸 · 구고하저) 정원, 오사카의 게이타쿠엔(慶沢園 · 경택원) 등 일본 전역에 걸쳐 실로 수많은 정원을 만든 작정가이다. 헤이안진구 정원은 지헤이가 조성한 많은 정원 가운데에서도 가장 대표적인 작품으로 알려져 있다.

미나미신엔은 계류형 수로와 수로의 흐름이 넓어진 듯 보이는 못을 중심으로 구성되는데, 수양벚나무(紅枝垂桜 · 홍지수앵)가 많아 꽃이 필 때면 가히 장관을 이룬다. 특히 꽃이 떨어질 때는 원로와 수로 그리고 못이 온통 꽃잎으로 뒤덮여 벚꽃이 피어 있을 때도 아름답지만, 꽃잎이 떨어져 흩날릴 때도 진풍경을 연출한다는 것을 보여준다.

니시신엔은 신궁의 창건과 더불어 조성되었다. 니시신엔의 중심은 뱌코치인데 이 명칭을 붙인 것은 사신상응(四神相應)을 의도한 것이라고 한다. 뱌코치에는 못가에 군데군데 호안을 겸한 돌을 놓았는데, 이것은 지헤이가 조성한 다른 정원에서도 볼 수 있는 작법으로 단순한 포석이 아니라 돌의 우아한 표정을 읽을 수 있도록 의도한 가히 높은 수준의 포석기법이다. 못의 북동부에는 높이가 2m 정도 되는 폭포가 있다. 이것은 물이 2단으로 떨어지도록 돌을 조합한 폭포석조(滝石組·다키이시쿠미)로, 헤이안진구의 정원에서는 유일한 폭포이다. 못의 남동부에는 창포밭을 만들어놓아 꽃창포가 피는 계절에는 못 주변으로 보라색 꽃창포가 만개하여 특별한 경관을 선사한다. 한편, 못의 남서쪽에는 높이가 과히 높지 않도록 축산을 하고, 그

히가시신엔의 교전, 타이헤이카쿠

위에 쵸신테이(澄心亭 · 징심정)라는 이름이 주어진 다실을 하나 두었다. 이곳에는 가마쿠라시대에 조성한 보광인탑(宝篋印塔)의 기초를 이용한 준거(蹲踞 · 츠쿠바이:돌로 만든 물그릇으로 손을 씻거나 입을 헹구는 물을 담는다)가 있다.

나카신엔은 소류치라는 이름의 못을 중심으로 조성되었다. 못에는 섬이 하나 있고, 니시신엔으로부터 연결되는 동선을 섬으로 연결하기 위해 가류쿄(臥龍橋 · 와룡교)라고 이름 붙인 비석(飛石 · 토비이시)을 놓았는데, 이러한 비석을 통칭 택도(沢渡り · 사와와타리 혹은 이와와타리)라고 부른다. 이 택도석은 전부 14개로, 도요토미 히데요시(豊臣秀吉 · 풍신수길)가 축조했던 3조와 5조의 다리 교각과 다리의 잔재를 이용해서 만든 것이다. 이 돌은 메이지 40년에 신사 측의 강력한 요청에 의해서 교토시로부터 빌려다 놓은 것인데, 실제로는 설계자 지헤이가 원해서 이루어진 것이라는 얘기가 있다. 나카신엔과 히가시신엔을 연결하는 계류는 나카신엔과 니시신엔을 연결하는 계류에 비해 폭이 넓고, 바닥에는 주먹보다 조금 더 큰 돌을 박아놓아 기분 좋은 물소리가 나도록 만들어 놓았다. 게다가 높지 않은 낙차를 두어 물의 흐름이 변화를 가지도록 하였는데, 이것 역시 지헤이가 창안한 독특한 작법이라고 할 수 있겠다.

히가시신엔에는 신궁의 5개 정원에서 가장 넓은 면적의 세이호이케가 있고, 남쪽에는 타이헤이카쿠(泰平閣 · 태평각)라고 부르는 교전(橋殿)을 지어 놓았다. 한편, 세이호이케에는 여러 개의 섬을 두었는데, 섬에는 수형이 아름다운 소나무를 심어 놓아 실로 신원으로서의 이미지를 잘 표현하고 있다. 천도 1,100주년을 축하한다는 뜻에서 봉황을 올려 놓은 타이헤이카쿠는 아와타산(粟田山 · 속전산)을 배경으로 빼어난 자태를 뽐내고 있다. 원래 세이호이케가 있던 자리는 시립미술관 자리였다고 하나 이것을 헐고 못을 만든 것을 보면, 신원에 대한 신사 측의 상상을 초월한 배려를 알 수가 있다.

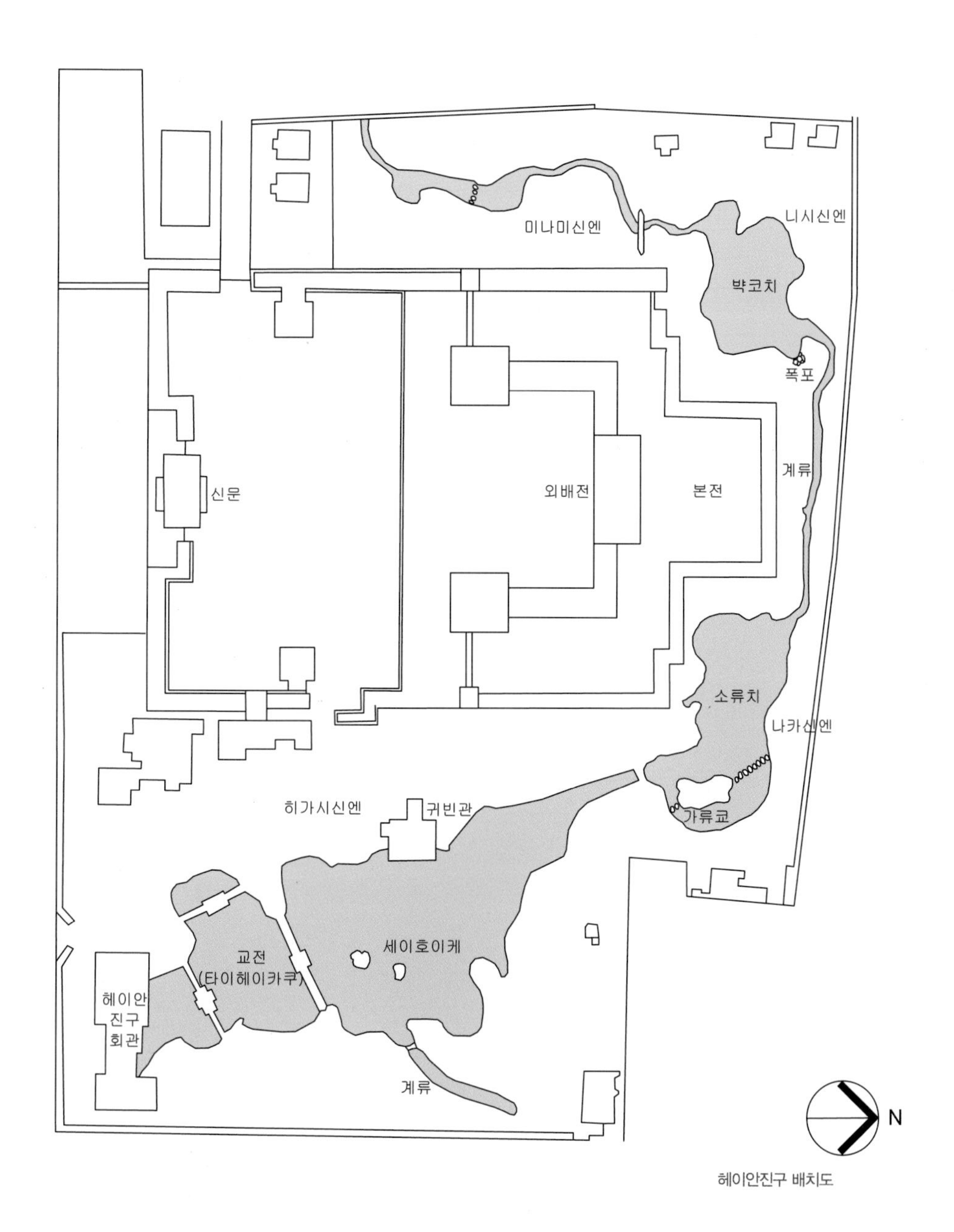
미나미신엔
니시신엔
박코치
폭포
계류
신문
외배전
본전
소류치
나카신엔
가류교
히가시신엔
귀빈관
세이호이케
교전
(타이헤이카쿠)
헤이안
진구
회관
계류
N

헤이안진구 배치도

나미카와가 주택정원
並河家 住宅庭園

메이지시대 | 지천관상식 + 지천회유식 |
교토시 히가시야마구 산죠도오리 키타우라시라카와스지히가시이루 호리이케쵸 388-2 |

2층 건물과의 연결성을 고려하여 작정한 정원

나미카와가(並河家 · 병하가)주택은 메이지·다이쇼시대에 칠보장인(七寶匠人)으로 제실기예원(帝室技芸員)에 표창된 나미카와 야스유키(並河靖之 · 병하정지:1845~1927)의 옛집(旧邸 · 구저)이자 공방이다. 현재는 나미카와 야스유키 칠보기념관(並河靖之 七寶記念館 · 병하정지 칠보기념관)으로 쓰이고 있는데, 이 집과 정원은 메이지(明治 · 명치) 27년(1894)에 완성된 것으로, 전형적인 교토의 경정옥(京町屋 · 쿄마치야) 형식을 보이고 있다.

정원은 건물을 중심으로 동쪽과 남쪽에 자리를 잡고 있는데, 조성된 정원의 면적은 약 340m²(103평)로 개인주택의 정원치고는 비교적 큰 규모라고 할 수 있겠다. 정원양식은 지천관상식으로, 정원의 대부분을 못이 차지하고 있어 물과의 상관성이 매우 크다는 인상을 준다. 건물의 1층에서 정원에 면한 2개실은 응접공간으로 꾸며져 있어 정원이 집안 사람들을 위해 조성된 것이라기보다는 이 집을 방문하는 방문객들을 위해서 의도되었다는 것을 알 수 있다. 정원에 면한 부분에는 유리문이 달려있어 문을 열지 않아도 언제나 정원을 감상할 수 있으며, 항상 햇빛이 들어와 실내가 밝고 쾌적하게 유지될 수 있도록 하였다.

정원은 나미카와가의 옆집에 살던 7대목 우에지(植治 · 식치) 오가와 지헤이(小川治兵衛 · 소천치병위)가 만들었다. 지헤이는 야스유키가 칠보공예를 위해 멀리 비와코(琵琶湖 · 비파호)로부터 끌어들인 비와코 수로(琵琶湖疏水 · 비파호소수:메이지 23년(1890)에 준공)에서 도수(導水)한 물을 사용해서 정원의 중심요소인 못을 조성하였다. 이것은 비와코 수로의 물을 민가의 정원에 사용한 최초의 사례가 된다. 도수된 물은 정원의 남동부 모퉁이 등 3곳에서 작은 폭포를 이루며 떨어지도록 장치되어있으며, 이 물이 소리를 내면서 못으로 입수되도록 하였다. 이러한 역동적인 경관은 직주(職住)가 한 공간에서 이루어지는 집의 분위기를 윤택하게 하고 활기가 넘치도록 만들어 놓았다. 남동부 모퉁이에

못 안에 조성한 중도인 구도(龜島)

독특한 형태의 등롱

장치한 폭포 앞에는 길이가 2~3m 정도의 활모양으로 굽은(彎曲) 중후한 의장의 다리가 하나 걸려있어 동선이 끊어지지 않도록 하였다. 실제 이 다리는 동선으로 이용되기 보다는 응접실에서 바라다보는 경물(景物)로 기능하였을 것으로 보이는데, 정원의 깊이를 확장하는 시각적 요소로도 활용되고 있다. 못은 남동쪽에서 건물 쪽으로 넓어지는 형태가 되도록 만들어 비와코의 생김새와 유사하도록 하였다. 이것을 보면, 그때나 지금이나 교토에 사는 사람들에게 비와코가 얼마나 중요한 의미를 지니고 있는지를 알 수가 있다. 못에는 비교적 큰 규모의 중도를 하나 만들어 놓았으니, 형상으로 보아 거북이 모양의 구도임에 틀림없다.

이 정원은 집주인 야스유키의 생각을 십분 수용하여 작정된 것이나, 정원 곳곳에서 지헤이의 작풍을 발견할 수 있어 실제로는 지헤이가 의도한 디자인을 통해서 만들어진 것임을 한눈에 알아차릴 수가 있다. 특히 건물과 정원을 일체화하기 위해 조전조(釣殿造) 구성을 고안한 것이나, 경석과 등롱 또는 일문자(一文字) 수수발(手水鉢·쵸즈바치) 등과 같은 돌을 사용한 것은 지헤이의 작품에서 공통적으로 볼 수 있는 의장들이다. 이 정원에서 특히 강조되고 있는 등롱은 높이가 3m 정도되는 큰 등롱에서부터 30cm 정도 되는 작은 등롱에 이르기까지 다양하며, 못 주변이나 축산에 무려 12개나 설치되어 있다. 등롱을 제작한 시기도 모모야마시대에서부터 메이지시대에 이르기까지 다양하며, 종류도 설견등롱(雪見燈籠), 방형의 조선등롱(朝鮮燈籠), 사각·환형(丸形)·육각의 등롱, 삼층탑형의 등롱 등 다채롭다. 또한 정원에 도입한 돌의 산지(産地)도 기슈 청석(紀州青石), 귀선석(貴船石), 백천석(白川石), 고슈 소송석(江州小松石), 노세 흑어영석(能勢黑御影石), 단바 안마석(丹波鞍馬石) 등 다양하다. 이러한 돌들을 전국에서 수집한 것을 보면 집주인이 호사가요, 풍류가였다는 것을 한번에 알아차릴 수가 있다.

일문자(一文字) 수수발(手水鉢)

거북이 형상의 근석

원로에 놓은 답분석

못 주변의 경석과 활처럼 굽은 석교

나미카와가의 정원을 작정할 당시 지헤이의 나이는 34살이었다. 당시의 지헤이로서는 이렇게 큰 정원의 작정을 의뢰받은 것이 처음이라 망설이지 않을 수 없었을 것이다. 그러나 지헤이는 나미카와의 요청을 받아들이게 되고, 자신이 생각한 발상을 과감하게 실행에 옮긴다. 그중에서도 칠보 제작을 위해서 도수한 물로 가득 채워진 못을 기둥 아래까지 확장한 것은 지헤이가 시도한 가장 핵심적인 작정 아이디어라고 할 수 있다. 방에서 보면, 마치 배를 타고 못에 떠 있는 것과 같은 기분이 들도록 만든 이것은 비와코에서 뱃놀이하는 상상력이 바탕이 되어 만들어진 것으로 생각된다. 특히 주옥(主屋)의 기둥을 지탱하기 위해 귀선석(貴船石)으로 만든 근석(根石)의 도입은 그러한 기분을 정원에서도 느낄 수 있도록 만든 결정적 아이디어다. 근석으로 거북이처럼 보이는 형상석을 도입한 것은 장수의 상징인 거북이가 등에 집을 지고 봉래산으로 향하는 모습을 표현하기 위한 것으로 보인다. 못의 주변으로는 많은 수목을 식재하였는데, 수종에 따라 달리 나타나는 고저차를 통해 입체감과 원근감을 연출하도록 의도하였다. 더 나아가 작고 큰 택도석(沢飛石:못이나 계류의 비교적 협소한 장소에 맞은편으로 건너가기 위해 놓는 징검돌을 말한다. 에도시대부터 정원에 도입된 의장인 것으로 보인다)을 놓거나, 원로상에 사찰이나 신사의 초석풍 취향을 보여주는 답분석(踏分石)을 놓는 것과 같이 대담하고 우아하게 돌을 사용한 것은 후일 지헤이의 작풍에 큰 영향을 미치게 된다. 이러한 작법은 근세 사찰정원의 기본이 되고 있지만, 지헤이의 작풍과 의장은 이미 그 단계를 뛰어넘는 것으로 평가되고 있다. 이 정원은 작정된 지 이미 100년이 지났지만 밀도 있게 식재된 나무는 그윽하고 조용한(幽邃) 분위기를 연출하고 있어 이곳이 도시인지 깊은 산속인지 헤아릴 수 없을 정도이다. 이 정원은 젊은 지헤이가 시도한 도전적인 작품으로, 지헤이는 이 정원을 조성한 이후 무린안(無鄰庵 · 무린암) 정원을 만드는 기회를 얻게 된다. 따라서 이 정원은 지헤이에게 있어서는 일종의 출세작이라고 할 수 있으며, 그렇기 때문에 지헤이의 작정변천사를 알기 위해서는 반드시 참고해야 하는 귀중한 작품이다.

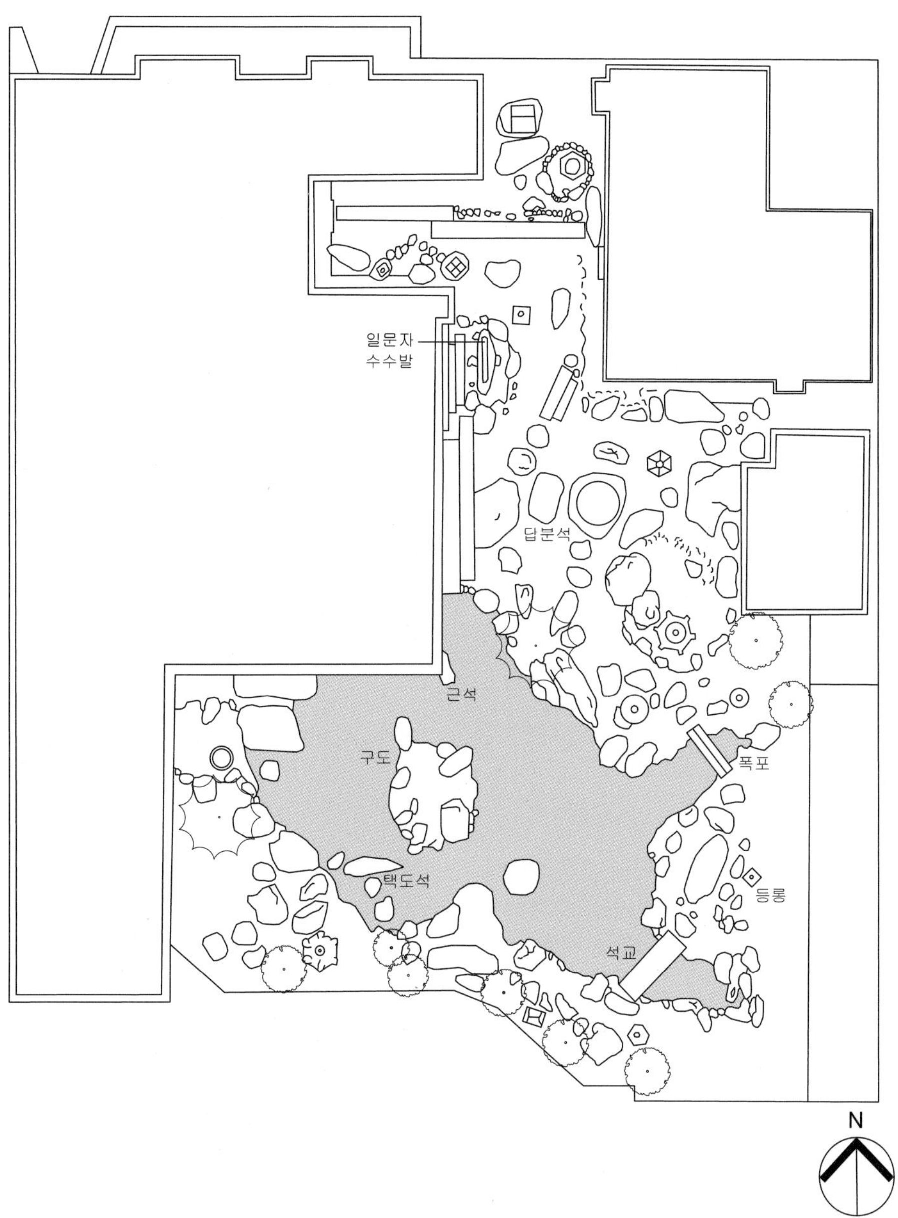

나미카와가 주택정원 평면도

마루야마코엔 정원

円山公園 庭園

메이지시대 | 지천회유식 | 면적: 86,641m^2

교토시 히가시야마구 마루야마쵸 |

공원 초입부 못 전경

공원 초입부 표주박형 못에 설치한 선착장

못 호안부의 석등롱

메이지정부의 신불분리책(神仏分離策)이 시행되면서 파괴된 기온칸신인(祇園感神院·기원감신원:야사카진자(八坂神社·팔판신사)를 말한다)의 방사터(坊舍跡·방사적:방사는 사찰에서 스님들이 거처하는 방을 말한다)와 마루야마안요지(円山安養寺·원산안양사) 등의 경내가 일괄 왕실소유지(官有地·관유지)로 편입되면서, 교토부는 이곳을 마루야마코엔(円山公園·원산공원)이라고 명명하였다.

공원 지정 이후 비와코 수로(琵琶湖疏水·비파호소수)를 설계·감독했던 다나베 사쿠로(田辺朔郎·전변삭랑:1861~1944)는 수로의 물을 이용하여 공원의 정비계획을 입안하였으며, 그로부터 10년 후 1년여에 걸친 확장·정비공사를 진행하게 된다. 당시 공사의 책임자는 건축가 다케다 고이치(武田伍一·무전오일:1872~1938)였으며, 정원의 조성은 헤이안진구의 신원을 조성하여 깊은 신뢰를 쌓은 우에지(植治·식치) 오가와 지헤이(小川治兵衛·소천치병위)가 담당하였다. 지헤이는 1911년에 완성한 제2수로의 풍부한 물을 이용하여 폭포를 비롯해 못에 이르는 계류를 자연 그대로 재현하는 정원을 설계하고 이것을 만들어냈다.

마루야마코엔은 교토 최초의 공원이다. 지헤이가 이 공원의 정원을 조성할 당시만 해도 그는 공원이라는 것이 무엇인지에 대한 개념이 없었을 것이다. 공원은 유럽으로부터 소개된 것으로 20세기 초까지만 하더라도 일본에서 공원이라는 존재는 들어보지도 못한 생소한 것이었기 때문이다. 그러한 까닭에 지헤이는 마루야마코엔에서 유럽의 공원양식을 모방하지 않고, 일본 취향의 공원을 설계하였던 것이다. 그래서 마루야마코엔은 일본정원양식을 공공의 공간에서 볼 수 있는 최초의 사례가 될 수 있었다. 히가시야마(東山·동산)의 산허리에 조성한 낙차가 큰 폭포, 못에 이르기까지 경쾌한 흐름을 가진 계류, 계류에 가설한 독특한 의장의 다리, 계류에서 못으로 입수되는 곳에 조성한 폭포석조, 표주박 형태(瓢箪形·표주형)의 못은 지헤이가 그동안 많은 정원에서 경험하였던 것을 총합하여 만든 것이다.

마루야마코엔 상부에 조성한 폭포석조

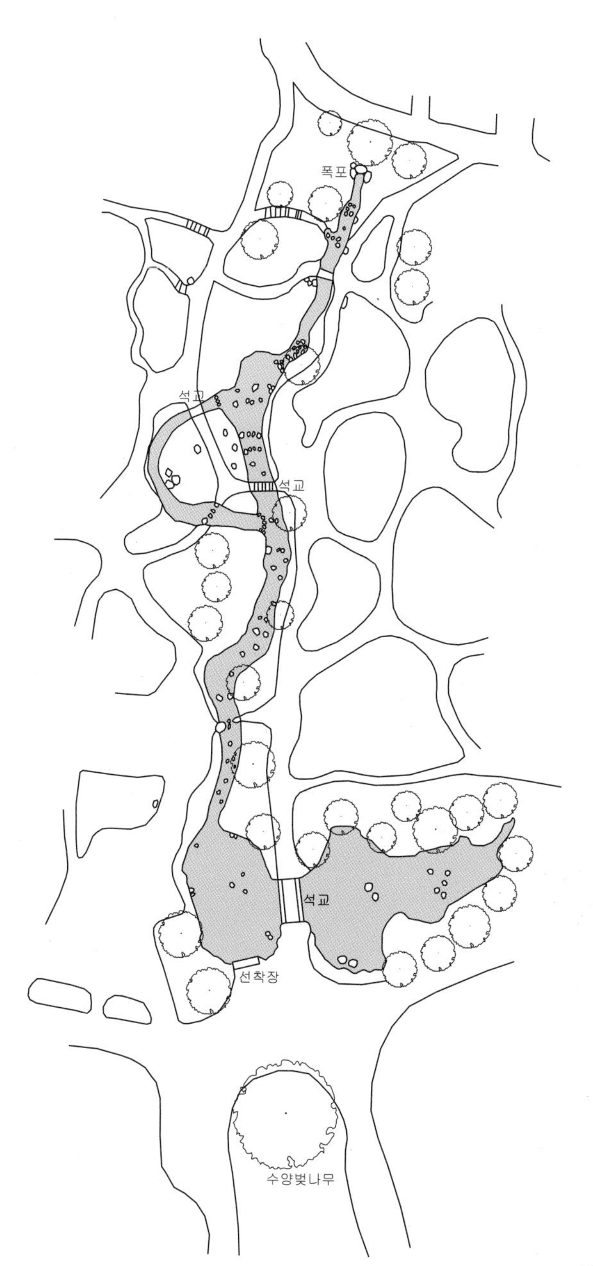

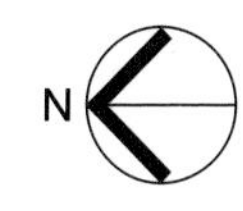

마루야마코엔 정원 평면도

하쿠사손소 정원

白沙村莊 庭園

다이쇼시대 | 지천회유식 + 지천관상식 |

교토시 사쿄구 조도지 이시바시쵸 | 국가지정 명승

못을 사이에 두고 세워진 몬교테이와 이스이테이

하쿠사손소(白沙村莊·백사촌장) 정원은 일본화에 새로운 바람을 일으킨 하시모토 간세쓰(橋本関雪·교본관설)가 30여 년에 걸쳐 자신의 저택에 조성한 지천회유 겸 관상식정원이다. 현재는 하시모토 간세쓰 기념관으로 일반인에게 공개되고 있어 정해진 시간에 자유롭게 정원을 둘러볼 수 있다. 멀리 있는 뇨이가다케(如意ケ岳·여의악)를 차경하여 정원에 깊이를 더한 하쿠사손소 정원은 사계의 경관 변화가 무쌍하여 어느 때 보더라도 일본다움이 고스란히 드러난다.

정원에는 다실인 케이쟈쿠안(憩寂庵·게적암), 이스이테이(倚翠亭·의취정), 몬교테이(問魚亭·문어정)와 다이가시쓰(大画室·대화실), 손고로(存古樓·존고루) 그리고 지불당(持佛堂·지부쓰도) 같은 건물이 있어야 할 곳에서 제자리를 지키고 있다. 이 건물들 가운데에서도 특히 몬교테이는 못으로 불쑥 튀어나오도록 건축하여 의도적으로 친수성을 높이고 있으며, 건너편에 지은 이스이테이와 케이쟈쿠안은 물가에 고즈넉하게 자리를 잡고 있어 두 건물의 조화가 정답기 그지없어 보인다. 이 건물들과 주변의 경물들이 못에 투영된 그림자를 보는 것은 이 정원에서 맛볼 수 있는 또 다른 풍류라고 하겠다.

이 정원의 곳곳에 놓인 석불과 석탑, 석등롱 같은 석조 미술품은 모두 헤이안시대와 가마쿠라시대의 명품으로, 간세쓰가 수집한 것이라고 한다. 특히 접수처 부근에 놓여있는 구니사키도(國棟塔·국동탑)는 탑신 하부와 기대 사이의 대좌에 연변(蓮弁)이 조각되어 있어 특이한 의장을 보이는데, 이러한 양식은 흔한 것이 아니어서 눈여겨볼 만하다. 오카노 토시유키(岡野敏之·강야민지)의 말에 따르면 이러한 양식의 탑은 오이타(大分·대분)현의 구니사키(國棟·국동)반도에서만 볼 수 있는 특이한 것으로, 미술사적으로 볼 때 가치가 높은 것이라고 한다.

하시모토 간세쓰가 이곳에 처음 왔을 때 지금 정원이 조성된 땅은 도로보다 낮은 논이었다고 한다. 그가 기록하기를 "바닥은 온통 진흙으로 덮

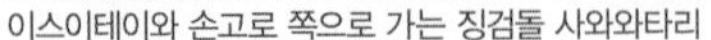

이스이테이와 손고로 쪽으로 가는 징검돌 사와와타리

이스이테이 쪽에서 바라본 몬교테이와 못을 바라본 경관

몬교테이 쪽에서 바라본 케이자쿠안과 이스이테이

회랑 하부를 거쳐 지불당 쪽으로 흐르는 계류

여 있었으며, 작은 돌멩이조차 찾을 수 없는 곳이었다."라고 한 것을 보면, 이 땅은 특별히 쓸모가 있는 땅은 아니었던 모양이다. 그는 이곳에 많은 양의 흙을 성토하여 정원을 만들 기반을 마련하고, 엄청난 에너지를 쏟아부어 정원을 만들었다. 다이쇼(大正·대정) 5년(1916) 간세쓰가 이곳으로 이사를 하게 되는데, 그때 그의 나이는 33세였다. 그는 이사를 하고 나서도 계속 정원 만드는 일에 매달렸다. 주변의 땅을 더 사들여 정원을 확장하였으며, 그가 직접 지휘하여 나무와 돌을 가져와 심고 놓고 해서 지금과 같은 모습을 만들어 내게 된 것이다.

간세쓰는 대상과 만나는 순간의 영감을 중시하는 예술가이다. 그는 『관설유고(関雪遺稿)』에 "하나의 물상을 보는 찰나, 이것을 그리자고 생각하면, 어김없이 하나의 그림으로 그려진다. 이러한 감각은 돌을 놓을 때도, 나무를 심을 때도 다르지 않다"라고 적고 있다. 이것을 보면 간세쓰에게 있어 작정(作庭)이라 함은 본질적으로 그림을 그리는 것과 동일한 영감으로부터 달성되는 것이었다는 것을 알 수 있다.

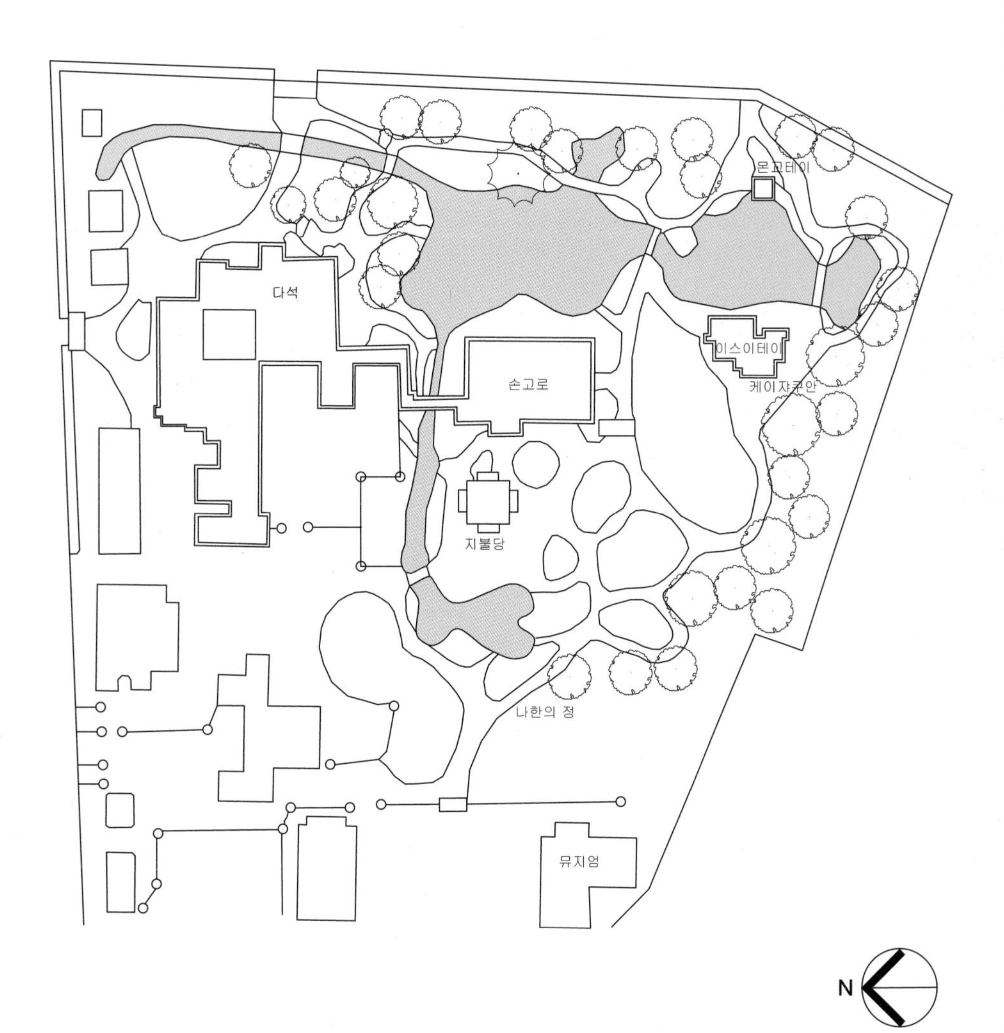

하쿠사손소 정원 배치도

죠난구 정원

城南宮 庭園

쇼와시대 | 지천회유식 + 지천관상식 |

교토시 후시미구 나카지마토바리큐쵸 |

무로마치의 정

죠난구(城南宮·성남궁)는 본래 죠난진(城南神·성남신)이라는 이름을 가진 신사(神社)로, 헤이안 천도에 즈음하여 헤이안쿄(平安京·평안경) 남쪽의 귀문(鬼門)을 지키기 위해 창건되었다. 죠난구로 바꿔 부르게 된 것은 시라카와(白河·백하) 상황(上皇)이 토바리큐(鳥羽離宮·조우이궁)를 지으면서 신사의 영역 일부가 토바리큐에 포함된 것이 계기가 되었다.

죠난구는 신전을 둘러싸듯 조성되었으며, 라쿠스이엔(楽水苑·락수원)이라고 부르는 신원(神苑)이 있다. 라쿠스이엔은 헤이안의 정(平安の庭), 무로마치의 정(室町の庭), 모모야마의 정(桃山の庭)과 하루야마(春の山·봄의 동산), 죠난리큐의 정(城南離宮の庭)으로 명명된 5개의 정원으로 구성되어있다. 여기에서 헤이안의 정, 무로마치의 정, 모모야마의 정은 각각의 시대를 대표하는 양식으로 조성되었으며, 하루야마는 매화처럼 봄꽃이 중심이 되는 정원이고, 죠난리큐의 정은 고산수양식으로 조성된 정원이다. 라쿠스이엔은 작정가 나카네 킨사쿠(中根金作·중근금작:1917~1995)의 작품으로 쇼와(昭和·소화) 34년(1959)부터 36년(1961)까지 3년간에 걸쳐서 조성되었다고 한다. 나카네 킨사쿠는 '쇼와시대의 고보리 엔슈(小堀遠州·소굴원주)'라고 불리는 작정가로 교토 타이조인(退蔵院·퇴장원)의 요코엔(余香園·여향원), 시마네현 야스기시(島根県安来市·도근현안래시)의 아다치 미술관 정원(足立美術館庭園·족립미술관정원), 보스톤 미술관 일본정원인 텐신엔(天心園·천심원) 등 수많은 작품을 남긴 당대 최고의 작정가였다.

하루야마는 원로를 따라가며 흐르는 계류 주변과 계류 좌우측에 조성한 축산에, 『원씨물어(源氏物語·겐지 모노가타리)』에 등장하는 약 80여 종의 꽃을 심어 지난날 황실의 격조있는 취향을 드러낼 수 있도록 조성하였다. 이 정원은 특별히 봄이 아름다운 까닭에 하루야마라는 이름을 붙였는데, 봄에 가면 최상의 풍경을 볼 수 있겠지만 다른 계절에 간다 하더라도 그 나름대로 일본정원의 참맛을 느낄 수 있다.

헤이안의 정은 못이 중심이 되는 정원으로 못 가운데에는 한 개의 섬(島)을 두었으며, 못 전후부에는 계류가 흐르도록 하였고 곳곳에 단차를 이용한 폭포를 만들어 물소리가 들리도록 만든 지천회유식 정원이다. 헤이안의 정에서 볼 수 있는 특별한 의장은 못으로 흘러들어가는 입수부와 출수부에 만든 곡수거(曲水渠)인데, 이 곡수거에서는 매년 4월 29일과 11월 3일에 곡수연(曲水宴)이 개최된다.

곡수연은 본래 중국에서 음력 삼월 삼짇날 구불구불 흐르는 물에 술잔을 띄우고 술잔이 자기 앞으로 떠내려오면 시를 한 수 읊었던 풍류문화였다. 유상곡수연(流觴曲水宴), 곡수유상연(曲水流觴宴), 곡수지유(曲水之遊), 곡강연(曲江宴)이라고도 하며 유상곡수연에 관한 가장 오래된 기록은 왕희지(王羲之)의 『난정서(蘭亭序)』에서 찾을 수 있다. 『난정서』를 통해서 당시의 유상곡수연을 살펴보면, 왕희지는 에이와(永和 · 영화) 9년(353) 음력 삼월 삼짇날, 절강성(浙江省) 회계산(會稽山) 북쪽에 있는 자신의 정자 난정(蘭亭)에서 계사(禊事)를 열었다고 한다. 중국에서는 삼월 삼짇날이 물과 난초로 겨울의 나쁜 기운을 몰아내고, 대신 행운으로 채우는 날이라고 하니 이날에 맞춰 곡수연을 열었던 모양이다. 난정 주변에는 맑은 여울이 있어 이를 끌어다가 유상곡수로 삼았는데 아직도 그곳에는 당시의 유상곡수로가 남아있다. 이날 있었던 유상곡수연에서는 왕희지를 비롯하여 초청받은 손님들이 곡수에 늘어앉아 곡수연을 벌였는데, 하인이 술을 따라 흐르는 물에 술잔을 띄워 보내면 술잔이 멈추는 곳에서 가장 가까이 앉은 사람이 즉석에서 시 한 수를 지어야 하고 만약 못 지으면 술 석 잔을 마셔야 하는 규칙을 정해놓고 즐거운 시간을 보냈다고 한다. 이날 초청된 41명의 손님 가운데에서 26명이 모두 37수의 시를 지었는데, 왕희지는 이들의 시에 영감을 받아 유명한 서문을 썼으니 그것이 곧 『난정서』이다.

한국에서는 경주의 포석정과 창덕궁 후원의 옥류천(玉流川)이 유상곡수 연지로 알려져 있으며, 일본의 경우에는 나라의 헤이조쿄 궁적정원(平城京左京三条二坊 宮跡庭園), 토인 테이엔(東院庭園 · 동원정원) 그리고 이와테현 히라이즈미(岩手県平泉 · 암수현평천)의 모쓰지(毛越寺 · 모월사) 등 비교적 여러 곳에 유상곡수 연지가 남아있다.

무로마치의 정은 지천관상식 정원으로 다실인 라쿠스이켄(楽水軒 · 락수헌)에서 차를 마시면서 정원의 아취를 즐기기 좋도록 만들었다. 중앙에는 탓킨교(濯錦橋 · 탁금교)라고 부르는 다리를 가설하여 지천정원을 동서로 양분하고 있다.

라쿠스이켄의 남쪽에는 모모야마의 정이 넓게 조성되어 있다. 이 정원에

하루야마의 계류와 주변에 식재된 다양한 초화류

헤이안의 정에 조성된 못과 섬

곡수연을 위해 헤이안의 정에 조성한 곡수거

창덕궁 옥류천

다실 라쿠스이켄과 전면에 조성된 무로마치의 정

모모야마의 정

는 전체적으로 잔디를 깔아 놓았으며, 후방에는 다양한 형태의 석조를 두고, 석조 주변에는 소철을 심어 헤이안의 정이나 무로마치의 정과는 또 다른 정서를 느낄 수 있도록 하였다.

죠난리큐의 정은 현대적 개념으로 전통을 해석한 고산수양식의 정원으

로 산을 상징하는 석조와 바다를 상징하는 모래 그리고 낮은 언덕을 상징하는 지피류로 구성되어 있다. 이 정원은 쵸난구에 조성된 다른 자연풍경식 정원과는 또 다른 양식의 정원으로 보는 이들에게 다양한 즐거움을 선사한다.

쵸난리큐의 정

도후쿠지 본방정원

東福寺 本坊庭園

쇼와시대 | 고산수식 | 면적: 974m²

교토시 히가시야마구 혼마치 15-778 |

도후쿠지 본방 남정

도후쿠지(東福寺 · 동복사)는 가마쿠라시대에 창건된 고찰로, 임제종 혜일파(慧日派)의 대본산(大本山)이다. 이 절은 가테이(嘉禎 · 가정) 2년(1236) 후지와라(藤原 · 등원) 성의 원찰이었던 호쇼지(法性寺 · 법성사)가 있던 자리에 섭정(攝政)이었던 구죠 미치이에(九条道家 · 구조도가)가 구죠(九条 · 구조) 가문의 보리사로 건립하였는데, 개산조는 세이치(聖一 · 성일) 국사 엔니 벤넨(円爾弁円 · 엔이변엔)이었다. 이 절은 19년이라는 긴 시간을 들여서 대가람으로 건설된, 흔치 않은 사찰이다. 절 이름은 나라(奈良)의 도다이지(東大寺 · 동대사)와 고후쿠지(興福寺 · 흥복사)처럼 큰 사찰이 되라는 뜻에서 두 절의 이름에서 글자를 한 자씩 따다가 지었다고 한다. 창건 후에 도후쿠지는 교토 오산(京都伍山 · 교토고잔:난젠지南禅寺(別格), 텐류지天龍寺(第一位), 쇼고쿠지相国寺(第二位), 겐닌지建仁寺(第三位), 도후쿠지東福寺(第四位), 만슈지万寿寺(第五位)를 말한다.)에 이름을 올려 속칭 '가람면(伽藍面)'이라는 별명을 얻을 정도로 번창하였으나 거듭된 화재로 인해 재건을 반복하는 불행을 겪기도 했다. 그 후 면면히 법등을 이어와 오늘에 이르고 있으니 우리로서는 부러운 일이 아닐 수 없다.

도후쿠지의 본방(本坊 · 혼보)에는 쇼와시대에 많은 정원을 작정하여 일본정원사의 혁명아라고 불리는 시게모리 미레이(重森三玲 · 중삼삼령:1896~1975)의 작품이 있어 일본조경사에 있어 매우 중요한 장소성을 가지는 곳이다. 본방에 작정된 정원은 모두 4개로 방장(方丈 · 호조)건물을 중심으로 동서남북에 조성되어 있는데, 이 4개의 정원은 하나같이 미레이의 작풍(作風)과 의장을 적나라하게 볼 수 있는 실질강건(實質剛健)한 명원들이며, 미레이의 명성을 일본에 알리는 데에도 크게 기여하였다. 정원의 주제는 부처님의 생애를 표현한 '팔상성도(八相成道)'를 상징하는 것이어서 '핫소노니와(팔상의 정)'라는 이름이 붙여졌다.

도후쿠지 본방정원의 조성은 쇼와(昭和 · 소화) 13년(1938) 8월로, 당시 도후쿠지의 집사장이었던 이산(以三 · 이삼) 화상이 시게모리 미레이를 찾아와 사찰의 경관 정비를 위해 정원을 조성해줄 것을 의뢰하면서부터 시작된다. 미레이는 당시 일본 전국의 350개 전통정원의 실측 조사를 바탕으로 『일본정원사도감(日本庭園史圖鑑)』을 만들고 있던 중이라 매우 바쁜 입장이었으나, 이산 화상의 제안을 흔쾌히 받아들여 작정 준비를 시작하였다.

그러나 이 무렵 도후쿠지는 본당(本堂:주불전) 재건 등으로 인해 재정적 압박을 받고 있었던 터라 큰 비용이 드는 새로운 사업을 진행하기가 힘든 상황이었다. 이에 이산 화상은 미레이에게 영대공양(永代供養:절에 미리 돈을 내두고, 매년 기일忌日이나 피안의 불사佛事 같은 때에 재를 올리도록 하는 공양)을 해줄 것을 제안하였는데, 미레이는 도후쿠지의 본방처럼 최고의 장소에 자기의 작품을 남긴다는 점에 방점을 두어 이산 화상의 제안을 받아들이고 즉시 설계에 착수하였다. 이때 미레이는 정원을 고산수양식으로 설계하였는데, 그것은 유지관리가 용이하고 지속가능성을 가질 수 있도록 하기 위함이었다. 미레이는 설계를 마친 후 본인이 직접 작정에 참여하여 그야말로 쇼와시대 최고의 대표적인 걸작을 만들게 되었다. 이 정원은 그 후 미레이의 출세작이 되었을 뿐만 아니라 쇼와시대의 명정으로 손꼽히는 최고의 정원으로 인정받게 되었다.

도후쿠지 본방정원인 팔상성도의 정은 미레이에게는 처녀작이라고 해도 과언이 아닐 정도의 초기 작품이지만 완성도가 대단히 높은 명정이라는 것이 전문가들의 견해이다. 이 정원이 일본 근대 정원사에서 최고의 명정으로 이름을 남길 수 있었던 것은 『일본정원사도감』을 만들면서 축적된 일본 전통정원에 대한 방대한 지식과 작정에 대한 깊은 통찰력을 가진 미레이의 천재성 때문일 것이다.

남정: 핫소노니와(八相の庭 · 팔상의 정)

도후쿠지 본방의 주정이라고 할 수 있는 남정(南庭)은 방장건물에 대응하

좌측으로부터 방장도, 봉래도, 영주도 석조

남정 서쪽에 조성한 오산

여 설계되었다. 미레이는 동서로 세장(細長)한 5.5m 길이의 장방형 마당에 백사를 깔아 큰 바다를 상징하고, 봉래(蓬萊), 방장(方丈), 영주(瀛州), 호량(壺梁)이라는 신선이 사는 네 섬(神仙四島)을 바다에 띄웠다. 또한 신선사도와는 별도로 정원의 우측에 축산을 하여 오산(五山)을 상징적으로 표현하였는데, 여기에서 오산은 중국의 오산이면서 동시에 교토의 오산을 말하는 것이다.

신선사도의 석조작법(石組作法)을 보면, 방장도는 석조의 중심에 큰 돌을 하나 눕히고, 그 주변으로 크고 긴 장석(長石) 두 개와 크기가 서로 다른 5개의 돌을 배치하였으며, 봉래도는 횡석을 중심으로 장석 한 개를 세우고 그 주변에 6개의 크고 작은 돌을 배치하였다. 영주도는 다시 횡석 주변에 장석 없이 크기가 서로 다른 5개의 돌을 배치하였으며, 호량도는 세장한 횡석은 없으나, 방장도나 봉래도 보다 작은 장석 하나와 크기가 다른 4개의 돌을 균형있게 배치하여 석조를 구성하고 있다. 신선사도의 석조기법은 일본의 고정원에서는 유례를 찾아보기 힘든 것으로 미레이가 전통을 창조적으로 계승한 창의적 석조기법이다.

한편, 남정의 서측에 조성한 정원은 야마토에(大和絵·대화회)풍으로 된 가마쿠라시대의 고산수양식을 계승한 작품으로, 여기에 조성한 축산에는 이끼를 식재하여 백사가 상징하는 바다와 구분하였다. 미레이는 이곳에 있던 노송 두 그루를 그대로 둔 채 작정을 하였다고 하는데, 하나는 죽고, 지금은 한 그루만 남아있다. 이처럼 한 공간에 신선사도와 오산을 동시에 조성한 정원은 일본정원에서는 일찍이 찾아보기 어려운 것으로 천재적인 작정가 미레이가 새롭게 시도한 작법이라고 할 수 있겠다.

서정: 세이덴노니와(井田山庭·정전의 정)

서정(西庭)은 경내 정비 과정에서 버려진 연석(延石)을 1.5m 사방에 바둑판 모양으로 깔아 정전(井田)을 만들고, 정전 안에 강정전한 사즈끼철쭉과 백사를 번갈아 심고 깔아서, 녹색과 백색이 선명한 대비의 아름다움을 연출하도록 조성하였다. 늦은 봄이 되면, 정전 안에 심어진 사즈끼철쭉에 분홍색 꽃이 피어 평소의 단정했던 분위기에 화려한 의장을 보탠다. 정전은 정(井) 자로 등분한 중국의 토지제도인데, 미레이는 이것을 모티브로 방장정

서정 전경

원의 서정에 특별한 형태를 만든 것이다. 서정에서 사용한 연석은 기존에 도후쿠지에 있던 것을 사용한 것으로 이것은 북정의 부석, 동정의 석주와 더불어 사찰의 정비과정에서 버려진 폐자재를 소재로 활용한 것이다. 이러한 폐자재의 활용은 매우 진보적인 기법으로서, 당시로서는 감히 생각하기 어려운 것이었다.

북정: 이치마쓰노니와(市松の庭·시송의 정:바둑판 문양의 정)

방장 뒤편에 조성된 북정은 부석(敷石·시키이시)을 이용하여 바둑판 모양으로 조성하였다. 바둑판은 오른쪽으로 갈수록 우박이 바람에 날리는 모양으로 흩뿌리듯 퍼지는 그러데이션 기법을 사용하여 마치 단풍이 지는 것 같은 형상을 표현하였다. 미레이는 이 정원에 이치마쓰(市松·시송)라고 하는 일본의 전통문양을 교묘하게 도입하여 동양의 몬드리안이라는 별명을 얻었다. 한편, 이 정원에 사용된 부석은 미레이가 북정을 만들기 이전에 경내의 칙사문(勅使門·초쿠시몬)에서 방장건물로 연결되는 참도에 깔려 있었던 것

북정 전경

이다. 미레이는 북정을 만들면서 참도를 없애고, 여기에 깔았던 부석을 소재로 활용하였다.

동정: 호쿠토시치세이노니와(北斗七星の庭·북두칠성의 정)

방장 동정은 호쿠토시치세이노니와라고 부른다. 북두칠성은 절의 해우소인 동사(東司·토스:사찰의 해우소)를 수리하면서 버려진 석주를 사용하여 만들었는데, 높이가 각각 다른 7개의 석주를 마치 북두칠성처럼 배치하고 주변에는 모래를 깔아 물결이 퍼지도록 연출하고 있다. 미레이는 선(禪)에서 "일체의 것을 버리는 것이 본래의 뜻"이라는 화두에 주목하여 쓰지 못하는 석주를 이용하였다고 한다. 북정에서 참도에 사용하였던 부석을 사용한 것이나, 서정에서 연석을 사용한 것도 이러한 선 정신을 표현하기 위한 것으로 보인다. 실로 선찰에 적합한 선적 언어요, 표정이라고 할 수 있겠다.

방장 동정 전경

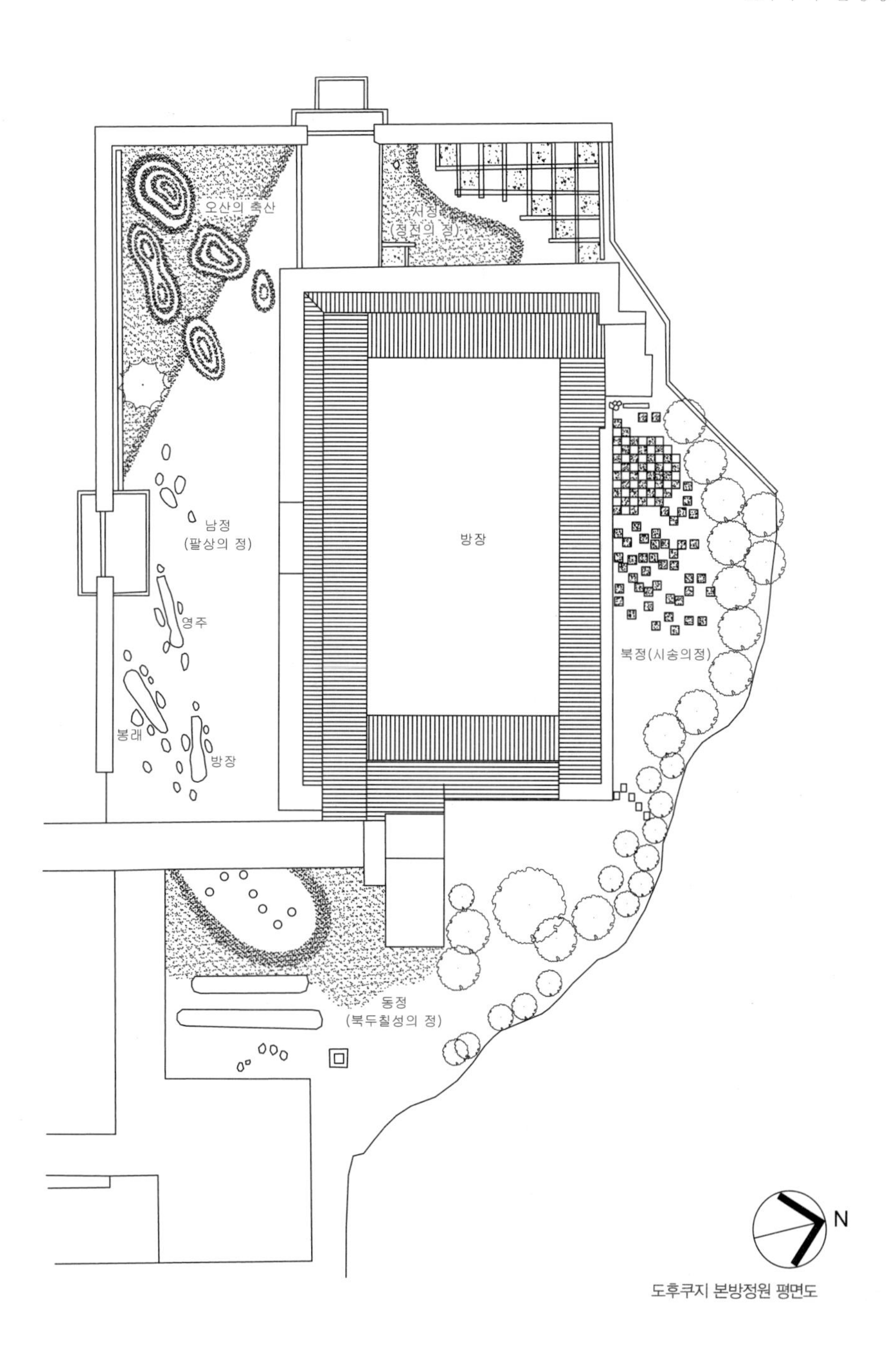

도후쿠지 본방정원 평면도

고묘인 하신테이와 운레이테이

光明院 波心庭과 雲嶺庭

쇼와시대 | 고산수식 |

교토시 히가시야마구 혼마치 15-809 |

하신테이 전경

고묘인(光明院 · 광명원)은 도후쿠지(東福寺 · 동복사)의 탑두사원으로, 이 절의 방장(方丈 · 호조) 앞에 조성된 하신테이(波心庭 · 파심정)는 시게모리 미레이(重森三玲 · 중삼삼령)가 43세 때 만든 작품이다. 미레이는 당시 도후쿠지 본방(本坊 · 혼보)의 방장정원을 만들면서 동시에 하신테이를 작정하였다고 하는데, 같은 시기에 만들어졌음에도 불구하고 도후쿠지 본방에 조성된 정원과 하신테이는 아주 다른 의장을 보인다. 즉, 본방정원이 거칠고, 딱딱하고, 강건한 느낌을 주는 데 비해, 하신테이에서는 우아한 아름다움을 느낄 수 있다.

하신테이에서 우아한 미감을 느끼는 이유는 3조의 삼존석조에서 찾을 수 있다. 특히 정원의 중앙 후면부 가산 위에 조성한 삼존석의 주석인 여래(如來)로부터 광명(光明)이 발산되는 방사선 상에 정원석들을 배치하여 어느 쪽에서 봐도 삼존석의 존재를 잘 인식할 수 있도록 한 것은 고묘인에서 발견할 수 있는 독특한 작법이라고 할 수 있겠다. 하신테이는 이러한 작법으로 인해 정원 전체가 잘 짜인 구도를 가지는 것과 동시에 편안한 느낌이 나도록 의도하였다. 시게모리 미레이는 자신이 그린 설계도에서 이러한 사실을 분명히 밝히고 있는데, 이것을 보면 미레이는 기하학적인 바탕에서 하신테이를 설계하였다는 것을 알 수 있다.

정원의 이름인 '하신테이'는 선불교(禪佛敎)의 "구름은 산봉우리 위에 생기지 않고(雲は嶺上に生ずることなく), 달은 파도치는 마음에 비치어 흔들린다(月は波心に落映って揺らいでいる)"라는 경구에서 따온 말이다. 정원의 후면 경사지에 강정전된 사즈끼철쭉군은 구름을 상징하고, 라게쓰안(蘿月庵 · 나월암)은 달이 구름으로부터 나와서 파심(波心)에 비치는 모습을 담고 있다.

이 정원에서 찾을 수 있는 중요한 의장 가운데 스하마(洲浜 · 주빈)를 놓쳐서는 안 된다. 일반적으로 스하마는 지천정원의 호안에 조성하여 해안을 상징하는 것으로 생각해왔기 때문에 고산수양식의 정원에서는 쓰지 않았

방장의 문틀 속으로 보이는 삼존석조

다. 그런데 이 정원에서는 마른 못의 경계부에 스하마를 조성하여 마른 못이 바다를 상징한다는 것을 강조하고 있다. 일본 고산수정원에서 바다의 풍경을 스하마로 상징한 것은 하신테이가 처음이 아닌가 생각한다.

한편, 고묘인 들어가는 입구 마당에도 정원이 하나 조성되어 있다. 이 정원의 이름은 운레이테이(雲嶺庭 · 운령정)라고 하는데, 방장 전면에 조성된 하신테이에 비하면 작은 규모의 정원에 불과하다. 미레이가 이 정원을 조성한 것은 하신테이에 비해 약 20년 정도 지난 쇼와(昭和 · 소화) 37년(1962)으로, 이 때는 미레이의 작법이 비교적 안정되어 있던 시절이다. 운레이테이의 중심은 하신테이와 마찬가지로 삼존석조이다. 이 삼존석조는 거북이의 등에 올라탄 모습을 표현하였는데, 표정이 풍부한 청석을 사용하여 느낌이 온후하면서도 강하게 전달된다. 그 전면에는 청석의 파편을 사용하여 깔아놓은 부석(敷石 · 시키이시)이 있다. 운레이테이에 깔아놓은 부석은 일본정원에서는 흔한 것이 아니어서 매우 흥미롭다. 현관 앞에는 학도(鶴島)가 조성되어

절 입구에 조성한 운레이테이의 삼존석조

마른 못 경계부에 조성한 스하마

있는데, 결국 운레이테이도 거북과 학을 소재로 하는 학구정원이라는 것을 알 수 있다. 일본인들에게 불로불사의 염원은 헤이안시대부터 현대까지 변함없이 이어지고 있는 화두라는 것을 새삼 확인할 수 있다.

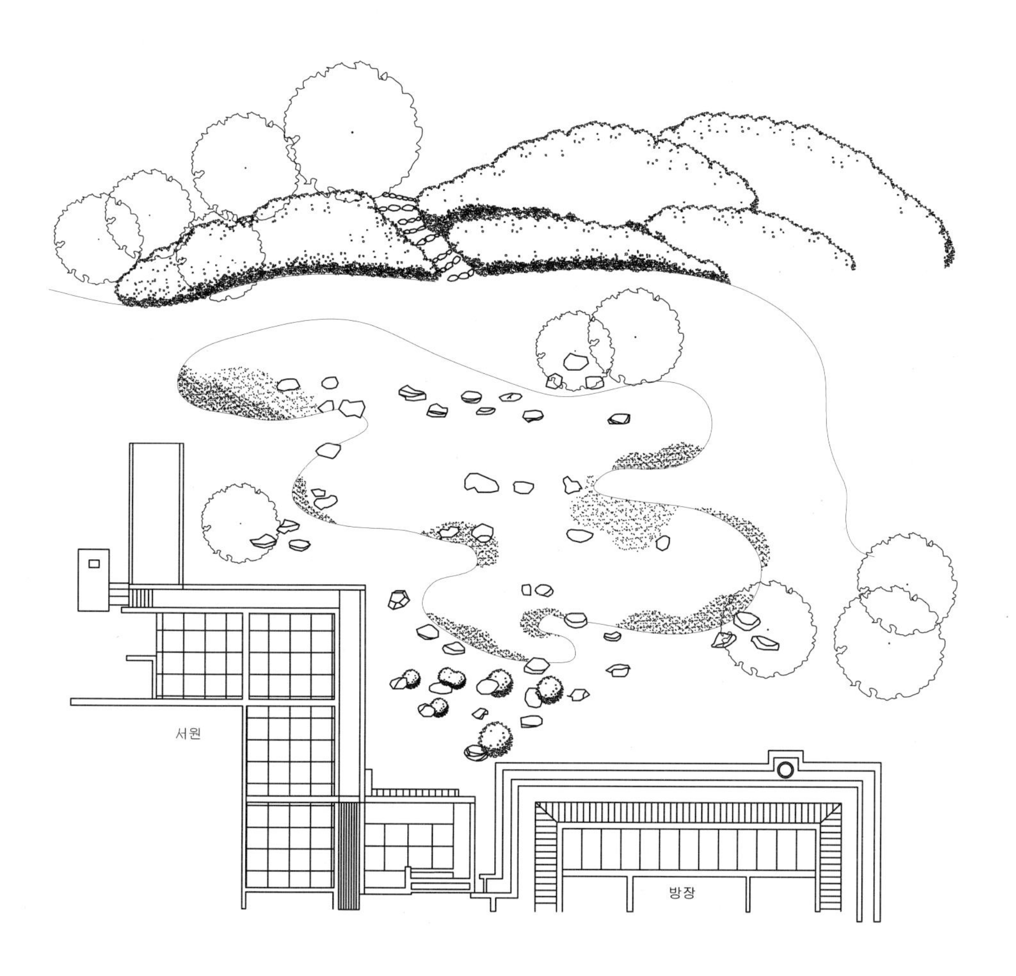

시게모리 미레이의 고묘인 하신테이 설계도

훈다인 정원
芬陀院 庭園

쇼와시대 | 고산수식 |

교토시 히가시야마구 혼마치 15-803 |

셋슈가 작정하고 시게모리 미레이가 복원한 훈다인의 고산수정원(오른쪽이 구도, 왼쪽이 학도)

본시 이 절에는 셋슈(雪舟·설주)가 작정한 정원이 있었다고 하나 2번의 화재로 절의 상당 부분이 황폐해진 까닭에 셋슈가 작정했던 정원은 뇌리에서 사라진 채 한동안을 보내게 된다. 그러던 중 시게모리 미레이(重森三玲·중삼삼령)에 의해서 이 정원이 복원되는데, 미레이는 셋슈가 야마구치(山口·산구)에 만든 죠에이지(常栄寺·상영사)정원의 실측 자료를 기초로 이 정원의 옛 모습을 살릴 수 있었다. 특히 이치조(一条·일조)가의 묘지 확장으로 인해서 없어졌던 학도(鶴島)를 하나의 돌도 보충하지 않고 되살려낸 것과 이중기단의 구도(龜島)에 있던 중심석을 근처에서 찾아내 봉래산식 석조로 복원한 것은 미레이의 천재성을 살필 수 있는 대목이다.

훈다인에는 셋슈가 만들었다고 전해지는 정원과는 별개로 시게모리 미레이가 새롭게 만든 정원이 있다. 정원은 절에 산재해있던 돌을 사용하여 작정되었는데, 일견 아무렇게나 돌을 배치한 것처럼 보이지만 자세히 들여다보면 직선상의 석조와 타원상의 석조가 공존하고 있다는 것을 알 수 있다. 미레이는 그의 저서에서 훈다인에는 자신이 만든 학구석조가 있다고 기술하고 있다. 직선상으로 보이는 부분의 좌측에는 학도가 있고, 앞쪽의 타원상의 석조는 구도이다. 구도에는 가운데를 향하고 있는 거북의 머릿돌이 있고, 오른쪽 깊숙한 곳에는 거북의 꼬리돌이 있다.

시게모리 미레이가 만든 직선석조의 학도

시게모리 미레이가 만든 타원석조의 구도

즈이호인 정원
瑞峯院 庭園

쇼와시대 | 고산수식 | 도쿠자테이(독좌정): 479m^2, 칸민테이(한면정): 330m^2
교토시 기타구 무라사키노 다이도쿠지초 81 |

서쪽에서 본 칸민테이

다이도쿠지(大德寺 · 대덕사)의 탑두(塔頭)인 즈이호인(瑞峯院 · 서봉원)은 텐분(天文 · 천문) 연간(1532~1555)에 분고(豊後 · 풍후)의 크리스천 다이묘(大名 · 대명)인 오토모 소린(大友宗麟 · 대우종린:1530~1587)이 다이만 국사(大滿國師 · 대만국사) 텟시유(岫宗九 · 수종구)를 개산조로 모시고 창건한 절이다. 절 이름은 소린의 법명인 '서봉원전서봉종린거사(瑞峯院殿瑞峯宗麟居士)'로부터 따온 것이다. 이 절에는 자랑거리가 세 가지 있는데, 첫째는 창건 시에 건축한 방장건물이 국가지정 중요문화재라는 것이고, 둘째는 방장건물에 걸린 사액의 글씨가 고나라(後奈良 · 후나량) 천황의 신필(宸筆)이라는 것이며, 셋째는 시게모리 미레이(重森三玲 · 중삼삼령)에 의해서 작정된 정원이 있다는 것이다.

미레이는 자신이 만든 정원이 소멸되지 않고, 영원히 존속되는 것에 매우 중요한 가치를 부여하였다. 그런 까닭인지 그가 만든 정원들을 보면, 정원의 주제가 '영원한 모던(modern)'인 경우가 많다. 그가 정원을 만들면서 이끼와 석조가 중심이 되는 고산수양식을 고집한 것도 고산수양식의 정원에서는 변화가 일어나기 쉬운 물이나 나무를 쓰지 않아도 되기 때문이었던 것으로 보인다. 한편, 미레이의 작품이 사찰이나 신사에 많은 것은 이러한 곳에 만든 정원의 경우 시주자가 있기 때문에 함부로 없앨 수 없다고 생각했기 때문인데, 이런 세심한 배려 때문인지 시게모리 미레이의 작품이 소실된 경우는 거의 없다.

시게모리 미레이는 그가 주관하는 교토임천협회(京都林泉協會)가 30주년이 되던 해인 쇼와(昭和 · 소화) 36년(1961)에 기념사업의 일환으로 정원을 조성해야겠다는 생각을 가지고 정원을 만들 곳을 물색하게 된다. 그러던 중 다이도쿠지 산내의 즈이호인에 정원을 조성할 마음을 두게 되는데, 그 이유는 이곳이 에도시대 초기에 조성되어 국가지정 명승으로 지정된 고산수 정원을 가진 다이도쿠지의 산 내 암자이고, 즈이호인의 방장건물이 국가지

도쿠자테이 전경

도쿠자테이 석조의 디테일

정 중요문화재로 지정되어 있었기 때문이다. 그러나 막상 정원을 조성하려고 하니 즈이호인은 부지가 너무 협소하여 정원을 만들기가 어려웠고, 그렇다고 인접한 땅을 정원부지로 편입할 형편도 되지 않았기 때문에 정원 조성의 뜻을 이루지 못하고 말았다. 그러나 즈이호인의 주지로부터 즈이호인의 창건이 400주년을 막 넘겼고, 개산조인 다이만 국사의 405주년 기일이 다가오고 있으니 정원을 조성해달라는 부탁을 받게 된다. 이것을 보면 세상의 모든 일이 인연법으로 이루어진다는 말이 맞기는 맞는 모양이다. 그러나 정원 조성부지가 넓어진 것도 아니고 그렇다고 조성비가 충분한 것도 아니었으니, 실상 미레이로서도 난감한 일이 아닐 수 없었다. 그러나 미레이는 악조건일 때 종종 걸작이 나온다는 것을 그동안의 경험으로 너무나 잘 알고 있었기 때문에 작정에 착수할 마음을 갖게 된다.

시게모리 미레이가 즈이호인에 조성한 정원은 모두 4개로 방장의 남쪽에 대웅봉(大雄峰)을 상징하는 도쿠자테이(独座庭 · 독좌정), 북쪽에 십자가를 표현한 칸민테이(閑眠庭 · 한면정), 다실인 요케이안(余慶庵 · 여경암)과 방장 사이의 작은 공간에 루지테이(露地庭·노지정) 그리고 다실의 남쪽에 남정(南庭)이 그것이다.

방장의 남정 도쿠자테이는 암자의 이름인 '서봉(瑞峯)'에서 드러나듯이 당나라 선승 백장회해(百丈懷海)의 '독좌대웅봉(独座大雄峰)'과 연관된 의장을 보인다. 대웅봉을 주제로 물이 암산의 산정으로부터 이끼 낀 수림대를 거쳐 암초를 만나고, 다시 대해로 흘러들어가는 것을 석조로 표현한 것으로, 이것을 역으로 생각하면 바다 속에서부터 하늘을 향해 솟구쳐 오르는 용

칸민테이 전경

다실(요케이안) 남정

의 힘찬 꿈틀거림으로 해석되기도 한다. 이렇게 힘찬 기운을 느낄 수 있는 작법은 무로마치시대의 수법을 현대적으로 해석한 것으로 볼 수 있는데, 미레이가 작정한 정원에서는 이렇듯 강건한 느낌의 석조를 쉽게 찾아볼 수 있다. 혹자는 이 정원에서 나뭇잎과 같이 작은 배 한척이 거친 파도를 뚫고 봉래산을 향해 가고 있는 모습을 읽을 수 있다고 하는데, 이것은 인생의 도정(道程)을 의미하는 것으로 이 부분에서 미레이의 추상화적 작법을 살필 수 있다. 이 정원은 석조에 사용된 돌이 많지는 않지만 돌 하나하나가 나름대로의 의미와 호소력을 갖고 있어 보는 이들에게 전달되는 느낌이 매우 크다. 특히 다른 정원에서와 같이 입석을 많이 사용하지 않고 큰 돌을 능선 상에 횡으로 눕혀놓아 대웅봉이 두드러져 보이도록 한 것은 매우 특별한 작법이다. 이러한 석조기법은 사이호지(西芳寺·서방사)의 정원에서 볼 수 있는 것과 약간의 동질성을 가진다. 미레이의 정원에서 흔히 나타나는 것이기는 하지만 이 정원에서도 방장 중앙의 문으로부터 주봉을 연결하는 사선축에 입석을 세워 상승감을 연출하는 수법을 사용한 것은 예술가 미레이의 기교를 엿볼 수 있는 장면이다. 도쿠자테이 영역은 약 2m 정도 되는 흙담을 쌓아올리고 그 뒤편에 다시 3~4m 정도 높이로 수목을 치밀하게 심어 외부와 시각적으로 차단되도록 하였다. 방장 마루에 앉아 정원을 보면서 선정(禪定)에 들 때 어떤 방해요소가 있어도 안 된다는 것을 말없이 표현하고 있는 것이다.

방장 북정인 칸민테이는 북쪽에 위치하고 있어 남정의 양(陽)적 성격과는 반대로 음(陰)적 성격을 가지는 정원이다. 이 정원은 즈이호인의 창건주인 오토모 소린을 기리기 위해 계획되었는데, 그가 크리스천이었다는 점을 감안하여 십자가 모양으로 돌을 배치하였다. 십자는 방장의 모서리 기둥과 다실의 귀인구(貴人口) 기둥을 연결하는 사선상에 5개의 돌을 놓고, 다시 그것에 십자가 모양으로 교차배석(交叉配石)하는 돌을 3개 놓아서 형태를 만들었다. 이렇게 기둥을 기준으로, 사선을 구성하는 기법은 고보리 엔슈(小堀遠州·소굴원주)가 조성한 정원의 의장에서 본뜬 것으로 보인다. 요케이안의 남쪽에 조성한 정원은 한 매의 돌로 만든 석교를 결계(結界)로 하여 남정과 구분되고 있으며, 단 하나의 돌도 사용하지 않고 오로지 모래와 이끼로만 만들어져 있다. 이 정원은 겨울철에 어울리는 정원으로, 생울타리를 쳐서 외부와의 시각적 단절을 꾀하고 있으며, 방장건물과 다실 사이에 징검돌을 놓아 통행하도록 하고 있다.

루지테이는 다실과 방장 사이의 작은 공간에 조성되어있는데, 지난날에는 일체의 나무나 초화류 또는 지피류를 쓰지 않고 바닥은 석부(石敷·이시지키)로 처리하고 한가운데에는 원통형의 수수발(手水鉢·쵸즈바치)을 두었으나, 근래에 들어와 이끼를 덮고 나무를 심어 원형을 잃고 말았다.

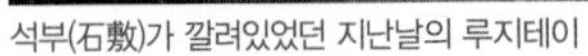
석부(石敷)가 깔려있었던 지난날의 루지테이

이끼와 수목을 식재한 오늘날의 루지테이

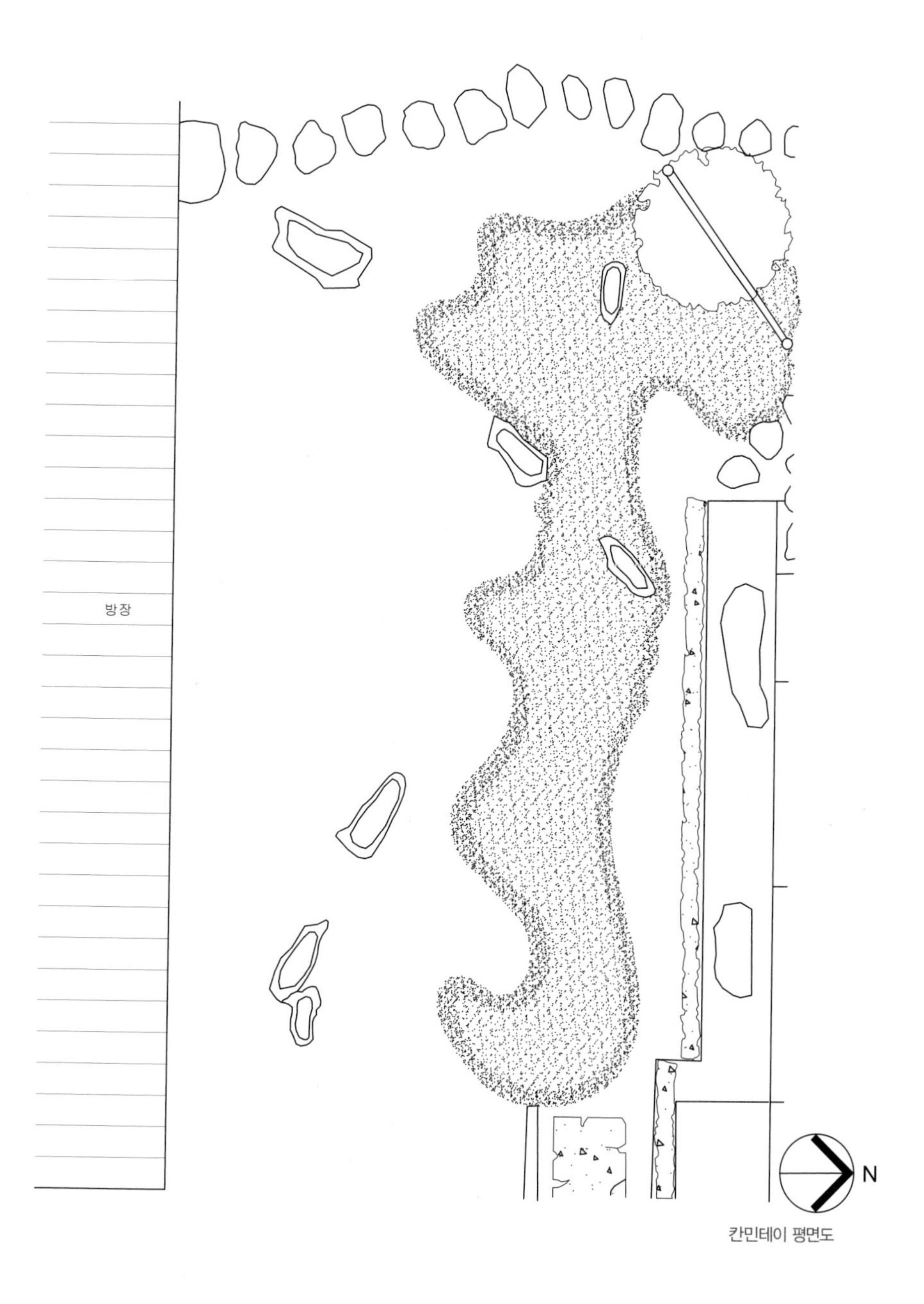

칸민테이 평면도

류긴안 서정과 동정
龍吟庵 西庭과 東庭

쇼와시대 | 고산수식 |
교토시 히가시야마구 혼마치 15-812 |

류몬노니와(용문의 정) 전경

류긴안(龍吟庵 · 용음암)은 도후쿠지의 탑두사원으로 이 절의 방장(方丈·호죠) 건물은 일본에서 가장 오래된 것이라 한다. 나이를 먹기도 하였지만 우아하기 이를 데 없는 방장건물의 동쪽과 서쪽 마당에는 2개의 정원이 조성되어있는데, 모두 시게모리 미레이(重森三玲 · 중삼삼령)가 쇼와(昭和 · 소화) 39년(1964)에 만든 작품이다. 서정은 일명 류몬노니와(龍門の庭 · 용문의 정)라 하고 동

용두의 역동적 표현

정은 후리노니와(不離の庭 · 불리의 정)라고 하는데, 모두 류긴안과 연관된 이미지를 잘 표현하고 있다.

류몬노니와는 절 이름을 모티프로 하여 명명한 것으로 거룡이 바다에서 검은 구름(黑雲)을 타고 승천하는 모양을 고산수양식의 작법을 통해서 실현하고 있다. 평평한 마당에 돌을 깎아 문양의 테두리를 만들고 그 안에 시라카와(白川 · 백천)산 흰 모래와 와카사(若狹 · 약협)산 검은 모래를 써서 바다의 파도와 구름 문양을 회화적으로 구성하고 있다. 중앙에는 아와(阿波 · 아파)산 청석을 사용하여 용머리를 동적으로 표현하였는데, 머리를 뒤로 젖히면서 금방이라도 솟아오를 것 같은 동세를 보이고 있어 마치 모쓰지(毛越寺 · 모월사)의 못에 심어놓은 석조를 보는 듯하다. 용머리를 중심으로 하여 소용돌이 모양으로 배치한 돌들은 마치 청룡이 춤을 추며 승천하는 것과 같은 모습을 보여준다.

류긴안 동정 후리노니와는 고리(庫裡 · 구리:일본 절의 부엌)와 방장 사이의 중정 공간에 조성되어 있다. 개산조인 다이묘(大明·대명) 국사가 어린 시절 황야에서 이리의 습격을 받을 때, 흑백의 두 마리 개가 국사를 구한다는 일화를 토대로 조성한 정원이다. 정원의 한가운데에는 국사를 상징하는 돌이 있고, 전후에는 국사를 지키는 개 그리고 외측에는 국사를 덮치는 이리들과 개에 쫓겨 도망가는 이리를 추상적으로 표현하고 있다. 모래는 쿠라마(鞍馬·안마)산 녹자갈(錆砂利)을 포설하고 돌 하나하나마다 둥글게 파문을 표현하였다. 배후에 설치한 대나무 울타리는 절의 산호인 고보쿠야마(枯木山·고목산)를 모티프로 디자인한 것이다.

레이운인 정원
靈雲院 庭園

쇼와시대 | 고산수식 |

교토시 히가시야마구 혼마치 15-801 |

쿠센핫카이노니와 전경

유애석 후면부 축산의 마른폭포

레이운인(靈雲院 · 령운원)은 1390년에 기요 호슈(岐陽方秀 · 기양방수:1361~1424)에 의해서 개창된 절로, 처음에는 후지안(不二庵 · 불이암)이라는 이름으로 불렸다. 제7대 쇼세쓰 슈겐(湘雪守元 · 상설수원)이 히고 구마모토(肥後熊本 · 비후웅본)의 번주인 호소카와 타다도시(細川忠利 · 세천충리:1586~1641)와 친하게 지내면서, 타다도시의 아들인 미쓰나오(光尙 · 광상:1619~1650)가 호슈에게 귀의하게 된 것은 레이운인에서 매우 중요한 일이 아닐 수 없다. 왜냐하면, 슈겐 화상이 레이운인의 주지가 될 때 미쓰나오가 공양미 500석을 주려 했지만, 슈겐 화상이 사양하고 정원에 귀한 돌이 있었으면 좋겠다고 하자, 미쓰나오가 수미대와 석주를 만들어 유애석(遺愛石)이라는 이름을 붙여 하사하였기 때문이다. 레이운인에는 이 돌이 아직까지 사중의 보물로 전해지고 있다.

레인운인에는 2개의 정원이 조성되어 있다. 하나는 쿠센핫카이노니와(九山八海の庭 · 구산팔해의 정)이고 다른 하나는 절 이름을 따라 붙인 가운노니와(臥雲の庭 · 와운의 정)이다.

쿠센핫카이노니와는 아카사토 리토(秋里籬島 · 추리리도)가 저술한 『도림천명승도회(都林泉名勝図会)』에 따라서 시게모리 미레이(重森三玲 · 중삼삼령)가 복원했다. 미레이는 미쓰나오가 하사한 유애석을 백사가 깔린 정원의 중앙에 두고 그 배후에는 축산에 조성한 마른폭포(枯滝 · 고롱)를 둔 고산수양식의 정원을 원형 그대로 복원하였다. 마른폭포는 삼존석조 형식으로 만들었는데, 폭포에서 흘러내리는 계류는 흰색의 납작한 작은 돌로 표현하였고, 폭포의 하부에는 앞으로 돌출된 리어석을 두었는데, 일반적인 마른폭포석조와는 다른 형식을 보인다.

한편, 가운노니와는 미레이가 작정한 정원으로 방장 서정에 해당된다.

가운노니와에 조성된 마른폭포

이 정원은 험준한 심산으로부터 격류(激流)가 흐르고 산줄기에는 구름이 걸려있으며, 용문폭에서는 잉어가 힘차게 도약하는 그야말로 수묵화 같은 풍경을 추상적으로 표현한 정원이다. 정원의 디테일을 보면, 홍각(紅殼)으로 구름 문양을 만들고, 그 속에 붉은 모래를 포설한 뒤 갈퀴로 구름 문양을 새겨 넣었으며, 남서쪽 구석에는 거대한 입석을 세워 마른폭포를 만들었다. 흰 모래로 표현한 바다에는 직사각형으로 자른 돌을 리드미컬하게 깔아놓았다. 가운노니와에서 볼 수 있는 작법은 다이도쿠지(大德寺 · 대덕사) 다이센인(大仙院 · 대선원)에서 볼 수 있는 것과 동일한 조형성을 보인다. 구름 문양은 쇼와(昭和 · 소화) 31년에 시가현 오쓰시 사카모토(滋賀県大津市坂本)의 즈이오인(瑞応院 · 서응원)에서 처음으로 시도한 것으로 그 후 기소(木曽 · 목증)의 고젠지(興禅寺 · 흥선사)를 거쳐 레이운인으로 발전되어 왔다. 가운노니와에서는 이중의 구름 문양이 디자인되었다.

마쓰오다이샤 정원
松尾大社 庭園

쇼와시대 | 고산수식 |

교토시 니시쿄구 아라시야마 미야마치 3 |

호모쓰칸(宝物館·보물관) 전면의 삼존석, 봉래석을 배치한 작은 가산, 일곱 구비로 흐르는 곡수거로 구성된 교쿠스이노니와

봉래석과 삼존석을 조화롭게 배치한 교쿠스이노니와의 가산

죠코노니와

고대인들은 자연 속에 신이 존재한다는 강한 믿음이 있었다. 특히 태양이 밝게 비치는 산정의 거석과 연륜을 헤아리기 어려운 거목에는 신이 강림한다고 믿어 거석과 거목을 숭앙하였으니, 이것이 바로 거석신앙과 거목신앙이다. 고대인들은 자연의 은혜가 자신들이 삶을 살아가는 데에 필수불가결한 조건이라고 생각했으며, 그렇기 때문에 자연재해는 그들에게 가장 큰 공포의 대상이 될 수밖에 없었다. 이러한 자연에 대한 외경심이 만들어낸 것이 바로 일본인들이 연례행사로 치르는 마쓰리(축제)이며, 일본인들의 생활공간에서 쉽게 발견할 수 있는 신사(神社)이다. 일본인들은 마쓰리가 신에 대한 사은과 위무(慰撫)를 위한 의식이며, 인간의 위대한 지혜 가운데 하나라고 믿는다.

일본정원에서는 오늘날에도 반좌(磐座 · 이와쿠라)를 두어 자연에 대한 경배를 표현하는 경우가 흔하다. 반좌에는 자연적으로 생겨난 거석과 자연적으로 형성된 거석에 타지에서 가져온 거석을 조합하는 두 가지 형식이 있다. 일본인들은 후자처럼 자연과 인공이 결합된 반좌가 곧 정원의 기원이라고 생각한다. 즉, 정원을 신에 대한 숭배의 장소로 생각하고 있는 것이다. 이러한 사고는 서양인들이 생각하는 정원의 시원과는 매우 다른, 일본 특유의 정원관이라고 할 수 있겠다.

마쓰오다이샤(松尾大社 · 송미대사)에 조성된 정원은 작정가 시게모리 미레이(重森三玲 · 중삼삼령)에 의해서 시도된 현대적인 반좌의 창조 작업이었다. 신사의 배후에는 신산인 마쓰오야마(松尾山 · 송미산)가 자리 잡고 있는데, 이 산은 한 번도 나무를 도끼로 찍어낸 적 없는 울울창창한 원시림으로 덮여있다. 이 신산에 반좌가 있고, 이러한 반좌와 맥을 같이 하여 만든 정원이 바로 마쓰오다이샤의 정원이다. 이 정원은 헤이안시대의 작정서인 『작정기(作庭記 · 사쿠테이키)』에서부터 전통적으로 계승되어 온 일본정원 특유의 돌 놓는 작법을 사용하지 않았다. 이 정원에 도입된 모든 돌은 작법 이전의 모습, 말하자면 신이 강림하는 돌이어야 한다고 생각했기 때문이다. 작정자인 시게모리 미레이는 "돌을 세울 때 거기에 신과 돌과 나와 인부들이 있다는 믿음을 가지고 정원을 만들었다. 신과 돌과 사람의 삼위일체가 곧 반좌이고 반경(磐境)이 아니겠는가? 이 경우 1개의 돌은 단순히 물리적 형상의 돌 자체가 아니라고 본다. 돌 속에는 신과 사람이 공존하는 본래의 대자연이 자리 잡고 있기 때문이다."라고 작정의 순간을 술회한다.

마쓰오다이샤에는 모두 3개의 정원이 있다. 첫 번째는 헤이안시대의 정원양식을 현대적으로 해석한 교쿠스이노니와(曲水の庭 · 곡수의 정)이고 두 번째는 반좌를 상징적으로 표현한 죠코노니와(上古の庭 · 상고의 정)이며, 세 번째 정원은 가마쿠라시대의 정원을 현대적으로 해석한 호라이노니와(蓬萊の庭 · 봉래의 정)이다. 이 가운데에서 미레이가 작정한 정원은 교쿠스이노니와와 죠코노니와이며, 호라이노니와는 그가 타계하는 바람에 직접 조성하지는 못했다.

교쿠스이노니와는 고대에 한중일 삼국에서 열렸던 유상곡수연을 주제로 하여 만든 정원이다. 이 정원은 마쓰오야마로부터 흘러 온 물이 폭포가 되어 떨어지는 '신령스러운 거북이 폭포(靈亀の滝 · 영구의 롱)'의 맑고 깨끗한 물을 끌어들여 일곱 구비(七谷 · 칠곡)를 돌아서 흐르도록 하였으며, 물가에는 평

평하게 생긴 청석을 한 겹으로 얇게 깔아 현대적인 기풍이 물씬 풍기도록 하였다. 중앙 상부에는 강정전한 사즈끼철쭉을 군식함으로써 야마토에풍(大和絵風·대화회풍)의 부드러운 가산을 만들고 봉래석조, 삼존석조의 고저차를 고려한 정원을 만들어 하부의 교쿠스이노니와와 대조를 이루도록 하였는데, 초여름 사즈끼철쭉이 한꺼번에 꽃을 피우면 화려하면서도 동시에 우아한 풍경을 볼 수 있다.

마쓰오다이샤의 교쿠스이노니와는 쇼와(昭和·소화) 50년(1975)에 작정가 시게모리 미레이가 그의 생에 마지막으로 만든 정원이다. 반좌의 정원이 유작(遺作)이 되었다는 것은 어쩌면 인연법에 따른 것이라는 생각이 든다. 반좌가 신의 허락에 의한 창조물이므로, 반좌의 정원을 만든 시게모리 미레이는 신의 부름을 받고 신의 나라로 간 것으로 봐야 하기 때문이다.

한편, 신사건물에 근접한 경사면에는 죠코노니와가 조성되어있다. 이 정원은 일본정원의 원류라고 생각되는 반좌(磐座)를 표현한 정원으로, 시게모리 미레이가 혼신을 다해 조성한 유작이다. 반좌·반경(磐境)은 신앙의 대상이며, 본래 사람이 만드는 것이 아니므로, 이 정원이 비록 미레이에 의해서 만들어졌지만 궁극적으로는 신이 미레이의 손을 빌려서 만든 것으로 보아야 할 것이다. 미레이가 평생에 걸쳐 연구한 '반좌·반경의 표현'의 결실이 바로 이 정원이 아닌가 생각된다. 미레이는 얼룩조릿대가 무성한 경사진 땅에 18톤에 달하는 거석 9개로 반좌를, 그 아래에는 반경을 표현하였는데, 돌이 생긴 그대로 두는 '무기교의 기교'라는 작법으로 석조를 조성하여 신에게 바쳤다.

호라이노니와는 시게모리 미레이의 마지막 지천정원이다. 지천정원을 만든 이유는 호라이노니와가 조성되기 전부터 지천정원이 있었기 때문에 어쩔 수 없었다고 한다. 이 정원은 시게모리 미레이에 의해서 설계되었지만 그가 타계하는 바람에 직접 시공하지 못하고, 그의 장남인 시게모리 칸토(重森完途 · 중삼완도:1923~1992)의 감독에 의해서 작정되었다. 광대한 못 가운데에는 봉래도를 비롯해서 4개의 신선도와 암도(바위섬), 주석(舟石:배 모양 돌)을 배치하여 마치 고산수정원의 작법을 보는 듯하다. 북쪽에는 석주군(거대한 여러 개의 돌기둥)이 있는 용문폭이 조성되어있다. 신선도의 호안은 모르타르로 만들어진 석조가 아니라 고산수정원과 동일한 수법을 써서 돌을 추상적으로 배치하였다.

나카타 가쓰야스(中田勝康 · 중전등원)의 말에 따르면 미레이는 용문폭을 그의 생애에서 15개 만들었다고 한다. 처음에는 평면적인 구성을 하였으나, 점차 산등성이를 이용한 입체적인 조형으로 변화되었는데, 마쓰오 신사의 용문폭이야말로 미레이가 만든 용문폭 중에서 가장 입체적인 구조라고 생각된다. 이 용문폭은 수락석(水落石)과 농첨석(滝添石) 이외에도 10개나 되는 입석을 세워 그야말로 장관을 이룬다. 특히 리어석(鯉魚石)은 긴 돌을 완전히 세운, 새로운 디자인이어서 더욱 돋보인다. 이러한 미레이의 작법이 곧 전통의 창조적 계승이 아니겠는가!

호라이노니와 전경

호라이노니와에 조성한 폭포

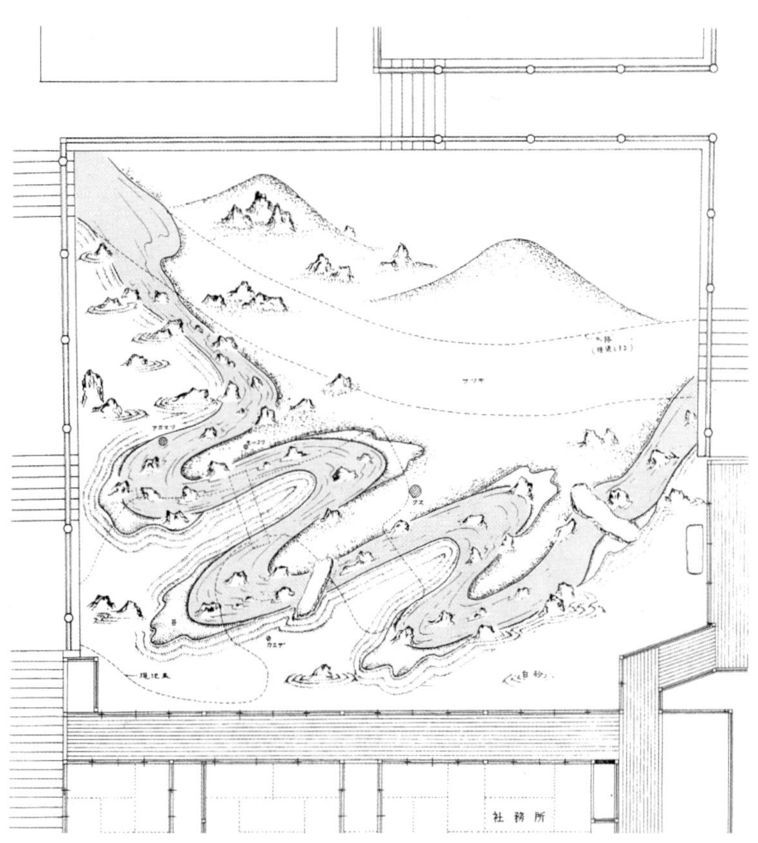

시게모리 미레이의 교쿠스이노니와 설계도(출처: 読売新聞社編, 1994②, p.100)

참고문헌

- 阿部 茂(2014), 日本名庭園紀行II, 大阪: (株)竹林館
- 生島あゆみ(2019), 一流と日本庭園, 東京: 株式会社新藤慶昌堂
- 鳥賀陽百合(2018), しかけに感動する「京都名庭園」, 東京: 株式会社誠文堂新光社
- 大橋治三, 齊藤忠一(1998), 日本庭園鑑賞事典, 東京: 東京堂出版
- 岡田孝男(1999), 京の茶室-西山·北山編, 京都: 學藝出版社
- 岡田憲久(2008), 日本の庭, 東京: TOTO出版
- 小野健吉(2004), 岩波 日本庭園辭典, 東京: 岩波出版社
- 小野健吉(2009), 日本庭園-空間の美の歴史, 東京: 岩波出版社
- 小野健吉(2011), 平安時代初期における離宮の庭園-神泉院と嵯峨院をめぐって-, 奈良文化財研究所學報 第86冊 研究論集17 平安時代庭園の研究-古代庭園研究II, 奈良: 奈良文化財研究所
- 小野健吉(2015), 日本庭園の歴史と文化, 東京: 吉川弘文館
- 川勝承哲·今谷明(2009), 古寺巡礼 京都巡礼3-等持院, 京都: 淡交社
- 京都林泉協會編著(2008), 日本庭園感賞便覽, 京都: 學藝出版社
- 齋藤忠一監修(2003), 日本庭園の見方, 東京: JTB
- 佐藤真理子(1999), 日本庭園の見方, 東京: JTB
- 宗教法人醍醐寺(2011), 醍醐寺三宝院庭園 保存修理事業報告書I<園池編>, 京都
- 田中昭三·サライ編輯部編(2006), 日本庭園の見方, 東京: 小學館
- 田中昭三·サライ編輯部編(2012), サライの日本の庭 完全ガイド, 東京: 小學館
- 田中正大(2014), 日本の庭園, 東京: 鹿島出版会
- 財団法人傳統文化保全協会(2001), 仙洞御所, 京都: 株式会社 便利堂
- 中田勝康(2009), 重森三玲庭園の全貌, 京都: 學藝出版社
- 中村文峰(1998), 夢窓國師の風光, 東京: 春秋社
- 中村基衛(2008), 植治-七代目 小川治兵衛, 京都: 京都通信社
- 內藤忠行(2007), 日本の庭, 東京: 株式会社世界文化社
- 西桂(2005), 日本の庭園文化, 京都: 學藝出版社
- 西澤奈津 外(1997), 建築と庭-西澤文隆「實測圖」集, 東京: (株)建築資料研究社
- 西澤文隆(1997), 建築と庭-西澤文隆實測圖集, 東京: (株)建築資料研究社

• 野村勘治 監修(2015), 禅寺と枯山水, 東京: 株式会社宝島社
• 飛田範夫(1999), 日本庭園と風景, 京都: 學藝出版社
• 飛田範夫(2004), 日本庭園の植栽史, 京都: 京都大學學術出版会
• 飛田範夫(2017), 京都の庭園 上·下, 京都: 京都大學學術出版会
• 平泉町教育委員會(2007), 特別史蹟毛越寺境內·特別史蹟毛越寺庭園 整備報告書, 平泉
• 枡野俊明(2008), 禅と禅芸術としての庭, 東京: 毎日新聞社
• 南 孝雄(2008), 嵯峨院(大覺寺)大澤池庭園遺構, 平安時代庭園に關する研究2-平成19年度 古代庭園研究會報告書, 奈良: 奈良文化財研究所
• 水野克比古(2015), 重森三玲の庭園, 京都: 光村推古書院株式会社
• 水野克比古(2005), 京·古社寺巡礼 9, 城南宮の四季, 大阪: 東方出版
• 宮元健次(2007), 鎌倉の庭園, 横浜: 神奈川新聞社
• 宮元健次(2010), 日本庭園-鑑賞のポイント55, 東京: メイツ出版株式会社
• 重森千青(2009), 京の庭, 東京: 株式会社ウェッジ
• 重森千青(2017), 京都和モダン庭園のひみつ, 東京: 株式会社ウェッジ
• 読売新聞社編(1994), 古都庭の旅①-京都 洛東, 洛北, 京都: 讀賣新聞社
• 読売新聞社編(1994), 古都庭の旅②-京都 洛西, 京都: 讀賣新聞社
• 読売新聞社編(1994), 古都庭の旅③-京都 洛中·洛南, 奈良, 京都: 讀賣新聞社
• 読売新聞社編(1994), 古都庭の旅④-京都 比叡·近江, 京都: 讀賣新聞社

• 구태훈(2011), 일본문화사, 수원: 재팬리서치21
• 구태훈(2012), 일본문화 이야기, 수원: 재팬리서치21
• 김승윤 옮김(2012), 사쿠테이키(作庭記)-일본정원의 미학, 서울: 연암서가
• 박규태(2009), 일본정신의 풍경, 파주: (주)도서출판 한길사
• 석지현 편(2007), 벽암록-속어낱말사전, 서울: 민족사
• 耘虛 龍夏(1992), 佛教辭典, 서울: 東國譯經院
• 윤장섭(2000), 일본의 건축, 서울: 서울대학교 출판부
• 이어령(2012), 축소지향의 일본인, 서울: 문학사상
• 정혜선(2011), 일본사 다이제스트 100, 서울: 가람기획
• 한국전통조경학회(2011), 동양조경문화사, 서울: 대가

교토 속의 정원, 정원 속의 교토
교토의 명원들 속에 숨어있는 이야기 산책

초판 1쇄 펴낸날 2020년 5월 12일

지은이 | 홍광표
펴낸이 | 박명권
펴낸곳 | 도서출판 한숲
출판신고 | 2013년 11월 5일 제2014-000232호
주소 | 서울시 서초구 방배로 143 그룹한빌딩 2층
전화 | 02-521-4626 **팩스** | 02-521-4627
전자우편 | klam@chol.com
편집 | 남기준, 신동훈 **디자인** | 윤주열 **출력·인쇄** | 금석인쇄

ISBN 979-11-87511-20-5 93520

:: 책값은 뒤표지에 있습니다.
:: 파본은 바꾸어 드립니다.

:: 도서의 국립중앙도서관 출판예정도서목록(CIP)은 서지정보유통지원시스템 홈페이지(http://seoji.nl.go.kr)와
국가자료종합목록 구축시스템(http://kolis-net.nl.go.kr)에서 이용하실 수 있습니다. (CIP제어번호 : CIP2020015487)